JN187892

戦争社会学

理論・大衆社会・表象文化

好井裕明／関 礼子［編著］

明石書店

戦争社会学 理論・大衆社会・表象文化 ―――――――― 目 次

【凡例】
引用文中の〔 〕内は引用者による註記。

序

戦争をめぐる社会学の可能性

立教大学　関　礼子

1．社会学はいかに戦争と向き合うか

暴力が制度的に許容されているのは、死刑、正当防衛、戦争である。

そのひとつ、戦争という制度的な暴力を憲法で否定した日本は、アジア・太平洋戦争の終結後、戦争の当事国になることなく今日に至っている。戦争を「知っている」世代は高齢化し、戦争を「知らない」世代が多数派の社会になったとはいえ、戦後に創られた社会秩序や社会システムを前提にしているかぎり、戦後という時代区分はなおも生きている。そして現在が戦後であることはまったく自明であるように思われる。

だが、本当だろうか。1956年の『経済白書』は「もはや戦後ではない」と記し、流行語になった。「戦後は終わった」という空気がその時代に確かに生まれていた。私たちもまた、もはや戦後ではない戦後社会を矛盾なく生きている。

戦後とは平和という未来を志向する認識であるが、他方で社会内向的な時代認識でもある。視線を越境させてみれば、日本の戦後は世界の戦中・戦間期でもあった。世界は冷戦を経験し、かつ朝鮮戦争、ベトナム戦争、中東戦争、湾岸戦争といった熱い戦争を目の当たりにした。良かれ悪しかれ、こうした戦争がもたらす政治的・経済的・社会的影響を日本も受けてきた。民族紛争への介入や、テロの脅威に対抗する「新しい戦争」においてもしかりである。

いったい、戦後とは何であろうか。戦争とは何であろうか。社会学では被爆者問題や基地問題など、戦争に関わる諸問題を扱ってきたが、正面から戦争がもつ意味に向き合ってこなかったのではないか。社会学は、アジア・太平洋戦争のみならず、民族紛争やテロなど「新しい戦争」にどう向き合うかを、今こそ議論すべきではないか。

本書の共編者である好井裕明は、『戦争社会学ガイドブック』（野上・福間 2012)、『戦争社会学の構想』（福間・野上・蘭・石原 2013)、『戦争が生み出す社会』全3巻（荻野 2013、島村 2013、難波 2014）など、一連の「戦争社会学」研究が世に成果を問うなか、2015年の日本社会学会シンポジウムのテーマに「戦争をめぐる社会学の可能性」を提案した。本書はこのシンポジウムの議論を踏まえ、それを展開させる方向で編まれている。

2．プログラムに書かれなかった「わたしの戦争体験――ピカドンが襲いかかった日」

2015年は戦後70年であった。集団的自衛権を認める安全保障関連法案（以下、安保法案）をめぐって、学生団体SEALDs（自由と民主主義のための学生緊急運動）の活動や金曜日の国会前デモに注目が集まり、平和とは何か、戦争とは何かを改めて考える機運が高まった。日本社会学会大会シンポジウム「戦争をめぐる社会学の可能性」が開催されたのは、期せずして、安保法案が参議院で可決された翌日の9月20日であった。シンポジウムの概要は、次のようなものであった。

> アジア・太平洋戦争が終結し今年70年を迎える。直接戦争を体験した人々の高齢化が進み、体験者の語りなど直接的な手がかりがますます貴重で希少となりつつある現在、戦争をどのように解釈し社会学が何を語り得るのかという問いに私たちはどう向き合えるのであろうか。新自由主義の風潮が浸透し、多様な社会問題や文化現象に孕まれた問題性をすべて個人の責任に帰し、全体としての社会や人々の集合的な営みの意味や意義を反芻しつつ、世の中を批判的に把握するという力が減退している現在、他者への想像力、文化的社会的にみて様々な位相や次元で差異を持つ人々の

> 現実を了解する力が確実に劣化しているように思える。戦争は、多様な差異を生きる他者の現実に対する攻撃であり、有無を言わさない侵害といえる。そして戦争は最大の差別でもあり、それは他者に対する想像力の欠落、想像力の崩壊から生じ得る。とすれば、他者に対する想像力が劣化しつつある現在という状況においてこそ、私たちと戦争との関係、戦争をめぐる私たちと他者との関係など、戦争をめぐる社会学の可能性を考えるべきではないだろうか。　（『日本社会学会ニュース』No.215, 2015: 3）

シンポジウムの構成は、第一報告が荻野昌弘「ホモ・ベリクス（Homo Bellicus）——人間は戦争が好きなのか」、第二報告が野上元「戦争史記述の社会学的規準」、第三報告が福間良明「『戦争の記憶』と戦後メディア史」であった。シンポジウムの後半には、討論者として若い世代の研究者である菊地夏野と八木良広が加わった。

プログラムには書かれていなかったが、このシンポジウムには、もうひとつ重要な構成要素があった。3つの報告の後に位置づけられた早稲田大学名誉教授・正岡寛司の「特別コメント」である。家族社会学者として、またジョージ・リッツアの『マクドナルド化する社会』（1999）の翻訳者として知られる正岡の特別コメントのタイトルは、「わたしの戦争体験——『ピカドンが襲いかかった日』」であった。

この特別コメントの位置づけを説明するには、「戦争をめぐる社会学の可能性」のテーマを発案した好井、戦争とは最大の環境破壊であり人間破壊であるという環境社会学の観点から参与した筆者のほか、シンポジウムの担当委員に組織社会学や理論社会学を専門とする山田真茂留がいたことを銘記しなくてはならない。

大会開催校の早稲田大学で教鞭をとる山田は、かねてから正岡の「伝説の講義」について聞いていた。正岡が小学生のときの被爆体験を語った講義は、学生たちに大きな衝撃を与えたと言い、シンポジウムで正岡にコメンテーターとして登壇していただきたいと熱く提案した。軍隊に動員された世代の戦争観と、正岡のように幼少期に壮絶な被害を受けた世代の戦争観が複雑に絡み合って、戦後の戦争観が構成されてきたのではないかという思いが山田にはあった。もちろん異論があるはずもなく、好井も筆者もご登壇を切望した。
　特別コメンテーターとしての登壇依頼に対し、正岡は年齢や病気のことなど、登壇ができなくなる場合を懸念しつつも、「『わたしの戦争体験』についての語り部の役割」(正岡 2015) を引き受け、万が一に備えて、当日配布の詳細な手元資料を準備してくださった。
　結果からいえば、広島で小学生のときに被爆した正岡の語りは、シンポジウムの概要に書かれた「戦争は、多様な差異を生きる他者の現実に対する攻撃であり、有無を言わさない侵害」であることを示す「直接的な手がかり」になっただけでなく、ひとりの社会学徒として「戦争をめぐる社会学の可能性」に方向性を指し示すものになった。

3.「わたしの戦争体験」が語らう「終わりなき戦争」

　ここでは、本書の各章を補助線にして正岡の「わたしの戦争体験」を紹介しながら、「戦争をめぐる社会学の可能性」を考える意味を問うてみたい。
　正岡は、広島の国民小学生で原爆に襲われた。潰れた校舎から一条の光を見つけて抜け出し、同じ小学校に通っていた弟と再会した。そのとき正岡は、ようやく抜け出してきた校舎に、「教科書を置き忘れた」と潜り込んだ女子生徒を目撃している。正岡は弟の手をひき家路を急ぐが、燃える火の手から逃げ惑うばかりであった。途中、幸運にも母親や祖母と出会い、戦後を生き延びることができた。だがそれは、原爆の後遺症への不安と隣り合わせの「生」であった (正岡 1993、2015)。
　語りのなかでもっとも印象的だったのは、正岡がNHK スペシャル「原爆の絵――市民が残すヒロシマの記録」(2002 年 8 月 6 日放送) を見たときのエピソードである。第 6 章「証言・トラウマ・芸術」が指摘するように、原爆の絵は、生き残った者たちの等身大の「あの日」を視覚的に、語り (ナラティブ) を超えて生々しく蘇えらせる。だが、原爆の絵は、正岡にとってより衝撃的なものであったろう。番組で紹介された絵には、正岡が下敷きになった小学校が描かれていた。絵のなかで、重たい梁か柱に腕を挟まれた女子生徒が「イタイ　イタイ」と助けを求めている。潰れた校舎から抜け出せずにいる男子生徒は、大粒の涙を流しながら真っすぐにこちらを見つめている。崩れた校舎から抜け出した正岡が、弟と一緒に「家に帰ろう」と自宅を目指したそのときに、校舎の下敷きになったまま、やがて炎にまかれるだろう生徒がいたことを、正岡はこの番組を見て初めて知ったのだという。

それぞれの「あの日」の体験は、複数の記憶の再現によって変化していく。正岡は、戦後になって教科書を取りに行った女子生徒が生きていなかったことを知り、NHK の番組を見て初めて校舎の下敷きになったままの生徒がいたことを知った。

正岡は、戦争は年齢を重ねてますます鮮明で、記憶として捉え直すことはできないと語った。現在にまでもちこされた時間の痛みを、筆者は正岡の話から、配布資料に大きく複写された原爆の絵から想像するしかない。

私たちはいまだ広島に原爆が投下された「あの日」を知り尽くしていないし、「あの日」の経験に出会い尽くせていない。第 9 章「被爆問題の新たな啓発の可能性をめぐって」は、戦後 70 年に放映された NHK 番組から「『大文字』の平和や正義とだけ結びついた理路整然としたマンネリの『物語』」ではなく、8 月 6 日の「あの日」という原点へ、改めて回帰することの意義を析出している。

「あの日」を複数形で見るなら、第 4 章「覆され続ける『予期』」で論じられる映画『軍旗はためく下に』の富樫勝男の死も同じである。敵前逃亡で死刑に処せられたという富樫の死の手がかりを求めてたどり着いた先に、「遺族への配慮」に彩られた「大文字」の「正しさ」や「美しさ」はない。そうした予定調和的な「物語」は「あの日」の浮かばれない死者の口を封じるのみである。

4. 社会学が戦争を主題化することの意味

社会学は戦争について饒舌ではなかった。「『戦争をめぐる社会学の可能性』が問われるとすれば、まず最初に、その『社会学』とはいかなる学問であるかについて明確な定義から取り組まれるべき」だという正岡は、「暴力、対立、紛争、革命あるいは戦争が社会学の歴史においてほとんどいつも舞台裏に追いやられ、表舞台に登場する機会をもちえなかった 1 つの理由は、そもそも社会学が啓蒙思想に起源を持っていることにある」と論じた（正岡

2015)。

第1章「戦争と社会学理論」も、異なる観点から社会学の起源に問題を見出す。社会学が前提としている社会概念はシステムとして統合されたものであり、暴力＝戦争はその社会システムの終焉を意味する。したがって、社会学が戦争に向き合うには、近代国家の出発点に戦争が密接に関わっていたことを前提とした理論が求められる。人間が好戦的な「ホモ・ベリクス」であるかのようにテロ、紛争、内戦が頻発する今日であればなおさらである。

もちろん、近代社会の出発点となる戦争と、それ以降の戦争は異なる点も大きいだろう。第2章「大衆社会論の記述と『全体』の戦争」は、先の大戦が、政治を戦争遂行に従属させ、大量の物資を動員し、戦闘員と非戦闘員の別なく戦争に動員する「総力戦」であり、「戦場の貴族主義が大衆主義に凌駕されていく過程」であると見る。そして、生産ではなく消費が大衆社会を特徴づけるようになると、国民はもはや戦争ではなく「ハンバーガーを求めて列に並ぶ方を選ぶ」というフリードマンの言葉を引きながら、「総力戦」はもはや過去のものになったと指摘している。

それでもなお、「原爆に被災し、一瞬のうちに跡形もなく焼き尽くされた生命を落とした人たち、そしてその後、放射能の被爆症で数ヶ月のうちに亡くなってしまった人たちは〔略〕第二次世界大戦の犠牲者というよりも、不可避的に起きるだろう第三次世界大戦の思いもかけない犠牲者だった」という指摘にはリアリティがある（正岡 2015）。現代日本ではジェンダーレスで男女平等に競争できる状況が「戦争のできる国づくり」政策と同時進行しているという第3章「モザイク化する差異と境界」の指摘、そして何より「未来の戦死」への想像力を説く第5章「戦死とどう向き合うか？」は、現在が戦後ではなく長期の戦間期なのではないかという問いを意識させる。

はたして、第三次世界大戦へと向かう「ホモ・ベリクス」の衝動を回避する道筋はあるのだろうか。かつてフロイトはアインシュタインの「人間を戦争というくびきから解き放つために、いま何ができるのか？」の問いに「人間の攻撃性を完全に取り除くことが問題なのではありません。人間の攻撃性を戦争という形で発揮させなければよいのです。戦争とは別のはけ口を見つけてやればよいのです」と答えた（アインシュタイン&フロイト 2016: 22, 46)。そして、文化の発展が人間の心と体に変化を与えることを重視し、「将来の戦争の終焉」への一歩が文化の発展によって可能になるのではないかと論じた（同：53-55）。

文化という点では、第6章「証言・トラウマ・芸術」が過去と現在を架橋する新しい表現として、漫画に注目している。第7章「戦後台湾における日本統治期官営移民村の文化遺産化」は、日本統治期の建築物が「台湾の本土化」が進む1990年代後半以降に文化遺産認定され、日本統治期の記憶が文化遺産観光によって肯定的に表象された一方で、文化遺産化されるまで建築物を維持してきた記憶が等閑視されてきたことを明らかにし、戦前の記憶と戦後の記憶を同時に表象させる必要性を論じている。また、第8章「『豚』がプロデュースする『みんなの戦後史』」は、戦後沖縄にハワイから救援物資として贈られた豚の史実を市民劇にすることで、敵・味方に分かれた沖縄県系移民の戦争の記憶を和合した複眼的な沖縄戦後史が生み出されたこと、そこでの沖縄戦後史が平和のベクトルを向いていることを示した。

文化が唯一ではないが、少なくとも、文化は将来の戦争を終わらせる希望のひとつであり続けるといえるだろう。

5．越境、表現、継承をめぐる社会学的応答

プログラムに書かれなかった「わたしの戦争体験」を、本書の各章を補助線にして——部分的にではあるが——敷衍してきた。戦争は社会学が所与のものとしている社会のシステム、構造、価値を根底から揺るがす。だが、実際に戦争が頻発し、日本の戦後が戦間期にすぎないのではないかとも思われる状況下では、社会学の前提とする社会自体が問われなくてはならない。社会学はどのように戦争を対象化しうるか。戦争をめぐって、社会学はいかに立ち現れ、どんな可能性をもちうるのか。

本書は社会学理論、大衆社会論、ジェンダー、映像やドキュメンタリー分析など、多様な側面からこの問題に向き合っている。ここでは、最後に、各章に通底するキーワードを3つ示しておこう。

第一は「越境」である。社会学が戦争に向き合うには、境界の問題を考えることが重要になる（荻野 2013）。境界の変動がもたらす社会変動を把握するために「移民」や「外国人」など国民国家＝社会に完全に帰属していない

存在に着目すること（第1章）、境界が複雑化している世界のなかで境界に向き合いつつ越境を模索すること（第3章）、死者に鞭打つことをタブーとし、「遺族への配慮」を重んじる予定調和的な戦争表現を越えていくことなど（第4章）、あちらとこちら、過去と未来といった二項対立を「越境」する視点が、本書の基底にはある。

第二は、「表現」である。映画やドキュメンタリー、小説やマンガ、演劇などの表現形態やその分析だけではない。大衆社会論は、模倣や付和雷同性を示す人々を「大衆・群衆」として記述したのではなく、総力戦に伴って産出された社会記述が大衆社会論なのだという指摘（第2章）、同胞の戦死と向き合えないような戦争への自衛隊の参加を認めないという新たな戦争抑制原理（＝戦死者統制）の創出という表現（第5章）も含めた、新たな戦争をめぐる表現形態が本書では模索されている。

第三は、「継承」である。時代を超え、戦争体験の有無を超えた戦争の継承には、複眼的な「観光のまなざし」（アーリ 1995）の創出や、戦争を埋め込んだ地域文化の生成といった、新しい視点や手法が必要となる。たとえば、他者を排除しない記憶の表象のあり方（第7章）、市民劇や学芸会の劇など市民参加型の表現形態（第8章）、原点から遠ざかることなく、誰もが伝承者であり継承者になりうる身体をもつということ（第9章）などである。

越境、表現、継承。これら3つのキーワードは、常に戦争という「あの日」に立ち返り、「あのとき」に向き合うことでキーワードたりえている。まずは心と身体を開いて、「戦争に向き合う社会学」を語り創る試みに浸りながら、次への頁をめくってほしい。

《引用・参考文献》

アーリ、ジョン／加太宏邦訳（1995）『観光のまなざし――現代社会におけるレジャーと旅行』法政大学出版局。

アインシュタイン、アルバート、ジグムント・フロイト／浅見昇吾訳（2016）『ひとはなぜ戦争をするのか』講談社。

荻野昌弘編（2013）『叢書 戦争が生みだす社会Ⅰ　戦後社会の変動と記憶』新曜社。

荻野昌弘（2013）「『戦争が生み出す社会』研究の課題」『叢書 戦争が生みだす社会Ⅰ　戦後社会の変動と記憶』新曜社。

島村恭則編（2013）『叢書 戦争が生みだす社会Ⅱ　引揚者の戦後』新曜社。
難波功士編（2014）『叢書 戦争が生みだす社会Ⅲ　米軍基地文化』新曜社。
野上元・福間良明編（2012）『戦争社会学ガイドブック――現代世界を読み解く132冊』創元社。
福間良明・野上元・蘭信三・石原俊編（2013）『戦争社会学の構想――制度・体験・メディア』勉誠出版。
正岡寛司（1993）「自分史断章 1945年8月6日の原体験」『発達レポート』No.7、早稲田大学人間総合研究センター研究プロジェクト『社会変動と人間発達』（代表：正岡寛司）：73−81。
――――（2015）「わたしの戦争体験――『ピカドンが襲いかかった日』」第88回日本社会学会大会シンポジウム『戦争をめぐる社会学の可能性』配布資料（草稿）。
リッツア、ジョージ／正岡寛司監訳（1999）『マクドナルド化する社会』早稲田大学出版部。

第１章

戦争と社会学理論

ホモ・ベリクス（Homo bellicus）の発見

関西学院大学　荻野昌弘

1．社会学における戦争の不在

戦争の社会的効用あるいは楽しい戦争

最近、マスコミ報道で、「戦争」やこれに類する言葉を聞かない日はない。世界のどこかで戦闘は日々繰り広げられており、実際に戦闘がない場合には、そのリスクが増大していることが論じられる。それは、まるで人間が生来的に戦争を好んでいるかのようである。戦後の日本では、好戦的思想は全面的に否定され、マスメディアでは、戦争の悲惨さ、平和への願いばかりが強調されるが、日本の敗戦後も、世界の至るところで、絶え間なく戦争が起こり、今もどこかで戦火を交えている地域があることを考えると、理念と現実とのあいだに著しい乖離が存在するといわざるを得ない。

平和思想が支配的ななかで、単なる平和主義とは異なる戦争の受け止め方を表現するのは難しい。それでも、かつては、文学作品などに、兵士が戦争をどう捉えていたかに関する表現が散見された。たとえば、遠藤周作の『海と毒薬』（遠藤 1960）の冒頭に登場するガソリンスタンドの主人が語る戦争の記憶とは、「女でもやり放題」で、「面白かった」経験である。これは、戦争が平時は一庶民として決して享受できないような権力を兵士に与えることを示している。この権力を十分に行使するのが優れた兵士であり、反対に、人を殺せるにもかかわらず殺さないことは非常識な行為になる。大岡昇平の『俘虜記』（大岡 1967）の主人公「私」が、敵兵を射程距離に捉えながら、結局撃たなかった理由を探ろうと自問自答することになるのは、このためである。なぜ人を殺さなかったのかという、通常はおよそ発せられることがない疑問が生じてしまうのが戦争なのである。

ガソリンスタンドの主人のように、「女でもやり放題」の戦争を、「面白かった」経験として語ることはもはやなくなった。また、どのような時代の戦争であっても、誰もがそれを楽しいとは思っていなかったであろう。しかし、近代国家間の戦争が勃発し始めた19世紀から20世紀前半にかけては、戦争の意義を説く思想のほうが圧倒的に優勢だった。それは、1963年に刊行されたロジェ・カイヨワの『戦争論』で詳細に分析されている（Caillois 1963=1974）。文学者で、第二次世界大戦前にはジョルジュ・バタイユらとともにコレージュ・ド・ソシオロジーを設立し、社会学も研究していたカイヨワは、近代国家間の戦争が、「貴族の戦争」とはまったく異なる特徴を示していることを明らかにしている。また、科学と結びついて戦争のかたちも大きく変容していくことを予測しており、示唆的な書物である。

たとえば、カイヨワは、ジョゼフ・ド・メストルの著書から次の箇所を引用している。

> 突然ある神的熱情の虜となった人間は、おのれが何を欲するのかも知らず、おのれが何をするのかもわからずに、戦場に向かう。それは憎しみでも怒りでもない。この恐るべき不思議は、一体何であろうか。これほど人間の本性に反するものはなく、これほど人間が嫌わぬものはない。人間は、自分が恐れているところのものを、熱意をもって行うのである。人間を引きずっていくこの法則は、如何ともしがたい。地球は絶え間なく行われる人身御供の大祭壇でしかなく、いっさいの物が費消され、死が死に絶えるまで、それがつづけられる。（同: 173）

ド・メストルは、フランス革命後の反動派の代表的論客で、キリスト教神学から出発して、社会に関してさまざまな論考を残している。そのため、社会学史においては、ド・メストルの思想が社会学の源流のひとつとして捉えられている[1]。カイヨワが引用した箇所においても、一個人が個を超えた「法則」に「引きず」られ、戦争に身を捧げていくという発想は、ある意味社会学的である。

ド・メストルのような反動派や保守派だけではなく、プルードンやドストエフスキーなど、19 世紀を通して、戦争を礼賛する思想が広がっていく（同: 201）。それは、1910 年、フランス社会党党首ジャン・ジョレスによる軍隊の構成に関する法案の提出につながる。この法案は、可決はされなかったものの、そこでジョレスは、軍隊を「社会的平等をもっとも効果的に実現するところの道具」と捉えている。

> 富める者も貧しい者も、企業主も労働者も、最も洗練された知識人も最も無知なる者も、みな同一の義務に服し、兵士として同じ生活をし、同じ重荷を背負う。あらゆる職業が、あらゆる階級が、すべて同一の法の下、同一の規律の下に混ぜ合わされ、同一の任務、同一の犠牲、同一の危険の下におかれる[2]。（同: 139）

ジョレスにとって、徴兵制に基づく軍隊こそ、社会階級の差を越えて、平等を実現する組織であり、軍隊と民主国家は不可分である。ジョレスの文書は、第一次世界大戦直前に書かれているが、大戦の終結後も、戦争や軍隊を肯定的に捉える思想には事欠かない。その極端な例がオーストリアの作家エルンスト・ユンガーである。ユンガーは、次のようにいう。

> 戦闘というものに向かって、諸々の力が絶ゆることなく展開していくという、この事実を前にするとき、一切の営為が消え失せ、一切の思考がその価値を失う。人はそこに、世界の根本原理をなすところの、ある不可思議な力の現われを認める。この力は、これまでつねに存在し、これからもずっと存在するものなのである。人間が存在しなくなり、したがって戦争もなくなってしまったずっとずっと後までも。（同: 208）

ユンガーは、戦争を通じて「世界の根本原理をなすところの、ある不思議な力」が現れるようになると、それに抗うことは不可能なので、戦争を通じて、「おのれを示したいという欲求」を追求するべきだと考える。かつてド・メストルが指摘していたように、戦争から逃れ得ない以上、そのなかで、自己実現すべきだというのである。カイヨワは、このユンガーの結論を「戦争の恐怖そのものが引き起こしたこの眩暈を、極端な形で現した」と解説している。

社会学における乏しい「戦争」研究

第二次世界大戦が終わるまでは、戦争を肯定的に捉える思想が支配的だった。一方で、社会学の分野では、戦争という視点から社会を捉えようとする研究は、近年に至るまで決して多くはない。社会学において、戦争は例外的な出来事として捉えられる傾向にあり、少なくとも社会秩序の形成において、戦争が果たす役割を中核に据えた理論はほとんどない[3]。ハーバート・スペンサーが、19 世紀に、軍事型社会から産業型社会への「進化」を説いている。しかし、軍事型社会は、社会が進化する過程で産業型社会に取って代わられ、軍事力に基礎を置く社会は消滅することになる。したがって、産業型社会（＝近代社会）において、軍隊には大きな役割は期待されていない。

そうしたなか、例外的に、戦争を真正面から捉えようとしたのが、戦争が資本主義の形成と深く関わっている点を明らかにしようとして、1913 年に『戦争と資本主義』を刊行した、ドイツの経済学者であり、社会学者でもあるヴェルナー・ゾンバルトである。ゾンバルトは、戦争の資金調達のため、「戦争が証券取引所をつくった」（Sombert 1913=2010: 96）ことや、統計を用いて、造船業の発展がもっぱら「軍国主義のおかげ」であることを示すなど、資本主義の発展が軍事力の増強と密接に結びついている点をさまざまな角度から実証的に示している。

戦争に限らず、ゾンバルトの一連の議論は、『プロテスタンティズムの倫理と資本主義の精神』（1905 年）に代表されるマックス・ウェーバーの資本主義の起源に関する批判として出てきているが、ゾンバルトの説は、ウェーバーのように仮説構成的な議論をせず、戦争と資本主義の関連を提示しているだけなので、ウェーバー学説の対抗説として大きく取り上げられることはなかった。また、一時ナチスに関与していたことも、ゾンバルトの評価を下げる一因となっている[4]。

なお、ソンバルトの著作刊行に先立つ 1908 年に出版されたゲオログ・ジンメルの『社会学』においても、戦争についてわずかにふれられている。ジンメルは、「未開社会」において、共同体間が「交流」するきっかけは戦争であるという。ただ、ジンメルがふれているのは、未開社会の戦争にすぎず、ゾンバルトのように、近代社会と戦争の関係について論じてはいない。

ジンメル理論の根底には、コンフリクトは秩序が失われた状態ではなく、それ自体が、社会化の過程において重要な役割を果たすという考え方があるが、そもそも、ドイツの社会思想の流れのひとつに、社会生活は、異なる集団間のコンフリクトによって特徴づけられるという主張が存在した（Malešević 2010: 33）。それは、19世紀後半から、歴史学者のレオポルト・フォン・ランケの影響下に、国家は力であり、戦争こそが真の国民を創出すると主張したハインリヒ・フォン・トライチュケに代表される愛国思想の流れである。ジンメルは別にしても、その後登場し、現代哲学にも影響を与えたカール・シュミットなども含め、この時期ドイツでは、戦争と国家の結びつきを前提とする考え方が支配的だった。

社会学の公準

なぜ、社会学において、長いあいだ、戦争は片隅に追いやられていたのか。それは、社会学が前提とする「社会」概念にある。

エミール・デュルケームの『社会分業論』（1893年）では、社会分業は、あるひとつの社会の内部においてのみ可能になるとされている。それは、『社会分業論』のなかで、なぜ分業は進むのかについて論じた第二部第二章で、端的に表現されている。デュルケームによれば、分業は、独立した個人が、互いの異なる能力を活かしていくために協同するのではない。分業は集団生活に先立つのではなく、集団生活から生まれる。ひとつの社会のなかで、社会的な必要性が認識され、新たな職業が生まれるのである。デュルケームはいう。

> さまざまな社会のまとまりが可能になるのは、その根底に信仰や感情の共同性があるからである。そして、こうした社会を基礎として、分業がその統一性を保証するような社会が発展していくのである。
>
> （Durkheim 1978: 261）

この引用箇所の前半の一文で述べられているのは、社会が成立するためには、「信仰」や共通の「感情」、すなわち集合意識が不可欠であり、具体的には、それは、「血のつながり、同じ土地への愛着や祖先崇拝、慣習をともにする共同体」(同: 262) などである。デュルケームによれば、こうした集合意識があって、初めて人々はさまざまな協力をすることが可能になるのである。

後半の一文は、社会が自立的に発展していくことを示そうとしている。社会の根底に、社会を成立させる集合意識が存在しているので、それを欠いては、社会における分業は進まない。この意味で、社会とその外部との関係を、デュルケームはまったく考慮しようとしない。デュルケームにおいて、社会は自明の大前提であり、しかも、それは自律的に発展していくと考えられており、そのため、社会を社会の「外部」との関係において捉えるという発想が欠けているのである。

デュルケームの議論をまとめてみると次のようになる。

公準Ⅰ　共通の信仰 (集合意識) をもつ社会が存在する (個人の結合が社会を生むのではない)

公準Ⅱ　社会は自律的に発展する

デュルケームの社会観は、「共和国」の成立から遡及的に社会の発展を捉えようとしており、社会のイメージとして国家が念頭に置かれているが、国家 (あるいは社会) が、他の国家との関係においてのみ存在し得るという関係論的発想はない。社会の外部という発想がない以上、外部に存在する社会との「戦争」という問題には関心が至らない。デュルケームは、戦争を逸脱として認識しており、あくまで例外的な出来事で、社会の形成に直接関わりがあるという視点は見出せない。第一次世界大戦に関しても、その原因をドイツ人の好戦的な国民性に求めているにすぎず、戦争という出来事をより理論的に捉えようという姿勢はなかった (Durkheim 1991)。

ただ、デュルケームは、『社会分業論』刊行から 19 年後、第一次世界大戦が始まる 2 年前の 1912 年に出版された『宗教生活の基本形態』では、やや異なる視点を提示している。この著書のなかで、デュルケームは、「現代人」

を理解するために、もっとも「原始的」な「未開」の宗教を研究すると謳っている（Durkheim 1985: 2）。デュルケームにとって、原始的な宗教は、他の宗教に比べて劣るものではない。あらゆる宗教は、根本的に同一性を有している。

それでは、なぜ原始宗教を特権的な研究対象とする必要があるのか。それは、デュルケームによれば、方法論上の理由からである。デュルケームは、「歴史」を遡り、もっとも原初的で、単純な形態について分析することで、宗教全般について理解することができるという。この歴史的方法は、19世紀に流布していた社会進化論とは異なる。それは、むしろ、「起源」を遡るという意味で、系譜学的方法とも呼び得るであろう。社会進化論と異なるのは、未開社会の宗教のなかにあらゆる宗教の本質が隠されており、根本的には、未開社会と現代社会（デュルケームの時代）には、大きな共通性があると考えているところである。そこには、未開社会を遅れた社会とする発想からは距離を置こうとする視点がある。

さらには、デュルケームは、宗教的観念が生まれるのは祭礼などにおける沸騰状態からだという。また、儀礼における血の役割にふれ、聖なる場所に自らの血を捧げるという儀礼があることから、流血と宗教とのあいだの関連性を指摘している。つまり、何らかの集合意識が形成されるためには、暴力的な沸騰状態が生じる必要があると考えるのである。

こうした暴力の役割に関する議論は、コレージュ・ド・ソシオロジーに継承される。『戦争論』のカイヨワやバタイユらは、「聖性」をめぐる議論を展開し、1938年のミュンヘン協定をめぐって、当時ヨーロッパをすでに席巻しようとしていたナチスドイツから、戦争そのものについても討議を行っていた。ただ、残念ながら、すでにデュルケームの社会学自体が、社会学内部で影響力を失いつつあり、しかも、カイヨワやバタイユは在野の文学者であったため、第二次世界大戦後も、コレージュ・ド・ソシオロジーの研究成果は、社会学内部には影響力を及ぼすことはなかった。

『社会分業論』で示されたデュルケームの社会観が、その後の社会学理論を基礎づけたことは疑いない。社会を「構造」や「システム」として捉える理論的性向は、デュルケームに端を発している。第二次世界大戦後、世界的な広がりをもつようになるアメリカ社会学で理論的支柱となる、タルコット・パーソンズの社会システム論では、システム統合において「価値」が意味をもつ。価値を共有していることが社会システムの統合につながることに焦点が定められ、価値を共有していない場合にどのような事態が起こるのかについては関心がいかない。いずれにせよ、システムとしての社会は、それ自体自律的に機能すると考えられており、デュルケームが確立した2つの公準に準じている。

アンソニー・マンは、このような戦後の社会学の状況について、「第二次世界大戦後の欧米を支配したのが常ならぬ地政学的・社会学的平和の時代であったために、社会学は近代社会における軍事組織の重要性を無視するようになってしまった」(Mann 1993=2005: 44) と指摘している。大戦後は、冷戦が始まるだけではなく、アジアでは、中国の内戦、朝鮮戦争、ベトナム戦争などの戦争が起こっている。したがって、「地政学的・社会学的平和の時代」だったのは、「欧米」だけだった。そして、この「平和の時代」に適合するようなかたちで、社会をシステムとして認識し、その統合が価値によって保証されるという理論が出てきたのである。それは暗に、まだ社会に伏在する問題が顕在化していない、一見「平和」な1950年代のアメリカを念頭に置いた理論だった。

パーソンズ以後に、社会システム論を提示した、ドイツのニクラス・ルーマンの場合でも、暴力や戦争の問題は、除外されている。ルーマンが準拠する自然科学のシステム概念はパーソンズのそれとは異なるため、社会システム論の理論体系も違ってくるが、戦争はもちろん、コミュニケーションにおけるさまざまな対立自体、理論の中心的な対象とはならない点は、パーソンズのそれと同じである。ニクラス・ルーマンは、コミュニケーションにおいて、一方が相手を殴った時点で、社会システムは消滅するとして、暴力を社会システム論の対象外に置いている。つまり、ルーマンの社会システム論では、社会システムが成立していることを前提としており、暴力の噴出は、社会システムの終わりを示している (Luhmann 1984)。その結果、暴力は、考察の対象にはならなかったのである。

長いあいだ、戦争に関する社会学が不在であったなかにおいて、戦争とりわけ軍隊を近代社会の形成との関連において捉えようとする動きが、1980年代に入って本格化する。アンソニー・ギデンズやマイケル・マンなどのイギリスの社会学者による歴史社会学的研究がそれである。ギデンズは、次のように、社会学において、戦争が正面から捉えられていない点を批判している。

> 社会学のどの教科書をひもといても、読者は、近現代のほとんどの制度――家族、階級、逸脱、等々――に関する議論を見いだすことができる。しかし、読者は、軍隊制度や、また軍事力と戦争が近現代社会に与えた衝撃について何も論じられていないことに、おそらく気づくはずである。〔略〕二十世紀に生きる人間として、軍事力や軍備、さらには戦争そのものが社会的世界に及ぼしてきた幅広い衝撃を、さしあたり一体誰が否定できるだろうか。（Giddens 1985=1999: 33）

ただ、ギデンズの著作においても、国民国家の形成において軍隊が果たした役割が決定的なものであったことを強調するだけで、なぜ国民国家と戦争が不可分であるのかについての説明はない。つまり、ギデンズやマンの研究は、国民国家を前提としており、その内部における軍隊の位置づけについて論じているにすぎない。たとえば、マンは、官僚制化のモデルが軍隊組織にあると指摘しており（Mann 1993=2005: 66）、これは官僚制が近代国家に不可欠であるという観点に立てば、興味深い事実ではあるが、近代国家が、どのような内在的論理に基づいて成立しているのかについては、理論的に明らかにはしていないのである。この意味で、イギリスの社会学者は、デュルケームが打ち立てた社会学の公準に忠実である。

惨禍の社会学

第二次世界大戦が終わるまで、戦争の悲惨、戦争がもたらす不幸に関して、社会学の分野ではほとんど研究されていなかった。そのなかで唯一の例外ともいえる業績が、ロシア出身の社会学者ピチリム・ソローキンが、第二次世界大戦中の1942年に刊行した研究書である。邦訳は、『災害における人間と社会』（Sorokin 1942=2004）とされているが、ソローキンが捉えようとしたのは、自然災害を想起させる「災害」ではなく、人間や社会がときに経験せざるを得ない「不幸」であり、不幸をもたらす要因である「惨禍

(calamity)」である。ソローキンは4つの惨禍を挙げており、それは「飢餓」「疫病」「戦争」「革命」で、自然災害は含まれていない。ソローキンの関心は、戦災のような惨禍が、どのように個人と社会に影響を及ぼすのかにあり、これは、ソローキン以前の社会学にはなかったものである。

興味深いのは、日本の社会学においては、ソローキンのように、個人が戦争という出来事をいかに体験したかを問う研究が、戦争研究自体が数少ないなかでは、中心となっている点である。もっとも早い時期に、戦争を扱ったのは、作田啓一と高橋三郎で、個人の戦争責任の問題に関する論考を1960年代に発表している（作田 [1967] 1981）。高橋は、1974年には、ナチスの強制収容所に関する研究『強制収容所における「生」』を刊行している（高橋 [1974] 2000）。また、広島修道大学の研究グループが、広島の被爆者に関する調査を行っている（江嶋・春日・青木 1977）。その後、1990年代に入って、森岡清美が、特攻兵に関する詳細な調査研究を刊行している（森岡 1991、1995）。作田が、まだ戦後の「戦争責任論」の思潮のなかで個人の「戦争責任」を問うて、倫理的な関心が前面に出ているのに対して、森岡は、いかに特攻兵が自らの行為に正当性を与え、納得しようとしていたかについて明らかにしようとしており、単なる戦争責任論を超えて、特攻兵に内在的な動機を捉えようとしている。

以上のような日本における研究は、それ自体独創的で貴重なものであるが、欧米の社会学界同様、全体的な社会学の流れから見れば、傍流というよりは、孤高の位置にあるといえよう。社会学理論において、戦争が等閑視されてきたように、日本の戦争体験を社会学の対象とする営みも、特定の個人や研究グループの研究成果としてのみ、受容されてきた[5]。つまり、さまざまな次元において、社会学では、戦争をめぐる研究を進めるには困難な状況が存在していたのである。こうした状況を克服するために、理論的な観点からは、まず、近代国家の成立と戦争が密接に関わっている点を明らかにしたうえで、社会秩序の編成に、戦争が内在的に関わっていることを前提とするような理論を構築することが必要である。次節では、これらの点について見てみよう。

2. 戦争が生み出す社会変動

国家と戦争

近代国家は国境を厳格に定める。そのためには、国境の内部だけではなく、外部の存在を明確に認識していなければならない。これは、一見たやすいことのようだが、実は、そのためには認識枠組みの大転換が生じなければならない。中国王朝などの皇帝や王が、世界の中心に位置していることは、当該社会では自明とされており、その勢力範囲の周縁は、中心から見れば、ほとんどの場合重要性は低い。つまり、勢力圏の外部は、関心の埒外にある。より小規模な共同体においても、その成員以外は、攻撃され、敵として認識されるようなことなどがないかぎり、無縁の存在である。

こうした伝統的王朝とは異なり、国家の内部と外部を分かつ境界が明確に認識されるためには、国家の外部にも、同じような国家が存在することを認識する必要がある。しかし、社会の外部には関心がいかない状態では、外部にも同一の社会が存在するという考え方は支持されない。社会の外部に関心を向けるためには、内部と外部のあいだに同一性を認めるような認識枠組みが新たに構築される必要がある。それが「人間」概念の創出である。ミシェル・フーコーは、『言葉と物』の終章において、19世紀に人間概念が生まれ、それが人文諸科学の誕生を可能にしたことを指摘している（Foucault 1966）。

人間概念は、すでに17世紀のオランダやイギリスにおいて登場している。その代表的思想家のひとりがトーマス・ホッブズである。ホッブズは、人間は自然状態においては、みな能力が等しいので、必然的に闘争が起こるという。この戦争に等しい状態を克服するためには、国家が不可欠となる。ホッブズにとっては、人間は国家を形成することによって、初めて安全と私有財産を確保することができるのである。同時に、国家内部における「国民」というカテゴリー概念が生まれる。ある国家に帰属しており、そこで正式なメンバーシップを得ているのが、国民である。つまり国家内部において、一国民としての同一性が与えられるのである（Hobbes 1651）。

以上のようなホッブズの議論は、数えきれないほど言及されてきた。それは、一見それなりの整合性をもっているような議論であるが、そこには根源的な矛盾がひそんでいる。まず、前段では、人間は、世界に遍在する種を呼称する普遍的な概念で、個々の人間のあいだに大きな差異はないことが示される。ここで、人間は、ある特定の場所にのみ存在するのではなく、世界の至るところに住んでいることが前提となっていることはいうまでもない。しかし、後段で、諸個人が、国家に自然状態で所有していた完全な自由を一度譲渡する段階では、ある単一の国家成立にのみ、議論が集中している。自国家の外部にも、他の人間たち＝他者が、同じように国家を形成している事実が、いつのまにか消え去ってしまっているのである。

国家は、人間としての同一性を前提として成立しているが、これは、人間としての普遍性のもとに、ある特定の者だけが、国民としての同一性、ある国家の正式なメンバーシップをもつことを意味する。いつのまにか、普遍的な人間としての同一性が、より限定的な国民としての同一性に変換されているのである。これは、ホッブズの論理の飛躍というよりは、近代国家そのものがはらんでいる根本的矛盾を示している。

もちろん、この矛盾が常に顕在化するとはかぎらない。ホッブズとほぼ同時期に登場した重商主義者たちは諸国家の特徴を比較しており、国家という観念が、複数の国家の存在を認識したときに出てくることがわかる。ウィリアム・ペティは、イギリスとフランス、オランダを比較して、オランダの経済的優位性を、かつては「貧しく、虐げられ、寒く、厳しい風土のなかで生活しており」、「宗教的な異端として、抑圧されていた」が、「国民は懸命に働き、力を合わせて国を豊かにしようとした」結果、国際貿易の担い手になっていると指摘している（Petty 1899: 261）。ここで、自国家と他国家の差異は、「文化」として認識される。異文化としての他者像が構成されると同時に、「民族」固有の文化も構成されるのである。

イギリス人であるペティや、ペティが捉えた17世紀のオランダでは、人間として社会の外部に存在する他者を認めると同時に、国民としての同一性も獲得することが、矛盾しないかのように、制度が整備されている。国境の外部は忌避すべき領域ではなくなり、境界外の存在は「外国人」として認識される。外国人は、国家に帰属してはいないが、「国民」と同じ「人間」として、交流可能な存在であり、とくに貿易の相手となり得る。ここには人間という同一性の下に、国民としての差異が存在するという同一性と差異の論理が貫徹されている（荻野 1998）。

しかし、このように、他国家に帰属する存在を積極的に他者として尊重し、交換するという営みが常に行われるわけではない。他国家は、同じ人間であるとはいえ、必ずしも友好的であるとはかぎらない。つまり、外国からの侵略のリスクは常に存在する。そうであるならば、先手を打って、外国に積極的に侵攻するべきだという考え方が生まれる。戦争が、国家成立時に生じる（人間と国民という）2つの同一性の根本的矛盾を克服するための最良の方策のように感じられてくる。その結果、西欧型の近代国家は、実際に領土を拡大する方向に進む。近代国家は、すでに他の国家に帰属している地域の併合を目指すと同時に、支配形態としての国家制度を欠いた、その意味で領土拡張の芽がない地域を併合しようとする。

実際に、17世紀のオランダとイギリスにおいて、近代国家が初めて成立した。ホッブズらの思想は、こうした現実を正当化しようとした結果生まれてきたものである。近代国家成立の発端は、オランダとスペインとの戦争に始まると考えられる。オランダは、スペインから独立するため、16世紀末に共和国を成立させる[6]。これを認めなかったスペインと長期にわたり戦い、スペインは、1648年ようやくオランダの独立を承認する（佐藤 2012）。ただ、それより20年以上も前の1621年に、オランダは、アフリカ西海岸とアメリカ東海岸の貿易を独占する権利をもつ西インド会社を設立し、すでにアフリカに植民地を築いていたポルトガルと開戦して、1641年に、ポルトガルの城塞をすべて征服する（Sombart 1913=2010: 28）。つまり、オランダは、スペインから完全に独立しようとする戦争のただなかに、同時にアフリカやアメリカ大陸における支配も固めていったのである。スペインがオランダの独立を認めた1648年、時を同じくしてイギリスでピューリタン革命が起こる。王権を倒し、市民政府が樹立されるが、一方で、オランダに対抗して、アフリカの植民地化を進めていくため、1662年に、「アフリカ貿易に従事する王立イギリス冒険者会社」を設立する。

近代国家は、その出発点から、戦争を志向していた。フランス革命後に、フランスが他のヨーロッパ地域に戦争を仕掛け、日本が明治維新後20数年で、清と戦争を始めたことも偶然ではない。今日のウクライナ問題や中東問題に至るまで、こうした状況は続いている。他者への暴力行使の可能性は、国家の存立構造のなかに内在しているのである。

境界の変容と社会変動

国境の設定＝他者の認識は、単に他者を認識したということではなく、領土の拡大と密接に関わっている。領土を拡大するために、ヨーロッパ内部（とくに西欧）に成立した国民国家のあいだでは、境界をめぐる闘争が始まり、2つの国家のあいだを行き来して、帰属先が定まらない地域が生まれる。フランスとドイツのあいだで、その領有権をめぐって戦争が起こったアルザス・ロレーヌ地方が、その典型である。近代国家の存立に関わる国境は、戦争を契機として変化する。つまり、国境は、完全に固定されているわけではなく、移動することが前提とされているのである。

それは同時に社会変動を引き起こす。境界が変化することで、そのはざまに生きる人々は、翻弄される。国家自体が，他者との関係において構築されていく点を考慮していない、デュルケームの社会に関する公準Ⅰ・Ⅱに準拠しているだけでは、こうした点を捉えることはできない。確定した境界内の集合である「社会」ではなく、戦争などによって引き起こされる境界や空間の変容、境界の変容による人々の移動などが、社会をつくっているからである。この意味で、戦争が社会を生み出しており、こうした視点から社会を捉え直す必要があるのである（荻野 2013）。

また、西欧諸国の領土拡大のための攻撃対象は、西欧内部にとどまらない。領土拡大の欲望は、ヨーロッパ外部にも注がれる。植民地は、それまで国境が設定されていなかった他者の土地を、場合によっては、暴力も行使しながら占有し、境界を設定することである。それは、異質な存在、野蛮な存在の住む地域への単なる侵略ではなく、植民地にしようとする地域に住む人々を「理解」するために、その「文化」を表象しながら、権力関係を構築していくことを意味する。

植民地の形成は、植民地と宗主国とのあいだに支配関係に基づく第一の境界を引くと同時に、宗主国と植民地以外の地域とのあいだに明確に第二の境界を引く。また、西欧内部の国民国家ではなく、その植民地でもない、第三の地域も明確に認識されるようになる。それは、いずれ植民地や勢力圏内に取り込まれるか、そうでなければ敵対する可能性がある境界外地域である。第二の境界が可視化されることで、それまでは縁のなかった世界が、支配可能性のある地域として明確に意識されるのである。

境界の位置が移動すると、誰が他者なのかという他者認識にも変化が生じる。たとえば、それまで境界外だった地域がある国家によって植民地化されると、宗主国と新たな植民地は、同一の集合に帰属するようになる。しかし、植民地の住民が、完全に宗主国の国民と同等の資格を得るわけではない。宗主国と植民地のあいだには厳然とした境界が存在し続ける。このもともと存在した境界を第一の境界とし、宗主国と植民地をひとつの集合と捉え、これとその外部とを隔てる境界を第二の境界とすると、いずれの境界が注視されるかによって、植民地住民の社会的位置が変わる。第一の境界が注視される場合、植民地と第三の地域は、宗主国にとって、いずれも他者である。また、第二の境界が特権視される場合には、宗主国と植民地とは、同一の集合に帰属するとみなされる。宗主国にとって、植民地は、あるときには境界内に包含され、あるときには境界外に排除される存在となるのである。

このように、第一の境界と第二の境界の２つの境界が使い分けられることによって生まれる両義的存在こそ、とくに他者性を担った存在である。植民地は、この意味で、典型的な他者である。植民地あるいは支配される側にとっても、支配者は他者であり、闖入者でもある。ただし、境界設定の主体は宗主国であり、植民地は宗主国が設定した境界には元来何ら関心はなかったはずであるし、またそれを積極的に認めてもいなかったはずである。境界の設定は、多かれ少なかれ恣意的なのである。したがって、植民地とされた地域は、宗主国による境界設定を完全に容認したわけではなく、必ずしも世界を宗主国の引いた境界に基づいて認識しているわけでもない。

両義的他者

戦争などによって引き起こされる境界や空間の変容、境界の変容による人々の移動などが社会を変化させているのであれば、社会変動を把握するためには、国民国家＝社会に、完全には帰属していない両義的存在に着目することが不可欠である。たとえば、ある国家内部における「移民」やその子孫、そして「外国人」の存在がそれである。これらの両義的他者は、国民同様「人間」であることは確かである。したがって、単に排除されるべき存在ではなく、交流可能な存在として認識される。両義的他者は、境界によって外部に遠ざけられるだけの存在ではなく、新たな境界が設定されることによって、視界に入ってくる存在である。かくして、他者は、単なる差異、排除の対象ではなく、同時にどこかに親和的な部分をもち、場合によっては、親近感や愛着さえ感じられる存在となる。もちろん、それが純粋な親近感であるとはかぎらない。そこには、支配可能な空間を拡大しようとする意志が伏在している。両義的他者は、やさしく包まれながら支配される、包含＝支配の対象ともなりうるのである。

今日、欧州・中東を中心に生じているテロリズム、紛争、内戦などと呼ばれる戦争も、英仏を中心とした国家が、19世紀から長期にわたって展開した領土拡大戦略の延長線上に起こっている。そして、そこに参戦していく存在こそ、両義的他者なのである。

フランスの週刊誌『シャルリー・エブド』編集部を襲撃したクアシ兄弟は、アルジェリア系フランス人であるが（両親はアルジェリア人で、兄弟の幼少期に死去し、その後兄弟は施設に入る）、兄弟を「移民二世」「フランスにおけるマイノリティ」などのように、国家内部のカテゴリーとして捉えるだけでは不十分で、覇権国家による境界の設定とその変容のはざまにある両義的存在として見る必要がある。両義的存在は、19世紀以来の植民地化政策、第一次世界大戦時の労働力不足によるマグレブからの人口の流入、アルジェリア独立戦争等の結果として生み出されている。

「テロリスト」となったクアシ兄弟のようなジハーディストたちは、「グローバル」な活動を行う。一方で、イスラム国と戦うため、クルド系フランス人も、クルディスタン自治政府軍事組織ペシュメルガに入り、イラクに旅立つ。「グローバリゼーション」を問題にするなら、このグローバルな闘争状態をも問題にしなければならないのである。

ホモ・ベリクス（Homo bellicus）――人間は戦争が好きなのか

人間の性向を表すために、これまで、ホモ・エコノミクスやホモ・ルーデンスのような用語が用いられてきた。ホモ・エコノミクスとは、個人が、経済的にもっとも自らの利益になるような合理的選択を行うことを前提とする人間観である。反対に、ホモ・ルーデンスは、人間が本来の姿を表すのは、経済活動などではなく、遊びにおいてであるという考え方に基づく。

経済活動における合理的選択も遊びも、戦争や暴力とは直接関係がない営みであり、いずれも「平和」な活動である。生活のために働き、余暇で遊ぶ人間が想定されており、人間同士の諍いや軋轢、対立については、関心が及んでいない。しかし、テロリズムと呼ばれる暴力行使が頻発し、紛争も絶えない今日、平和を前提とした人間像の底に、近代社会が生み出した好戦的な人間、ド・メストルの「恐れているところのものを、熱意をもって行う」ホモ・ベリクス（Homo bellicus）の側面があることは否定できない。

2015年11月13日に起きたパリ同時多発テロ事件の襲撃目標のひとつとなったバタクラン劇場。現在は工事中（撮影筆者、2016年7月13日）

フランスに限ってみても、『シャルリー・エブド』襲撃事件以来、「テロ」と呼ばれる事件が絶えることはない。2015年には、バタクラン襲撃などの一連の連続テロ事件が起こった（写真参照）。そのバタクラン劇場を私が撮影した翌日の2016年7月14日には、観光客が数多く集まるニースの海外沿いの「イギリス人の散歩道」でまたもや「テロ」事件が生じた。

デュルケームの社会学の公準を乗り越え、人間が、ホモ・ベリクスのように見えてしまう状況を生み出す構造を明らかにしていくことが、今日ほど求められている時代はない。

《註記》

1 ――ド・メストルなどの反動派がフランス社会学の「創設者」であるという見解は、フランスの社会学史研究者の間では合意を見ている。それは、彼らが、社会を統一体として捉える視点を提示しているからである（Namer 1994: 302）（荻野 2001: 17-24）。

2 ――原文は、Jean Jaurès, L'armée nouvelle, p.17。http://gallica.bnf.fr/ark:/12148/bpt6k81579h/f25.item で閲覧可能。

3 ――たとえば、近年、社会学においてしばしば援用されるリスク概念において、戦争のリスク、戦争とリスクからリスクを捉えようとする視点は見当たらない。

4 ――ゾンバルトは、今日、経済学史の領域で、研究されている。研究動向については、奥山（2013）が参考になる。

5 ――2000年代に入って、ようやく、戦争に関する社会学を一分野として捉えようとする研究の動きが出てきた。以下を参照。野上（2006）、荻野・島村・難波（2013-2014）、野上・福間・蘭・石原（2013）。

6 ――オランダは、当初スペインに代わる新たな君主をフランスやイギリス国王に求めたが、いずれもこれを拒んだため、外部に君主を求めることを断念し、事実上「独立」した状態になった。それが結果的にオランダ共和国を生むことになったのである。

《引用・参考文献》

江嶋修作・春日耕夫・青木秀男（1977）「広島における『被爆体験』の社会統合機能をめぐる一研究」『商業経済研究所報』15巻：1-90。

遠藤周作（1960）『海と毒薬』新潮文庫。

大岡昇平（1967）『俘虜記』新潮文庫。

荻野昌弘（1998）『資本主義と他者』関西学院出版会。

――――（2001）「1920－50年代のフランス社会学――冬の時代」『社会学史研究』23号：17-24。

――――（2013）「『戦争が生み出す社会』研究の課題」『戦争社会の変動と記憶叢書　戦争が生み出す社会 第一巻』新曜社。

荻野昌弘・島村恭則・難波功士編（2013-2014）『叢書　戦争が生み出す社会』全3巻、新曜社。

奥山誠（2013）「ヴェルナー・ゾンバルト研究の動向――過去 20 年の研究状況」『経済学史研究』55巻1号：86-104。

作田啓一（[1967] 1981）『恥の文化再考』筑摩書房。

佐藤弘幸（2012）『図説 オランダの歴史』河出書房新社。

高橋三郎（2000）『強制収容所における「生」』世界思想社。

野上元（2006）『戦争体験の社会学――「兵士」という文体』弘文堂。

野上元・福間良明・蘭信三・石原俊編（2013）『戦争社会学の構想――制度・体験・メディア』勉誠出版。

森岡清美（1991）『決死の世代と遺書』吉川弘文館。

――――（1995）『若き特攻隊員と太平洋戦争――その手記と群像』吉川弘文館。

Caillois, Roger (1963) *Bellone ou la pente de la guerre*, Paris: Renaissance de la livre.［ロジェ・

カイヨワ／秋枝茂夫訳（1974）『戦争論――われわれの内にひそむ女神ベローナ』法政大学出版局］

Durkheim, Émile (1978) *Division du travail social*, Paris: P.U.F.［エミール・デュルケーム／井伊玄太郎訳（1989）『社会分業論 上・下』講談社学術文庫］

――― (1985) *Les formes élémentaires de la vie religieuse*, Paris: P.U.F.［古野清人訳（1975）『宗教生活の原初形態 上・下』岩波文庫］

――― (1991) *"L'Allemagne au-dessus de tout": la mentalité allemande et la guerre*, Paris: Armand Colin.

Giddens, Anthony (1985) *The Nation-State and Violence*, London: Polity Press.［アンソニー・ギデンズ／松尾精文・小幡正敏訳（1999）『国民国家と暴力』而立書房］

Foucault, Michel (1966) *Les Mots et les choses*, Paris: Gallimard.［ミシェル・フーコー／渡辺一民・佐々木明訳（1974）『言葉と物――人文科学の考古学』新潮社］

Hobbes, Thomas (1651) *Leviathan*, http://www.gutenberg.org/files/3207/3207-h/3207-h.htm.［トマス・ホッブズ／水田洋訳（1982, 1985, 1992）『リヴァイアサン 1～4』岩波文庫］

Luhmann, Niklas (1984) *Sozial Systeme: Grundriss einer allgemeinen Theorie*, Frankfurt am Main: Suhrkamp Verlag.［ニクラス・ルーマン／佐藤勉監訳（1995）『社会システム理論 下』恒星社厚生閣］

Malešević, Sinisa (2010) *The Sociology of War and Violence*, Cambridge: Cambridge University Press.

Mann, Michael (1993) *The Source of Social Power* Vol.2, Cambridge: Cambridge University Press.［マイケル・マン／森本醇・君塚直隆訳（2005）『ソーシャルパワー――社会的な〈力〉の世界歴史 II』NTT出版］

Namer, Gérard (1994) "Postface," in Halbwachs, Maurice, *Les Cadres sociaux de la mémoire*, Paris: Albin Michel, pp.299-397.

Petty, William (1899) "Political Arithmetrics," *Economic Writing of Sir William Petty,* Cambridge: Cambridge University Press, pp.233-313.

Simmel, George (1908) *Soziiologie*, Leipzig: Duncker & Humblot.［ゲオルク・ジンメル／居安正訳（1994）『社会学――社会化の諸形式についての研究 上』白水社］

Sombart, Werner (1913) *Krieg und Kapitalismus* (*Studien zur Ent-wicklungsgeschichte des modernen Kapitalismus*. Bd. 2). München und Leipzig: Duncker und Hum-blot.［ヴェルナー・ゾンバルト／金森誠也訳（2010）『戦争と資本主義』講談社学術文庫］

Sorokin, Pitirim (1942) *Man and Society in Calamity*, New York: E.P. Dutton & Co.［ピティリム・ソローキン／大矢根淳訳（2004）『災害における人と社会』文化書房博文社］

第2章

大衆社会論の記述と「全体」の戦争

総力戦の歴史的・社会的位格

筑波大学　野上　元

> 国民的大戦のような社会的激動が生じると、それによって集合的感情は生気をおび、党派精神や祖国愛、あるいは政治的信念や国家的信念は鼓吹され、種々の活動は同じ一つの目標にむかって集中し、少なくとも一時的には、より強固な社会的統合を実現させる。
>
> （デュルケーム『自殺論』1897 年　訳 1985: 246）

1．はじめに――社会学における集合性の観察と「戦争」

『自殺論』において、戦時期の自殺率の減少が、戦争がもたらす「社会的統合」（の強固さ）によって説明されていることはよく知られている。もちろん、どのようにしてこの「社会的統合」を変数として見出した（ことにした）のかということについてはさまざまな議論がありうるけれども、こと戦争と関連させる場合には、むしろそれははっきりしているというのである。戦争という大きな事件を通じて起こる、極端に変化する人々の結びつきのありようが、19 世紀末～ 20 世紀初頭における黎明期の社会学者たちに対して「社会」をよりわかりやすく可視化させたということだ。

「国民的大戦」といっても、ここ（1897 年）で念頭に置かれているのは、何よりも普仏戦争（1870 ～ 71 年）である。一方でデュルケームは、別の部分で「クリミア戦争〔1853 ～ 56 年〕やイタリア戦争〔1848 ～ 49 年〕のような純然たる王朝間の戦争は、民衆の心をそれほど強くゆさぶることなく、これといった効果をもたらすこともなかった」(Durkheim 1897=1985: 245) としており、彼のなかでは、自殺率を変えるほどの社会的統合を可能にする戦争とそうでない戦争という区分が明確にあったことがわかる。

社会心理学・大衆社会論の古典となったル・ボンの『群集心理』もちょうど同じころの書物である[1]。それは統合された民衆を「群衆」とみなす。

> わずかに一世紀前までは、諸国家の伝統的政策や帝王間の抗争が、事件の主要な原因となっていた。群衆の意見などは、たいていの場合、問題にされなかった。だが、今日では、政治上の伝統や、君主の個人的な意向や、その抗争などは、ほとんど重きをなさないのである。群衆の声が優勢になったのである。この声が、王侯に、その採用するべき行動を命ずる。国家の運命が決定されるのは、もはや帝王の意見によるのではなくて、群衆の意向によるのだ。 (ル・ボン『群集心理』1895年 訳1993: 15)

個人の心理の集合でありながら、それとは違った面をもつ「群衆心理」を発見し、これを(・これで)説明してゆく。推論に弱く、暗示にかかりやすく、行為することには強いので巨大な力をもつようになる「群集」。この『群集心理』はのちにヒトラーに大いに示唆を与えたことでも有名な書物である。

その意味で、この『群集心理』には、もうひとつ重要な前提がその序文で述べられている。それは「群集心理」が「民族の精神」でもあることだ。つまり「環境と遺伝とによって一民族のあらゆる個人に与えられる共通の性質の全体」によって作り上げられるものであると。これもまた、ヒトラーの教科書となる部分であろう。

一方、第一次世界大戦の勃発を見たデュルケーム晩年の探究が、軍国主義に拠らない国家をめぐる連帯のあり方(「平和的愛国心」)になっていたこと、あるいは「目的は手段を正当化する」ドイツという国家に対する批判的考察(ドイツ人≒トライチュケ批判としての「世界に冠たるドイツ――ドイツ人の精神構造と戦争」1915年)になっていたことも興味深い[2]。社会的統合に関する比較社会学・比較文化論を念頭に、やはりそこではある種の「民族心理」が見出されている。

こうした探究は、「戦争」が彼にとって、単なる変数のひとつではなく、対処すべき実践的課題となってゆく過程を表しているともいえる。ただデュルケームは、第一次世界大戦の終結を見ることなく1917年にこの世を去った。

ジンメルもまた、『戦争の哲学』（1917年）を著しながら[3]大戦直後に亡くなっていて、デュルケーム、ジンメルという社会学黎明期の巨人たちがこの戦争の全体を十分に考察する機会がなかったことは、もしかしたら社会学にとって重要な損失だったかもしれない[4]。

ただ20世紀の「世界大戦」は、それだけではない。2つ目の世界大戦の経験は、デュルケームたちから70年近くのち、確かに彼の系譜にある社会学者をして次のようにいわせてしまう。

> 国民と軍隊と異なる点はもはや、国民の方が不完全で、統一性と組織度が薄く、何か無定型で厳しさに欠ける、というところにしかない。国民は、軍隊の薄められた状態にすぎない。また言語学的な言い方をかりれば、低度の軍隊といってもよい。　（カイヨワ『戦争論』1963年　訳1974: 133-134）

ここでは、国民が強固に統合され、群衆のエネルギーが巨大な戦争を可能にしたというだけでなく、そもそも「国民は、軍隊の薄められた状態にすぎない」とまでいわれている。確かに「全国民が軍人」という言い方をジンメルもしてはいるが、それは国民皆兵によって個人の生涯の一時期を兵役が占めるようになったというにすぎず[5]、一方のカイヨワの言い方ではっきりしているのは、そもそも国家とは戦争を目的に組織され、そこで日常生活のすべては戦争・軍事に組み込まれているということである。

それはつまり「総力戦（total war）」である。「国家が戦争から生まれたとしても、今度は逆に国家が戦争を生むことにより、国家は戦争に返礼をしたようなものである。この両者は、あいたずさえて進歩する」（Caillois 1963=1974: 252）。

ただここで、「社会」（あるいは変数としての社会的統合）はどこにあることになるのだろうか。換言すれば、ここまで国家と戦争が強い結びつきにあるといわれるとき、いったい社会学は戦争に対して何ができるというのだろうか。

デュルケーム：（普仏戦争後）国民戦争／王朝戦争→社会的統合→自殺率
ル・ボン　　：（普仏戦争後）高い社会的統合→群衆＝国家の運命の決定権
晩期デュルケーム：（第一次大戦中）ドイツ的社会的統合への批判
カイヨワ　　：（第二次大戦後）~~社会的統合の高低~~→軍隊≒国民

そもそも「総力戦」は歴史上、かなり特異な戦争の「やり方」のひとつであった。それは戦略・戦術によって定義される類型ではなく、何よりも、「戦闘員と非戦闘員の区別の無効化」において定義されるものである。その定義による総力戦の本質をまず紹介しておこう。

> 総力戦という存在は、国民の総力を文字通り要求するが、それを破壊することを同時に目標とする。（ルーデンドルフ『総力戦』1935年　訳 2015: 23）

総力戦とは、「国民の総力による敵国民の総力の破壊」、つまり手段としての「国民の総力」、目的としての「敵国民の総力」（の破壊）である。それまでの戦争にあったような、領土の支配権や賠償金の獲得などといった特定の戦争目的ではなく、「全体の生存」という極端な目的がそこに掲げられている。その「全体」の器が「国民」なのである。それは「戦闘員と非戦闘員の区別の無効化」につながる。カイヨワはそれをいっているのだ。

そしてまた、このルーデンドルフは、すべてを見渡す歴史家の視点からではなく、第一次大戦の戦争体験から、来る第二次世界大戦を予見し、社会の軍事的編成替えを狙ってこの書物を書いていることにも注意しておく必要があるだろう。つまり、そもそもは「総力戦」は政治運動の標語なのである。

そうした経緯があるので、「総力戦」概念をめぐっては、歴史家たちの論争があり、私たちの歴史認識にも混乱がある[6]。だが「総力戦」は軍人の掲げた理念、運動のための標語であったにもかかわらず、実際に起こった2つ目の世界大戦は、あまりにもそれを実現してしまった。一方、この書で戦争指導の不徹底さを批判された第一次世界大戦も、あらためてその起源として回顧された。そしてさらなる起源を探して、古い戦争がいくつも掘り起こされてもいる。

すなわち「総力戦」は、未来の戦争を創ろうという軍人の願望とそれを推進する意思、さらに私たちの社会の歴史認識・解釈、つまり戦争に対する熱狂と反省とが記憶として刻み込まれている複合的な観念なのである。

そのうえで本章では、このルーデンドルフの規定を中心に据え、総力戦と大衆社会との関係を検討することにしたい[7]。——というかもう少し精確にいえば、ある理念型としての総力戦と、大衆社会論という社会記述の形式を対応させて検討する。

そのためにまず、「総力戦」という20世紀前半〜半ばにおいて予想され遂行された戦争の歴史性を知ることが必要となろう。そして、それが可能にしてしまった戦略・戦術、そして社会体制（＝総動員・戦時体制）について、その起源（第３節）と展開（第４節）を述べてる。また、これを可能にした社会状況の記述としての「大衆社会論」の歴史を概説し、それを軍事史・戦争史との関連で検討することも必要とされるだろう。とりわけ、「戦闘員と非戦闘員の区別の無効化」というメルクマールが大衆社会論にどのように刻み込まれているかという課題を設定することにしよう（第５節）。それはまた、「私たちの〈現代〉はなぜ総力戦を不可能にしているのか」ということに対する答えを用意することでもある。結局それは、私たちの社会がどのような意味で大衆社会である／ないのかを考えることにもつながるだろう（第６節）。ただその前に、次の第２節では、以上のような本章の目的、そのためにとっている視座や方法について確認しておくことにしたい。

2．社会記述と戦争の理念型

実は本章は、筆者がこれまで書いてきた「消費社会論の記述と冷戦の修辞」「市民社会の記述と市民／国民の戦争」と一連の論考となるものである。また、今後さらに別の場所で「情報社会論の記述と『新しい戦争』」（仮）も書かれる予定である。

戦争史を歴史学的な規準によって記述するのではなく、社会学的に考察するという意図のもと、これら４編の論考は共通した方法をもっている。それは、４つの種類の社会記述の方法と、戦争の歴史的形態を理念型としてそれぞれ対応させるということである。いってみれば、社会記述としての「市民社会論」「大衆社会論」「消費社会論」「情報社会論」を、「18〜19世紀の市民／国民の戦争」「総力戦」「冷戦」「新しい戦争」と変化する戦争史・軍事社会史のなかで読み解くという試みであり、その試みに基づいて、歴史的・比較社会論的な検討のための規準を作ることが目的である。そこにあるのは、（日本の）社会学の戦争研究が、戦争の歴史的形態の差違にあまりに鈍感だったのではないかという思いである。

さてそれらをここで少し振り返ることにすれば、まず「消費社会論の記述と冷戦の修辞」[8]では、主に20世紀後半を念頭に、核兵器という兵器が私たちの戦争のありようをどのように規定し、同時に、社会に対する想像力をどのように規定したのかを論じた。それは、「冷戦」と「消費社会」の本質的な結びつきである。

とくに日本では、記号消費論や「豊かさとは何か」といった問いのなかで（戦争とはかなり無関係に）論じられてきた消費社会論であるが、消費社会論を冷戦論として読もうというのである。というより、その源流であるウェブレンを受け継いだ初期の消費社会論、つまり第二次世界大戦直後のアメリカのガルブレイスやフランスのバタイユの議論から、消費社会論の代表的な論者であるボードリヤールの議論に至るまで、消費社会論の理解には、冷戦という状況もしくは核兵器という媒体の関与が不可欠であるといったほうがいい。

また「市民社会の記述と市民／国民の戦争」[9]では、18～19世紀を念頭に、歩兵銃が可能にした18世紀以降の戦場と、市民社会論の論理の関係を検討した。「マスケット銃が歩兵を生み、歩兵が民主主義を生んだ」という軍事評論家フラーの言葉は有名だが、ここでの検討の核心は、社会契約論に見られる「戦争状態」論、そもそもはホッブズのいう「万人の万人に対する闘争」論である。そしてロックやルソーへと展開してゆく社会契約論を、軍事史・戦争史と対応させて読解してみれば、「市民＝人間」の形象には、奪い尽くされた人間としての「奴隷」と奪い尽くそうとする人間である「傭兵」が影のようにつきまとい、直接的には「銃歩兵」と裏表の関係にある。「市民」概念そのものに含まれる戦争・軍事と関連する要素を、日本の市民社会論は論じてこなかったように思う。

そして本章「大衆社会論の記述と『全体』の戦争」では、20世紀前半を念頭に、「総力戦」という戦争のあり方が、大衆社会に対する想像力とどう対応しているかを論じようとしている。もちろん日本の社会（学）でも、これこそが「戦争」として無前提に論じられている戦争だ。

これら一連の論文は、歴史学の規準によって記述された戦争史ではなく、社会学的な戦争への探究のために必要とされる基礎的な議論として、理念型を設定し、類型論的な把握を可能にするために書かれている[10]。

その最終的な目的は何よりも、かつての「アジア・太平洋戦争（1931～45年）」を歴史のなかで相対化することである[11]。日本社会が未曽有の規模で経験したその戦争は、もちろん本章で検討する「総力戦」としての性格を色濃くもっているが、同時にまた、近代化や市民社会の生んだ「市民／国民の戦争」としての性格ももっている。つまり、戦争史の社会学的規準によってすれば、あの戦争の「総力戦」でなさも明らかにできるだろう。あるいは逆に、この比較において、第二次世界大戦のうち、ヨーロッパで戦われた「世界大戦」ではなく、極東と太平洋地域で戦われたアジア・太平洋戦争こそが、まごうかたなき「総力戦」であった可能性についても……。

一方、現代における「新しい戦争」の姿と私たちの関与も、総力戦と大衆社会、冷戦と消費社会の検討を経て、理解を進めることができるだろう。ある意味で、冷戦は総力戦そのものではあるけれど（核兵器は「戦闘員と非戦闘員の区別を無効にする」――というか核の冬によって全人類を滅亡させてしまう）、それは開戦一歩手前のところで抑止され均衡するものであった。また「新しい戦争」は、「個人化する戦争」「警察化する戦争」ともいわれ、総力戦への想像力が後景化するところに現れる。冷戦のように戦争や兵器が慎重に管理される、あるいは制限される（「熱い戦争」においてそうであるように）のではなく、制度化・組織化・体系化されず、地理的にまだらで気ままで冷酷な暴力の日常への突発的な噴出が、戦争の全体性を霞ませながら続いている。

繰り返すように、（予定される論考を含む）4つの論考は、アジア・太平洋戦争をより広い普遍性のなかで理解し、同時にそれを現代の戦争への洞察に結びつけ、私たちと戦争や軍事の関係を冷静に考えるための戦争史の社会学的な規準を導き出すことを目的として用意されている。その作業の一環として本章では、2つの世界大戦を可能にした「総力戦」という理念型とその社会的文脈である大衆社会、ある種の全体性をめぐる社会記述である大衆社会論の関係を探ってゆく。

3.「総力戦」の起源

「市民社会の記述と市民／国民の戦争」論文でも触れたように、18 世紀の戦争まででは一般的な戦術であった戦列歩兵による密集隊形が、歩兵銃の有効射程と発射間隔の向上とともに廃れ、19 世紀に入れば、それぞれの勇気や判断に負うところの多い、疎開した隊形へと変わってゆく。かつての戦列歩兵の密集は、何よりも騎兵に接近を許さないために必要とされたが、同時に、味方の兵士たちの敵前逃亡を防ぐ隊形でもあったのである。それが必要なくなった。

それを可能にしたのが、傭兵契約ではなく社会契約、傭兵としての軍役ではなく、市民それぞれの愛国心に基づく兵役であった。参政権は彼らをして、戦争が自分たち市民自身のものであるとする根拠であった。ここに、密集して前進せずとも逃亡するおそれがなく、号令のもと、敵の火線に各個で「突撃」する国民軍が誕生する。

> 一七九三年〔フランス革命政府による近代徴兵制度が開始〕にはおよそ想像を絶する巨大な軍隊が突如として彼等の前に出現したのである。彼等の知らぬ間に、戦争は再び国民の本分となっていた、しかも各自が国民の一員であるという自覚をもつ三千万の国民の事業になっていたのである。〔略〕危険は敵にとって絶大であった。
>
> （クラウゼヴィッツ『戦争論』1832 ～ 34 年　訳 1968 下: 288）

徴兵によってほぼいくらでも兵士が補充できることが、ナポレオンの軍事力の源泉であった。そして周辺諸国もこれに対抗するため、すぐに徴兵制は双方にとって不可欠なものになっていく。それは、徴兵の義務と対応した国民の諸権利の向上を認めるようになってゆくことを意味した。もちろん、ナポレオン占領下のベルリンでの講演、フィヒテの「ドイツ国民に告ぐ」（1807 ～ 08 年）のように、教育に根差した愛国心をあおる必要もあった。

このような「大衆の戦争」の起源は、クラウゼヴィッツのいうように、フランスの革命防衛戦争・ナポレオン戦争であろう。彼の『戦争論』には、革命がその可能性を切り拓い（てしまっ）た新しい戦争に対する恐怖が刻印されている。

もちろんこの期間を通じて、戦争の拡大傾向はずっと続いている。その背景にあるのは、資本主義の発達による生産力の拡大である。というか、むしろ戦争が資本主義の発達を促したということすら可能であろう。たとえばゾンバルトは「〔資本主義が戦争によって重い損失を受けた面があるにしても〕戦争がなければ、そもそも資本主義は存在しなかった」とまでいっている（『戦争と資本主義』1913 年[12]）。

つまりそれは、軍隊という巨大組織が要求する装備（兵器・弾薬）・給養（食糧）・被服などの大量需要が経済にもたらした刺激である。これらは、自由競争によって市場に出回る一般向けの商品と違って、軍事組織の規模と形態に応じて、大量ではあるが予測可能な需要であった。なおかつ、軍の厳しい要求のもとにあるものとはいえ、多種多様なニーズに応じなければならないものではなく、そのほとんどはあらかじめ規格化され、標準化されたものであった。ゾンバルトのいうとおり、それらが関連産業の持続的な成長を促し、大量生産方式を求めさせ、ひいては資本主義の発達に力を添えたのである。

さらに 19 世紀には、国土に張り巡らされた神経組織のような鉄道・電信の発達があった。鉄道によって、軍事力の前線への大量かつ迅速な移動・集中が可能となった。また電信は、各最前線からの情報が瞬時に中央に報告されることを可能にし、全体を見渡すことができる後方司令部からの緻密で迅速な指令を可能にする。各戦線の戦闘を調整し、戦局全体として複雑に連動させることも可能になった。

一方、この 19 世紀以来、戦争が巨大化し、部分と全体が複雑に組み合わさる総合的なものになると、すべてを総覧する戦争の単一の主体像（たとえば「皇帝」）が消えていった。その代わりに、先に挙げた普仏戦争（1870 ～ 71 年）のプロイセンにおいては、戦略と作戦を担う専門家集団である「参謀本部」の発達があった。それ以降、軍のトップは事実上「参謀総長」になり、すべての作戦は「参謀本部」的な場で策定されるようになる。この普仏戦争では、叔父の栄光にすがるナポレオン３世が戦場で捕縛されたことがフランスの敗北を決定的にしたのも象徴的である。この「参謀本部」もすぐ各国で取り入れられてゆく。

軍事・戦争との関係でこそ、国家はあたかもひとつの巨大な有機体であるかのようにみえるようになる。ただ、徴兵制による大衆軍隊の出現とその常識化、資本主義の発達による戦争の巨大化、そして巨大化した戦争の全体を複雑にコントロールする鉄道・電信・「参謀本部」が出現してもなお、19世紀の戦争は「総力戦」ではない。19世紀前半のクラウゼヴィッツが唱えていたのは、そのような時代にあって、政治が戦争全体の目的や価値を決め、軍人たちはその専門家・技術者としての役割に専念するという「戦争と政治の区別」であり、後者の前者に対するコントロールである。つまり、「戦争は他の手段をもってする政治である」と。

だから20世紀の人、第一次大戦の敗北の経験を回顧し、そこから導き出される教訓から書く1935年のルーデンドルフが、このクラウゼヴィッツのテーゼを批判するところで「総力戦」を唱えていることに注意しなければならない。

> クラウゼヴィッツの理論はすべて放棄しなければならない。戦争と政治は国民の生存維持に資するものであるが、戦争は民族の生存意思の最上の発露である。それゆえ、政治は戦争遂行に資するものでなければならない。
> （ルーデンドルフ『総力戦』1935年　訳2015: 24）

戦争を政治に従属させるのではなく、政治が戦争目的に従属しなければならないというのだ。そしてこの書物は1930年代にあって、ドイツに限らず、第一次大戦を直接・間接に体験し、現在は上級将校として政治に関わるようになった各国の軍人たちを刺激し、彼らをしてそれぞれの国で、戦争に向けた社会の編成替え、「総力戦体制」の構築に向かわせた。そうした準備の結果、実際に起こってしまった第二次世界大戦は、まさに「予言の自己成就」のように、ルーデンドルフの提起したとおりの「総力戦」なのであった。

4.「総力戦」としての２つの世界大戦

実際に起こった20世紀の２つの世界大戦は、現状打破を目指す国家同士の同盟が、現状維持を目指す国家同士の連合に対して戦争を起こすという点に共通点があった。持たざる国であることが多い現状打破側は、長期戦を避け、短期決戦を目指して持てる戦力、とりわけその時代の最新兵器・技術を前線に集中的に投入しようとした。

第一次世界大戦の西部戦線では、ドイツのシュリーフェン計画と呼ばれる対仏戦争計画に則って戦争が始められた（1914年8月）。ドイツ側の最右翼がベルギーを通って急速に侵攻してパリ北方に至り、これにタイミングを合わせて中央軍と南方軍がパリ東方に至るというものだったが、東部戦線側のロシアを警戒して戦力を引き抜いたために作戦が徹底せず、パリ東方でのマルヌ会戦（同年9月）を経てドイツ軍の前進がストップして戦線は膠着した。

また第二次世界大戦でドイツは、ポーランドを分割する密約をソ連と結び、その平野に戦車を中心にした機甲師団を投入して開戦１ヶ月でこれを屈服させた（1939年10月）。つまりここに限っていえば、短期決戦は成功した。そして続けて西部戦線では第一次大戦と同様にベルギーからフランスに侵入し、今度はパリを陥落させたものの（1940年6月）、イギリスが屈服しないために、イギリス上陸のための航空戦（バトル・オブ・ブリテン）を開始して（同年7月）、消耗戦に巻き込まれてゆく。

一方、1941年12月から始まった太平洋戦争では、空母を中心とした日本の機動部隊が太平洋最大の軍港であるハワイを攻撃して打撃を与え、ほぼ同時に、陸軍部隊が東南アジアで、イギリスのシンガポールの要塞とアメリカのマニラの要塞を短期間で攻略したが、機動部隊が1942年6月のミッドウェー海戦で大打撃を受け、半年あまりで戦略的優位を喪った。

このように、程度の差こそあれ、「持たざる国」の短期決戦の構想はどこかで阻止され、そこから戦いが長期戦・消耗戦に移ってゆくという共通点があった。ただ、短期決戦の挫折自体にも意味があった。開戦劈頭の「電撃的な」大勝利は、「持たざる国」の国民を熱狂させ、結果的に、その後に続く消耗戦・持久戦を堪え忍ぶ「戦意」を養ったといえる。そう考えると、短期決戦を目指す「電撃戦」と長期持久を可能にする「総力戦」とは、それほど相反する戦争の形態ではなく、むしろ相補的なものであるといえよう。

だがやはり、「総力戦」の本質は、大量の物資の必要を本質とする消耗戦である。

第一次大戦でも、マルヌ会戦の後、戦線は膠着した。両軍は塹壕を掘り、向かい合ったが、それぞれ互いの背後に回ろうとして（＝相手が背後に回るのを阻止しようとして）塹壕線の両翼を伸ばし合い、それはスイス国境からドーバー海峡に至る全長750kmに及んだ。歩兵の突撃による前線突破の試みは、張り巡らされた有刺鉄線と、弾丸を「面」でばらまく機関銃によって阻止された。敵味方の塹壕のあいだにある「無人地帯」を越えようとするたった数百mの前進に対して、まったく釣り合わないような数の死傷者が出る。できることといえば、迫撃砲で敵の塹壕に少しずつ損害を与えてゆくことだが、弾着を精確に観測することができないので、その効果は低いままだった。だがそれでも敵の塹壕線は完全に砲撃の射程圏内にあったから、砲弾の供給の許すかぎり、それは続けられたのだった。砲撃の爆音と、いつ死ぬかわからぬ状態に長時間さらされることにより、兵士たちは精神に重い障害（戦争神経症）を負うことになった。

膠着した戦線を打開するために考えられたのが、機関銃の弾丸を跳ね返す装甲をもち、塹壕や整地されてない土地を無限軌道（キャタピラー）で前進する戦車（タンク）や、敵陣地に向けて飛散し充満する（はずの）毒ガス、観測用・爆撃用の軍用航空機などであった。ただこれらはすべて稼働率や信頼性の低さで決定的な戦力にはならなかった。

もはや求められるのは兵士の大量動員だけでなく、その兵員を長大な塹壕線に張り付かせ、さらに食糧・砲弾・銃弾・医薬品などの軍需物資を大量に前線に送り続けることだった。こうして戦争の勝敗は、作戦の善し悪しや兵士の肉体的能力、兵器の性能によって決まるものではなく、前線を支える国家の生産力・経済力によって総合的に決まるものになった。

戦争によって生まれた巨大な損害、そして勝利に向けお互いレイズし合った結果である膨大な戦費は、戦後の巨額の賠償を予想させた。あるいは、これをあてにして戦争債券を乱発し合った。その結果、戦費および戦争被害をまかなう賠償は、領土の一部の割譲や賠償金の支払いなどの特定の条件によるものでは収まらなくなってくる。とくに第二次世界大戦では、戦争の終結は、国家の政体の解体・改変を含む「無条件降伏」を求めるものとなった（そしてそのことは、いっそう一丸となっての「決死の戦い」を覚悟させた）。

第一次世界大戦では、膨大になった戦費・賠償によって、戦争の敗北がそのまま国家の破産・滅亡を意味するようになった。巨大な債務を引き受ける気が国民になければ、戦後の秩序に再挑戦するしかなかった。たとえばナチス・ドイツは、第一次世界大戦の賠償金の支払いを拒否することで支持を集めた[13]。さらにいえば、レーニンのように、帝国主義的な戦争の敗北によって生まれた疲弊や内乱状態を革命につなげるという革命構想も可能になる[14]。そして一方では、戦場においての敗北ではなく、戦争に乗じた内乱の動きが敗北につながったという記憶が生まれ、戦間期における共産主義や社会主義に対する徹底的な弾圧、あるいは彼らへの反感に基づく民族主義政党への支持につながった。あるいは、行き詰まった国家が、革命に向かうよりはましだといって戦争を始めるという選択肢すらも。

第二次世界大戦は、戦車や自走砲、トラック、航空機など、第一次世界大戦直後から研究開発や運用面での検討が進められた、機械化された軍装備によって戦われた。消耗戦を避けるために短期決戦による集中運用を考えれば、それはやはり「電撃戦」となる。これは、機甲部隊で敵領土に深くに高速で侵攻し、（部隊間の支援や確保した陣地同士の連絡を優先させず）敵の連絡線を遮断して敵軍を恐慌状態に陥らせようというのである[15]。第一次大戦よりすでに実用段階にあった無線電話がその能力を発揮した。海上部隊であれば、空母機動部隊による要地攻撃がそれにあたるだろう。そうした最新兵器たちは、一国の技術力の結晶であり、民族の知的な能力や意志を表象していると宣伝された。

機械化された軍装備には、その生産のための金属資源や整備のための人的資源はもちろん、その維持・運用のために大量の石油資源が必要となる。また、天然ゴムをはじめとするさまざまな種類の天然資源も不可欠な戦略物資として重要になってくるため、多種多様な資源の確保のために広大な資源の産地を確保し、「支配民族」を中心とした一大経済圏として維持しなければならない。資源の産地を占領確保するだけでなく、資源を大量かつ安全に輸送できるかどうかもその軍事力にとって重要なものとなった。

また、制空権を争う航空戦が典型的にそうであるように、航空機のような機械化された戦力も消耗戦に巻き込まれてゆく。機体そのものや燃料だけでなく、育成に時間と費用がかかる航空兵が簡単に消耗してゆく。これを補充し続けることができるかどうかも結局、一国の社会的・経済的な総合力と直結するものだった。

19世紀までであれば、両国の軍隊の主力が決戦場で会戦を行い、結局そこで戦争の帰趨が決まった。しかしここでは、巨大化・広域化した戦争が大量の人的資源と天然資源、技術・生産力・運輸を必要とするようになる。わかりやすい「決戦」などありえず、痛快な逆転劇もない。第二次世界大戦は、予想されたこうした戦いのありようにそれ自身誘導されるかたちで、まさに国民が総力を挙げて多様な領域で戦う「総力戦」となっていった。

だが何よりも、ルーデンドルフのテーゼである「国民全体の生存維持」≒「戦闘員と非戦闘員の区別の無効化」という指標は、戦争の巨大化がもたらす、次の性質によって決定づけられるといえる。

巨大化した戦争は、前線に兵員を派出したのちも軍需物資の生産を限界まで続けられるよう、社会の編成替えを必要とするようになる。主婦や学生、老人までもが工場に動員され、つまりは生活も含めた「総力」が戦争に投入されるようになる[16]。そして経済は、自由競争を否定した計画生産や配給制度、つまり統制経済を必要とするようになる。そしてそれは生産物の軍事目的への収奪という面だけでなく、再生産の領域においても認められた。たとえばナチスの一連の「健康」政策、大日本帝国の厚生省設置（1938年）など、総力戦体制下における設計主義的な社会政策は、戦後の福祉国家の先駆けですらある。国家社会主義は、ヒトラーのものだけではなかった。

さらにまた、そのような戦争に対する支持を調達し、高い戦意を維持するために、戦争は、軍事・経済面だけでなく、文化や価値に関する領域、つまり意識や思想といった側面においてもなされるようになる。つまり、戦争を支えるイデオロギーの進歩性・優越性を競う「思想戦」も知識人によって盛んに論じられ、戦争目的の正当性の宣伝流布や、敵国民を冷酷な悪人、ひねり潰してもよい動物や害虫として表象する「プロパガンダ戦争」も、宣伝技術者によってマス・コミュニケーションを通じて競われるようになる。それらを通じて人々のいっそうの献身を引き出すのである。

そうした「生活」や「意識」をめぐる実にさまざまな側面が戦争に組み込まれた結果、「戦闘員と非戦闘員の区別」や日常と非常時、戦時と平時の区別がなくなってゆき、戦争が文字どおり「全面的な（total）」ものになったのが「総力戦」である。その戦争の目的に「国民の生存維持」が掲げられていれば、そこまで極端な戦争も可能になってしまう。

占領地における虐殺も、「戦闘員と非戦闘員の区別」の曖昧さによって引き起こされている。敵国民全体に対する飽くなき憎悪、そして掲げられた戦争目的の「正当性」は、占領地における非戦闘員の殺害（虐殺）に対する心理的障壁を低くしてしまう。

そしてそれはちょうど裏返しになって自分自身を拘束した。つまり、降伏に対する心理的障壁を高め、敗北を受け入れず全滅するまで戦うこと、あるいは特攻をはじめとするさまざまな自殺的な戦術を可能にしてしまった。

また、都市に対する無差別空襲を可能にしてしまうのも「総力戦」である。もちろん敵国の生産力の破壊だけを狙った戦略爆撃であっても軍需工場で働く非戦闘員の殺傷が含まれる可能性があるが、これは一般市民そのものを最初から目標にしたわけではないので国際法違反とはいえない（と言い逃れすることができた）。ただ無差別爆撃では、軍需工場に限らず、一般の居住地域が目標となった。思想戦やプロパガンダ戦の帰結として、敵国民の生活そして戦意を破壊のターゲットにする攻撃である。

それは、生産力の崩壊によって勝機がほぼ喪われているのにもかかわらずなお高い戦意をもっている（と観察された）国民に対してとられる手段であった。もはや敵国民を全員戦闘員とみなすということであったが、「本土決戦」「一億玉砕」を唱え、国民義勇隊として主婦や子どもに至るまで竹槍訓練を行った大日本帝国、ドイツ全土に対して「焦土作戦」を命令し、子どもから老人に至る全男子を「国民突撃隊」として戦わせたナチス・ドイツは、それに自ら対応していることになる。

ここで深く触れないが、クラウゼヴィッツよりも徹底して戦争を政治目的のための手段として見るあり方からすれば、戦術もその線に沿って、補給線の遮断や生産能力の破壊など、決戦で敵主力を撃滅することなく敵を屈服させるリデル・ハートのような戦略（間接アプローチ戦略）も 20 世紀には可能であった[17]。これもまた、「総力戦」が戦場の勝敗ではなく、軍事力を支える経済力による戦いであるからでこそのことである。

以上のようにして、国民は、その「全体」としての生存を賭け、戦闘員と非戦闘員とを問わず、最前線と銃後とを問わず、広汎に戦争に巻き込まれていった。それが「総力戦」である。「国民は軍隊の薄められた状態」というカイヨワの言い方は、こうした「総力戦」への統合の強度によって可能となっている。繰り返し強調したいのは、これは歴史上、戦争のひとつのやり方にすぎないということである。とすれば、これを可能にした条件（「全体」「総力」）の歴史性をもう少し詳しくみてみる必要があるだろう。

5. 総力戦論としての大衆社会論／大衆社会論としての総力戦論

戦争史を詳細に描くマクニールが、2つの世界大戦の背景のひとつに、19世紀半ばから1950年くらいまで続く、中・東欧および東アジアにとくに顕著な人口増加を挙げていることは見逃せない。農村の旧来の社会システムでは吸収することができなかった人口増加が、中・東欧、東アジアにさまざまな種類の革命思想が普及する土壌を生んだ。「こうなると残った問題は、さまざまな革命思想がある中で、どれに、挫折感を抱いた若年層が引きつけられるかだけであった」[18]。同時に過剰人口は、戦争に直接結びつく徴兵・徴用を可能にしただけでなく、より広くは移民をめぐるさまざまな社会問題、強制移住・強制収容といった圧政を可能にしてしまった。マクニールは、第一次大戦の大量死はこの圧力を若干緩和したといい、第二次大戦を経て1950年に至るころまでに、各国の人々は出生率を自ら調節するようになったとしている。

過剰な人口が労働者として大量に都市に現れた場合、それらの人々がまとめて「群衆・大衆」と呼ばれたわけである。ただもちろん「群衆」自体は古代からいたことを考えれば、この時代に特有の、ある視線や視点のとり方の問題として「大衆社会」を見てゆく必要があるだろう。たとえば、そうやって現れてきた人々を「群れ」させるものとして、マクルーハンはラジオに注目している。

ヒットラーがそもそも政治上の人物になったということ自体が、直接にはラジオと拡声装置のおかげであった。といっても、これらのメディアがヒットラーの思想をドイツ国民に効果的に伝えたという意味ではない。彼の思想などは、ほとんど重要ではなかった。ラジオは歴史上はじめて、エレクトロニクスによる内爆発を大衆に経験させたのである。それこそ、文字文化的西欧文明の方向と意味の全体を逆転させるものであった。部族的な諸国民、すなわち社会でのあり方のすべてが家族生活の延長であるような人々にとっては、ラジオはこの後も強烈な経験であることをやめないであろう。　（マクルーハン『メディア論』1964年　訳1987: 311）

音声によって同一情報の一斉大量伝達をもたらすラジオを、マクルーハンは近代社会における「部族の太鼓」と呼ぶ。他部族との戦闘前の儀式でそうするように、太鼓の一定のリズムが人々を同調させ、陶酔状態に陥らせる。個々人の輪郭が溶解し、部族・民族のなかで一体となるイメージは、その模倣性・付和雷同性を強調する大衆社会論の群衆イメージだ。国民的な規模でありながら、それを全員で同時に体験できるというのも大きい。こう考えた場合、総力戦は国民の巨大な「祝祭」と考えられることになる。

だがその場合、いったい何が「爆発」したというのか。「内爆発」と訳される implosion には「爆縮」という訳語もある。爆発のエネルギーは外側に向かうことなく、いったん外殻側から内側に向けて膨大なエネルギーを縮約して、そこでさらに大きなエネルギーの誕生を可能にする。この場合、「外殻」とは「社会でのあり方のすべてが家族生活の延長」でいう外縁としての「国民」のことを指すのだろう。

ただ、それが戦争に向けられるとは限らない。この時代、もうひとつの巨大なエネルギーの内爆発の形態として「革命」という選択肢があった。比喩的にいえば、国内に向けて市民が総力戦を仕掛ければ内乱・革命となるということだ。一方の総力戦は、内爆発によって蓄積されたエネルギーを外側に向けて解放する。つまり、総力戦と革命とは、拮抗関係もしくは連続する関係にあると考えたほうがよい[19]。

マルクス主義のもたらす階級的対立と、国民主義（ナショナリズム）がもたらす諸国家同士の対立（世界大戦）。そしてその両者の拮抗関係（ナショナリズムとインターナショナリズム）。20世紀前半とは、「階級」と「国民」の形象をめぐる2つの対立のあいだで「市民」が消えて「群衆・大衆」の形象がせり上がってくる時代であり、「大衆社会論」は、そのような文脈で読み解かれるべき社会記述である。

そのことの善し悪しは別として、今日のヨーロッパ社会において最も重要な一つの事実がある。それは、大衆が完全な社会的権力の座に登ったという事実である。

〔略〕大衆とは、善い意味でも悪い意味でも、自分自身に特殊な価値を認めようとはせず、自分は「すべての人」と同じであると感じ、そのことに苦痛を覚えるどころか、他の人々と同一であると感ずることに喜びを見出しているすべての人のことである。

（オルテガ・イ・ガセット『大衆の反逆』1930年　訳1995: 17）

オルテガは大衆社会をこう書く。私たちにもなじみの深い指摘だろう。ただ、前節で見たような総力戦という時代の文脈と重ねてこれを読めば、模倣性・付和雷同性でよく知られる「すべての人」の意味合いが少し変わってくるのがわかるだろう（つまり戦闘員たる「兵士」である）。

もうひとつ、暴力との関係でいえば、そうした彼らが表舞台「社会的権力の座」に立つことに伴って起きる新しい政治的動き、大衆民主主義の特徴にもオルテガは言及している。

サンディカリズムとファシズムという表皮のもとに、ヨーロッパに初めて理由を示して相手を説得することも、自分の主張を正当化することも望まず、ただ自分の意見を断乎として強制しようとする人間のタイプが現れた。

（同前　訳1995: 103）

彼ら「大衆」は、暴力を「最後の手段」ではなく「最初の手段」とし、「客観的な規範を尊敬するということを前提としている一切の共存形式」を嫌悪し、「いっさいの正常な手続きを飛ばして、自分の望むところをそのまま強行しようとする」。

高い模倣性と異質性の排除、つまりそれぞれの違いを前提にした政治を否定するのが「大衆」であるというのならば、「大衆」とは自らを同じ「大衆」だと認める人々の集まり、ということにもなるだろう。それだけでは何も指し示していない自己準拠的な定義である。そしてこの「すべての人」に「国民」という器が重なる。というか、「すべての人」たちにとって「同じ／違う」を可視化する範囲がどうしても必要だということであれば、「国民」ほどそれをわかりやすく提示するものもない。というか問題は、この大衆社会論のわかりやすさそのものなのだ。

となると、やはり大衆社会論の視点や視線のとり方を点検する必要があるだろう。こうしたオルテガの大衆社会論は、ル・ボンの仕事と並び、「貴族主義的な」大衆社会論と分類されているが[20]、この時代、かように自己準拠的な大衆のもつ同調圧力を見出せる立ち位置――しかも内部観察ということであれば――は、次第に社会的な孤立を深め、滅びつつあった「貴族」による「上からの視線」しかありえないだろう。

もうひとつ、この時代にあって同調圧力それ自体を見出すことのできる視線のとり方は、内部から外部への移動、すなわち「亡命」によって可能になった。ナチズムによって掌握されたドイツを逃れたＥ・フロムは、亡命先のアメリカで次のように大衆社会を描く。

> 大衆はくりかえしくりかえし、個人はとるにたらず問題にならないと聞かされる。個人はこの自己の無意義さを承認し、自己をより高い力のなかに解消して、このより高い力の強さと栄光に参加することに誇りを感じなければならない。　（Ｅ・フロム『自由からの逃走』1941 年　訳 1951: 254）

「亡命」という「自由への脱出」が、ドイツ国内に吹き荒れる「自由からの逃走」を見出すことを可能にした。フロムの大衆社会論を「貴族的」と分類する論者はいない。彼の大衆社会論は民主主義の立場からの批判の系譜に位置づけられている[21]。

ただ見方を変えれば、「自由からの逃走」は「自由から自由になるため」の運動[22]でもあろう。それは「自由」に含まれないのか。それを「権威主義的」だと断定することができるのならば、やはりある特定の視点のとり方がそれを可能にしたのである。つまりフロムは、オルテガのように「上から」ではなく、「外側から」大衆社会を記述した。「亡命」（脱出）によって「国民」を越えて生き延びる「自由」がそれを可能にしたのである。

あるいはマンハイムも、「注」にであれば次のように書いてしまう。

> 多くの指導者がゲルマン民族としてはその比較的外部の地の出身である

ということ、オーストリー人としてしかも地方人としてのHitlerが「ドイツ帝国」に対して劣等感を抱いていたということは周知の事実である。Rosenbergはバルチック出身、Hessはエヂプト出身〔略〕。
たいていの場合、これらの移住者は少数者をなし、彼らを受け入れた人々の圧迫に対して彼らの文化的遺産を防護しなければならなかった。こうした受け身の立場のために、彼らは変化を極度に嫌う忠実なる保守主義者となることが非常に多かった。そしてドイツ国内には国家的統一の刺激が欠けていたので、彼らの文化的発展の動きはより緩慢な歩調で行われた。このような後進性こそ、戦後のドイツにおいてナチス党員たる海外ドイツ人が職業的政治家としてかくも人気を得た原因だったのである。彼ら自身の後進性は、ドイツの下層中間階級の一般的後進性あるいは世界的危機の間に彼らの中で取り残されたものに相応じたものであった。かくてナチス職業政治家の極端に流動的なグループ——ハイデルベルグ大学出身のGebbels博士は、ナチスの生んだ最も不純型であった——も、彼ら自身の経験とは全く正反対のもの、すなわち、血と土地および「土着性」を唱道することができたのである。ドイツにおける下層中間階級は、ほとんど書物も読まず、最も低級な新聞を購読し、商店の店員、あるいは事務員として働きながらそこに何ら知的訓練をもかち得ない階級なのであるが、これらの後れた階層の要求と意見とを海外ドイツ民族の後退的階級が反映したのである。（マンハイム『変革期における人間と社会——現代社会構造の研究』1940年　訳1962: 112-113）

激烈な表現による、ドイツにおけるナチズムの地方性という指摘である。それを見出すことが簡単にできた亡命者マンハイムの立ち位置はともかく、彼の指摘は、ナチズムは「ゲルマン民族」の中心にいなかったからこそ、地方的内部観察者として人々の同調圧力それ自体を見出すことができ、これを政治的資源として利用することができたというものである。
このように、大衆社会論には、都市にあふれ出した過剰人口を見つめる、「貴族的」あるいは「トランスナショナル」という2つの視点のとり方があった。そして大衆社会論が、ファシズムや全体主義を説明する高い性能を備えていたのは、それらによって説明されるファシズムなどの全体主義的な政治の側もまた、そうした人々をどう取り込むかという方法を探索していたからである。

一方、大衆社会論と戦争・総力戦との関係はどうか。「兵士」の定義もどこまでも広がってゆく。もちろんカイヨワの断定も、確信的にそれに基づいている。社会的統合は、多様な社会の動きを説明するための有力な変数ではなく、軍事的資源についての単なる関数となってしまった。

ただ軍隊とはそれ自体、個々の差違に基づく、ひとつの強固な階級社会でもある。だから大衆軍隊・国民軍は、本質的には軍隊以外の階級社会の否定であった。軍士官としての能力は、ときに人の命を軽視し、人はそもそも平等ではないという人間観、組織のある種の階層性を背景にしなければ育たない。結果的に、市民革命後の国民軍の士官階級は、旧貴族階級がもっとも温存される場になった。逆にいえば、革命後の軍隊に貴族主義が一部残されたために、軍事は近代国家の機構のなかに平和裡に吸収されたともいえる[23]。だがそれはどの程度のものだったか。

士官たちが、軍隊の外部にある一般社会の身分秩序と軍隊の階級秩序を対応させようとすれば、彼らは守旧派になる。国民軍の登場に伴う将校団の改革は、革命を防衛するための軍隊にとってきわめて重要な問題である。改革を急激に推し進めればその弱体化を招くし、妥協し将校団のなかに旧勢力を温存すれば民主主義の理念と齟齬を来すというジレンマがあった[24]。

階級社会としての軍隊を象徴する状況を、「機関銃」に対する貴族的な士官たちの対応をめぐってエリスが書いている。

> 十九世紀の士官たちは、あくまでも人間が主役で、個人の勇気や一人一人の努力が勝負を決するという古い信念に固執していた。機械〔略〕に、戦場における昔ながらの価値観をゆるがされてはたまらない。栄光に満ちた突撃と個人的な武勇のチャンスを明け渡すわけにはいかなかった。機関銃はまさしくそれを脅かすものだ。〔略〕伝統を重んじる紳士階級出の士官にとって、このような非人間的でしかも完全に決定的な力を持つ邪魔者を認めるわけにはいかなかった。そこで無視しようと努めた。
>
> （エリス『機関銃の社会史』1975年　訳1993: 25）

すでに19世紀には技術的には達成されていながら、長いこと機関銃は戦場の主役にはならなかった。そしてそれと対応して、国民軍には貴族的で「機械」に否定的な士官たちが残っていた。だが第一次世界大戦、この機関銃は戦場の主役の座を得る。兵士たちをいくらでも消耗する塹壕戦と人命を軽視した突撃である。それは逆にいえば、「人間」性を尊重する戦場の貴族主義が戦場の大衆主義に凌駕されていく過程でもある。

その過程で重要だったのは、この戦争を「機械の戦争」にし、「労働者の戦争」とすることであった。つまり歩兵銃を携える「市民」ではなく、「機械」の銃（machine gun）の前に身をさらすことができる「労働者」である。

> 快感と戦慄の入り混じった感情を懐きながら、この世界には労働していないいかなる原素も存在せず、我々自身も狂走するこの過程の最深部に登録されてしまっているのだと予感するためには、十分に解放されながら同時に仮借ない規律の下にある我々の生、煙を吐き赤熱する区域を持ち、交通の物理学と形而上学を持ち、発動機、飛行機、百万都市を持ったこの我々の生を直視すれば足りる。総動員は遂行されるというより、遙かに多く自分自身を遂行するのである。〔略〕したがってどの個人の生もいよいよ明白に労働者の生となり、騎士の、王の、市民の戦争の後に労働者の戦争が——その合理的な構造と非情について既に二〇世紀の最初の大きな争いが我々にひとつの予感を与えてくれた戦争が、続くことになる。
>
> （ユンガー「総動員」1930年　訳1981: 166）

それは「機械」と対比される「人間」の軽視でもあった。ベンヤミンが同じ時期、次のように書いている。

> 当時、兵士たちが、黙りこくったまま戦場から引き揚げてくる姿を直接見ることができたはずだ。ひとに伝えることのできる経験がより豊かになったのではなく、逆に、より貧しくなってしまったのだ。あれから十年が経過して、数多の戦争の本が出版され、その中からあふれ出てきたものは、口から耳へと流れてくる経験と呼べる代物ではなかった。そうなのだ。奇妙なことなのだが、それは、経験などではなかった。〔略〕経験の

持つ虚偽が、この時ほど徹底的に暴き出されたことはそれまでになかったのだから。（ベンヤミン「経験と貧困」1933年　訳1996: 99-100）

機械化された戦争は、徹底的に知覚そして経験の形式を変えてしまう。戦争直後は誰も語らなかったはずなのに、1930年代になってユンガーなどによって「経験」が饒舌に語られているというのであれば、それは「総力戦」を予感したものだ。ベンヤミンは「人間」について語っているが、知覚の形式が決定的に変わってしまったという認識は、ユンガーとベンヤミンとでむしろ共有されている。

一方、戦場の貴族主義の行方はどうか。クラウゼヴィッツを批判して「軍事の政治に対する優位」を謳う「総力戦」テーゼは、実は、同じ時代のナチズムとは最終的には折り合いが悪かった。確かにミュンヘン一揆（1923年）では手を組んで戦った当時新進の政治家ヒトラーと第一次大戦の英雄ルーデンドルフではあったが、その後は距離があった。ルーデンドルフやヒンデンブルクといった軍人個人にだけでなく、ヒトラーは常に、貴族主義の残る軍を党に従属させるための権力闘争を仕掛けていたのだし、第二次世界大戦が始まっても、しばしば軍の作戦に容喙し、最終的には政治が軍部の上位にあることを示そうとし続けた。逆にいえば、政軍関係で見たとき、ルーデンドルフの『総力戦』は、ナチス批判として書かれている面があるのである。総力戦は全体主義の上位にくるというのがルーデンドルフの見解であった。

そう考えると、『総力戦』という書物が、「将帥」という項で終わっていることにも何らかの意味を認めざるをえないだろう。

もちろん18世紀のフリードリヒ大王は、君主であり将帥でもあり、その包括性は、ルーデンドルフの理想だ。けれども19世紀、ヴィルヘルム1世統治下で勝利した普仏戦争のプロイセンですら、「危険をはらんだ多頭体制」のもとにあったと彼はいう。確かにヴィルヘルムは君主にして全軍の最高司令官ではあったけれども、実際に戦争の指揮を執っていたのは陸軍総参謀長のモルトケ伯爵であり、そのほかに陸軍行政を代表する陸軍大臣もいた。またさらに、政治の指導者には宰相（ビスマルク）がいた。

第一次世界大戦のドイツでは、さらにそれが「致命的とも言える多頭体制」になった[25]。すでに皇帝（ヴィルヘルム2世）は名目上の最高司令官にすぎず、多頭体制には、さらに艦隊を率いる艦隊司令長官、海軍行政を司る海軍大臣が加わった。その陸海軍の対立もあった。

アメリカ軍などの政軍分離が進んだ国では、上級軍人には純粋に軍事的な能力よりも、巨大化した作戦を調整する事務管理能力がむしろ求められる。ルーデンドルフの「将帥」はこれと違う。それはカリスマであり民族の精神や文化を集約し代表する存在である。それだけでない。この時代、「将帥」は、

> 陸軍生活と国民生活のすべての領域——それは、私が示したように総力戦の基礎である——を幅広い視野をもって網羅し、また合わせて、そのような視野をもってそこに深く入り込まなくてはならない。この観察が表面的なものでしかなければ、将帥は他者の手の平で操られる道具となる。
>
> （ルーデンドルフ『総力戦』1935年　訳2015: 167）

つまり、戦場の軍事力だけでなく国民生活すべてのエネルギーを戦力化しようとする「総力戦」においては、「将帥」は一国の国民文化の結晶であるだけでなく、同時にその理解者、つまりある種の社会観察者でなければならないというのである。総力戦は、多岐多層にわたる国民生活の戦争への統合を必要とするが、その前提として、緻密な社会観察の必要を生み出す。一国の国民文化の結晶である「将帥」などといえば、まるでブルクハルトのいう「歴史の普遍と特殊が縮約されて現れる偉人」のようだが、そこに「社会観察」が加わるところが「総力戦」の時代ならではだろう。

これに対抗する独裁者ヒトラーはさらに貪欲である。ヒトラーは、自らを「哲人指導者」とみなしているのだ。カント、ヘーゲル、ニーチェらをドイツ文化を体現する哲学者とみなし、そのなかにある反ユダヤ的言辞を演説のなかで巧みに切り貼りしてゆく。そしてヒトラーは自分を彼らの後継者とみなし、思考するだけでなく行動できる自分は彼らを凌駕していると思うに至る[26]。

ヒトラーとルーデンドルフの抗争は、結局は、政治的指導者と軍事的指導者の包含関係をめぐる競合と見ることができる。ただ、「総力戦」がもし本当にすべてを包摂する総合的なものであるというのなら、あくまで一社会領

域にすぎない軍事（それは確かに戦争の遂行を担う領域ではあるが）的指導者が社会全体の事業である総力戦の指導者として適任かどうかはやはり確実ではない。あくまでも軍人が指導者たらんと主張する軍部と、大衆社会のなかでのし上がったヒトラーの協力と対立は常に紙一重のところにあった[27]。

むしろ重要なのは、反貴族（＝平準化）も、あるいは時に反共ですらも徹底させない「総力戦」のもつ、「人種主義」的な本質である（アレント[28]）。ナチスがユダヤ人を攻撃したのは、金持ちの彼らを憎む低所得のドイツ人労働者からの支持を得やすかったからではなく、彼らがトランスナショナルな属性をもっていたからであった。彼らのトランスナショナリティ、あるいはそれによるネットワークは、来る戦争を再び外交の延長、制限戦争へと戻してしまう可能性がある。

本章でも繰り返してきたように、「大衆」というのがある視点や視線のとり方なのだとすれば、自己準拠的な「大衆」は異物に反応しやすいが、それにも種類があるということだ。政治的軍事指導者と軍事的軍事指導者の競合、あるいは軍隊内の階級闘争などは結局のところ、どうでもよかった。総力戦を遂行する民族国家は、階級的な緊張をさまざまなやり方で弱めて内乱を封じ込め、人種的な異物を排除することで「全体」を表現しやすく「総力」を集めやすくする道を選択したのであった。

そう考えたとき、大衆社会論は、単に模倣性や付和雷同性を示す人々を「大衆・群衆」として記述した社会記述なのではない。軍事的な文脈からいえば、総力戦の計画と遂行の全体性に伴って産出された社会記述なのであった。

6．おわりに――「総力戦」の忘却と拘束力

「貴族」からも「人種」からも比較的自由なアメリカ社会においてその後、大衆社会論は変質してゆく。それはドイツの敗戦によって「総力戦／亡命」という大衆社会論の記述の条件が薄れていったことに関連している。たとえばコーンハウザーは1959年、『大衆社会の政治』でエリートへの接近可能性と非エリートの操作可能性のそれぞれの高低をもって社会を共同体社会・多元的社会・全体主義的社会・大衆社会の４つに分類した（Kornhauser

1959=1961)。「階級」に代わる「エリート／非エリート」の区分は強固に前提にされ、「社会的統合度」という変数は完全に消えてしまった。大衆社会論における貴族主義と大衆民主主義の系譜にそれぞれあるこの新しい2つの変数は、総力戦と全体主義の危ういバランス下では、それぞれ独立した変数ではなく不可分のものだったはずである。

一方、簡単に国境を越えてゆく資本主義のさらなる発達によって大衆社会が生産よりも消費によって基礎づけられるようになると、むしろ国民が軍隊であること自体が忘れられるだろう。もはや「低度の軍隊」という言い方はそぐわない。そして第二次世界大戦が終わって60年もすれば、あるいは冷戦が終わって15年もすれば、戦争は、次のような指標によって語られる。

> ある国の経済が、マクドナルドのチェーン展開を支えられるくらい大勢の中流階級が現れるレベルまで発展すると、〔略〕〔そ〕の国の国民はもはや戦争をしたがらない。むしろ、ハンバーガーを求めて列に並ぶ方を選ぶ。　（フリードマン『トクサスとオリーブの木』1999年　訳2000下: 9）

「国民」は総力戦の記憶とともに忘れ去られ、「消費者」との競合関係のなかに置かれる。冷戦下にあっては、核兵器が文字どおり「戦闘員と非戦闘員の区別」を無効化したが、また消費者も「国民と非国民の区別」を無効にする。あるいは軍隊こそもっとも貪欲な「消費者」ではないか！　こうして核兵器の存在と核戦争の不可能性、その条件のもとでの消費社会の発達が、「総力戦」を過去のものにしていった。

とはいえ、このようにして「総力戦」が無理・無効になっていったといっても、この「消費者」の形象が、「総力戦」との関係では特殊な歴史的文脈をもつアメリカで育まれたことには留意しておく必要がある。「総力戦」の発想が育まれざるをえなかった、固有の民族的伝統をそれぞれもつヨーロッパ諸国家同士の軍事的な稠密、そこに張り詰める作用と反作用の圧力からアメリカは自由であった。

もちろん第一次大戦中にはアメリカでも遅ればせながら徴兵制が施行されるし、独立戦争と南北戦争の記憶を尊重してきたアメリカには、社会・国家の危機に対応する武装の意思の伝統があるという意味で、戦時に「戦闘員／

非戦闘員」という区別が無効化する瞬間（民兵）がある。だが一方で、国民生活経済の「総力を投入する」という「総力戦」のもうひとつの側面を経験していない。結局「総力戦」の思想はアメリカ社会で根付くことはなかった。

アメリカ人にとって、負ければ生活から何からすべてを失う可能性を秘めた戦争を初めて経験したのが「冷戦」である。この時代、この状況に対処する専門家としての職業軍人（将軍たち）がこの国の歴史上初めて国家の独善的なエリートとして突出するようになる。大衆社会論に棹差しつつ、消費社会の総力戦である「冷戦」時代の権力論として、『パワー・エリート』のミルズはこれに警鐘を鳴らしていたのだった[29]。

《註記》

1 ――ル・ボンは普仏戦争の野戦病院に勤務したという。同訳書「訳者のあとがき」（Le Bon 1895=1993: 278）参照。

2 ――デュルケームはベルグソンらとともに「戦争に関する研究と資料の刊行委員会」を組織し、「世界に冠たるドイツ」および「戦争を欲したのは誰か――外交文書による戦争の起源」という2つのパンフレットを著している（Durkheim 1915=1993）。小関藤一郎『デュルケームと近代社会』（小関 1978）、白鳥義彦「第一次大戦におけるトライチュケ批判とデュルケームの国家論」（白鳥 1993）も参照。

3 ――1917年の『戦争の哲学』（Simmel 1917=1943: 39-40）では「われわれはすべてわれわれの内的存在の改造があらゆる未来について最も深遠な意義を持つと感ずるのであるが、〔略〕それぞれの統一と全体性とを目指すものであるということ――このことは、この戦争と共に初めてわれわれの民族もまた遂に一つの統一と全体性となりかつかようなものとして別個のドイツの敷居を越えてゆくという点において、明らかにされ、前提されているのである」といっている。

4 ――ハンス＝ヨナス・ウォルフガング・ノーブル『社会思想のなかの戦争（*War in Social Thought*）』（Joas & Knobl 2013）参照。

5 ――ジンメル『社会分化論』（Simmel 1890=1998: 144-145）参照。

6 ――ヨーロッパおよびアメリカの歴史家のあいだで起こった「総力戦」をめぐる近年の論争、とくにその起源を啓蒙思想、フランス革命とナポレオン戦争としたディヴィッド・A・ベル『最初の総力戦（*The First Total War: Napoleon's Europe and the Birth of Warfare As We Know It*）』（Bell 2007）が引き起こした論争の歴史研究に対する含意については、西願広望「総力戦の文化史とフランス革命の世界史的位置――

文化史の危険性と可能性」(西願 2012) 参照。「総力戦」は、ルーデンドルフなどの「極右」にとっての「理想」の戦争であり、そうした発想の出所をめぐる文化史の対象であるとともに、その研究目的なき普遍化は議論を無意味にすると西願はいう。また、ベルの著作に対し、概念をめぐる論争自体にはあまり意味がなく、言葉が戦争を形作る面を強調したところに意義を見るユニヴァーシティ・カレッジ・ダブリン(アイルランド)の戦争学研究所ウィリアム・マリガン(国際関係史)の書評(Mulligan 2008)も参考にした。

7 ——ルーデンドルフの人物像、「総力戦」の軍事思想史上の位置づけについては、石津朋之「ルーデンドルフの戦争観——『総力戦』と『戦争指導』という概念を中心に」(石津 2011)、およびルーデンドルフ『総力戦』の新訳版訳者・伊藤智央による「解説」(Ludendorff 1935=2015: 179-277) を参照。

8 ——野上元「消費社会の記述と冷戦の修辞」(野上 2013) を参照。

9 ——野上元「市民社会の記述と市民/国民の戦争」(野上 2015) を参照。

10——たとえばハンス・シュパイアー (Speier 1941) は、敵の社会的定義による戦争の理念型の設定を試みている。

11——少なくとも私自身にとっては、野上元『戦争体験の社会学——「兵士」という文体』(野上 2006) などの論考で前提されている「戦争」観を自己批判し、「現代の戦争」を含めた他の時代の戦争のあり方に照らし合わせて比較再検討するという動機がある。

12——ヴェルナー・ゾンバルト『戦争と資本主義』(Sombart 1913=2010: 24) 参照。

13——ちなみに、賠償を拒否したナチス・ドイツを否定した第二次世界大戦後のドイツが、第一世界大戦の賠償金を払い終えたのは、2010 年のことである。

14——レーニン「プロレタリア革命の軍事綱領」(レーニン 1916) 参照。

15——デイトン『電撃戦』(Deighton 1979=1994) 参照。

16——「銃後 (home front)」という言葉は、家庭や生活も「前線」の一種として戦争に大きく組み込まれるようになったことを表している。以前指摘したとおり、日本語で「銃後」は戦場で銃の後ろにいる人(歩兵)を指していたが、それが拡張され、銃の後ろにいるすべての人=全国民を指すようになった。

17——リデル・ハートの戦略については、石津朋之『リデルハートとリベラルな戦争観』(石津 2008)、リデル・ハートのクラウゼヴィッツ批判については石川明人「戦争論と『殲滅』の問題——リデル・ハートのクラウゼヴィッツ批判」(石川 2009) を参照。

18——マクニールは、18 世紀末の政治革命と産業革命も、西ヨーロッパで起こった人口過剰に対する対応だったとしている。20 世紀の悲劇は、この時代の対応が 18 世紀末のような普遍性をもったものではなかったことによるとしている (McNeill 1982=2002: 425)。

19――これについては、実にさまざまなところで論じられてきている。たとえばハンナ・アレントはその『革命について』(1963年）を、議論から戦争を切り離すところから始める。

20――コーンハウザー『大衆社会の政治』(Kornhauser 1959=1961)、三上俊治「『大衆社会論』の系譜」(三上 1986）参照。

21――コーンハウザー前掲。

22――エリック・ホッファー『大衆運動』(Hoffer 1951=1969: 36）からの重引。

23――ミルズ『パワー・エリート』(Mills 1956=1958: 308-309)。

24――コーリー『軍隊と革命の技術』(Chorley 1943=1961: 272-276）参照。

25――いささか唐突にではあるが、マンハイムが「機能的合理性」の説明のなかで、第一次世界大戦の後半においてドイツの政治家たちの合理性と参謀本部の合理性が衝突し、政治が軍事に攪乱されたことを例に挙げ、機能的合理性は行動自体の特質を示すものではなく、行為の複合においてその部分たる行動が占める位置についての特徴づけであるとしているのは興味深い（Mannheim 1940=1962: 65)。

26――シュラット『ヒトラーと哲学者――哲学はナチズムとどう関わったか』(Sherratt 2013=2015: 36-37）参照。

27――マイネッケ『ドイツの悲劇』、とくにそのVI章「軍国主義とヒトラー主義」参照（Meinecke 1946=1980: 470-482)。

28――ただ非常に不本意なことながら、本章にとって重要な指摘を孕んでいるハンナ・アレント『全体主義の起源』(1951年）についての検討は、別に期したい。

29――ミルズ『パワー・エリート』、とくにその第８章「将軍たち」参照（Mills 1956=1958: 305-344)。

《引用・参考文献》

石川明人（2009)「戦争論と『殲滅』の問題――リデル・ハートのクラウゼヴィッツ批判」『北海道大学文学研究科紀要』129号：1－28。

石津朋之（2008)『リデルハートとリベラルな戦争観』中央公論新社。

――――（2011)「ルーデンドルフの戦争観――『総力戦』と『戦争指導』という概念を中心に」三宅正樹・石津朋之・新谷卓・中島浩貴編『ドイツ史と戦争――「軍事史」と「戦争史」』彩流社。

小関藤一郎（1978)『デュルケームと近代社会』法政大学出版局（とくに第４章「国家論――とくに個人主義と国家の関係」、第６章「デュルケームとドイツ」)。

白鳥義彦（1993)「第一次大戦におけるトライチュケ批判とデュルケームの国家論」『社会学評論』43巻４号：436－450。

西願広望（2012)「総力戦の文化史とフランス革命の世界史的位置――文化史の危険性と

可能性」『青山学院女子短期大学紀要』66 輯：65−78。
野上元（2006）『戦争体験の社会学――「兵士」という文体』弘文堂。
――――（2013）「消費社会の記述と冷戦の修辞」福間良明・野上元・蘭信三・石原俊編『戦争社会学の構想――制度・体験・メディア』勉誠出版。
――――（2015）「市民社会の記述と市民／国民の戦争」内田隆三編『現代社会と人間への問い――いかにして現在を流動化するのか？』せりか書房。
三上俊治（1986）「『大衆社会論』の系譜」『新聞学評論』35 号：74−91。
レーニン、ウラジミール（1916）「プロレタリア革命の軍事綱領」［ソ同盟共産党中央委員会附属マルクス＝エンゲルス＝レーニン研究所編／マルクス＝レーニン主義研究所訳（1957）『レーニン全集』第 23 巻、大月書店所収］

Bell, David A. (2007) *The First Total War: Napoleon's Europe and the Birth of Warfare As We Know It*, Houghton Mifflin Harcourt.
Benjamin, Walter (1933) "Erfahrung und Armut."［ヴァルター・ベンヤミン／浅井健二郎訳（1996）「経験と貧困」『ベンヤミンコレクション 2　エッセイの思想』筑摩書房］
Caillois, Roger (1963) *BELLONE ou la pente de la guerre*, La Renaissance du Livre.［ロジェ・カイヨワ／秋枝茂夫訳（1974）『戦争論――われわれの内にひそむ女神ベローナ』法政大学出版局］
Chorley, Katharine (1943) *Armies and the Art of Revolution*.［K・コーリー／神川信彦・池田清訳（1961）『軍隊と革命の技術』岩波書店］
Clausewitz, Carl von (1832) *Vom Kriege*.［カール・フォン・クラウゼヴィッツ／篠田英雄訳（1968）『戦争論　上・中・下』岩波文庫］
Deighton, Len (1979) *Blitzkrieg: From the Rise of Hitler to the Fall of Dunkirk*, Jonathan Cape.［レン・デイトン／喜多迅鷹訳（1994）『電撃戦』早川書房］
Durkheim, Émile (1897) *Le Suicide: Étude de Sociologie*, Paris: Félix Alcan.［エミール・デュルケーム／宮島喬訳（1985）『自殺論』中公文庫］
――――(1915) *L'Allemangne au-dessus de tout: La mentatite et la guerre*.［デュルケーム／小関藤一郎・山下雅之訳（1993）「世界に冠たるドイツ――ドイツ人の精神構造と戦争」『デュルケーム ドイツ論集』行路社］
Ellis, John (1975) *The Social History of the Machine Gun*.［ジョン・エリス／越智道雄訳（1993）『機関銃の社会史』平凡社］
Fromm, Erich (1941) *Escape from Freedom*.［エーリッヒ・フロム／日高六郎訳（1951）『自由からの逃走』東京創元社］
Friedman, Thomas (1999) *The Lexus and The Olive Tree: Understanding Globalization*.［トーマス・フリードマン／東江一紀・服部清美訳（2000）『レクサスとオリーブの木――グ

ローバリゼーションの正体 上・下』草思社］
Hoffer, Eric (1951) *The True Believer: Thoughts on the Nature of Mass Movements.*［エリック・ホッファー／高根正昭訳（1969）『大衆運動』紀伊國屋書店］
Joas, Hans and Wolfgang Knobl, translated by Alex Skinner (2013) *War in Social Thought: Hobbes to the Present,* Princeton University Press.
Jünger, Ernst (1930) “Die totale Mobilmachung.”［エルンスト・ユンガー／田尻三千夫訳（1981）「総動員」『現代思想』9巻1号］
Kornhauser, William (1959) *The Politics of Mass Society*, Free Press.［ウィリアム・コーンハウザー／辻村明訳（1961）『大衆社会の政治』東京創元社］
Le Bon, Gustave (1895) *La Psychologie des foules.*［ギュスターヴ・ル・ボン／櫻井成夫訳（1993）『群集心理』講談社学術文庫］
Ludendorff, Erich (1935) *Der totale Krieg.*［エーリヒ・ルーデンドルフ／伊藤智央訳・解説（2015）『ルーデンドルフ　総力戦』原書房］
Mannheim, Karl (1940) *Man and Society in an Age of Reconstruction: Studies in Modern Social Structure,* Routledge & Kegan Paul.［カール・マンハイム／福武直訳（1962）『変革期における人間と社会――現代社会構造の研究』みすず書房］
McLuhan, Marshall (1964) *Understanding Media: the Extensions of Man*, McGraw-Hill.［マーシャル・マクルーハン／栗原裕・河本仲聖訳（1987）『メディア論――人間の拡張の諸相』みすず書房］
McNeill, William (1982) *The Pursuit of Power: Technology, Armed Force, and Society since A.D.1000*, University of Chicago Press.［W・マクニール／高橋均訳（2002）『戦争の世界史――技術と軍隊と社会』刀水書房］
Meinecke, Friedrich (1946) *Die deutsche Katastrophe*.［フリードリヒ・マイネッケ／矢田俊隆訳（1980）『ドイツの悲劇』林健太郎責任編集『世界の名著 65　マイネッケ』中央公論社］
Mills, C. Wright (1956) *The Power Elite*, Oxford University Press.［C.W. ミルズ／鵜飼信成・綿貫譲治訳（1958）『パワー・エリート　上・下』東京大学出版会］
Mulligan, William (2008) “Book Review: The First Total War: Napoleon’s Europe and the Birth of Warfare As We Know It, By David A. Bell,” *The Journal of Modern History*, 80(4): 911-912, The University of Chicago Press.
Ortega y Gasset (1930) *La Rebelion de las Masas.*［オルテガ・イ・ガセット／神吉敬三訳（1995）『大衆の反逆』ちくま学芸文庫］
Sherratt, Yvonne (2013) *Hitler’s Philosophers*, Yale University Press.［イヴォンヌ・シュラット／三ッ木道夫・大久保友博訳（2015）『ヒトラーと哲学者――哲学はナチズムとどう関わったか』白水社］

Simmel, Georg (1890) *Über sociale Differenzierung: Sociologische und Psychologische Untersuchungen*.［ゲオルク・ジンメル／居安正訳（1998）『社会分化論　宗教社会学』（新編改訳）青木書店］

――――(1917) *Der Krieg und die geistigen Entscheidungen*.［ジンメル／阿閉吉男訳（1943）『戦争の哲学』鮎書房］

Sombart, Werner (1913) *Krieg und Kapitalismus*.［ヴェルナー・ゾンバルト／金森誠也訳（2010）『戦争と資本主義』講談社学術文庫］

Speier, Hans (1941) "The Social Types of War," *American Journal of Sociology*, 46 (4): 445-454.

第3章

モザイク化する差異と境界

戦争とジェンダー／セクシュアリティ

名古屋市立大学　菊地夏野

1．はじめに

本章の目的は、フェミニズムが戦争をどのように批判してきたかということについて振り返り、現状の課題を明らかにすることである。日本におけるフェミニズムの戦争論は、1990年代に大きな進展があった。90年代は、「慰安婦」制度の被害者が名乗り出て、大きな注目を浴びた時代である。フェミニズムを含む日本社会は、「慰安婦」問題への応答を模索するなかでさまざまに戦争について思考と議論を重ねた。本章はひとつには、そのような90年代以来の到達点と課題をフェミニズムの領域を中心に検討したい。

「慰安婦」問題はいまだ解決していない。いくつかの政治的措置は試みられたが、被害者および被害国からの日本政府への責任を問う声は絶えず継続されている。近年、日本国内では「慰安婦」問題は日韓の国際問題として報道されることがほとんどである。またこの問題をどう認識するかについて知識人間で対立も起きている。「慰安婦」問題が「国家の名誉」や「国益」といった観念と結びつけられる大文字の「政治」的枠組みに限定され、ジェンダーの視点が脱色されて語られている現在、あらためてフェミニズムの立場から戦争の語り直しを行いたい。

フェミニズムの戦争論は1990年代に大きく進展したがその後、混迷している。それは、ジェンダー論が変化に対応できていない、あるいはより根本的な問題として、変動し続ける社会の構造的次元からジェンダーを分析できていないからかもしれない。日本が「戦争のできる国」へと転換する動きとそれへの批判のせめぎ合いが行われている現在、戦争とジェンダーの関係にひそかな、大きな変化が起きているように感じられる。本論ではこの局面を、英語圏のフェミニズムの議論を導きとして把握したい。英米のフェミニズムは1980年代以降、普遍主義フェミニズムへの批判とマイノリティ女性の立場の再発見を深化させた。そのうえで近年、戦争がどのように分析されているのか整理したい。

具体的には本章は、これまで日本のフェミニズムが「慰安婦」問題を論じた軌跡を振り返り、現状を確認したうえで、英語圏のフェミニズムの議論を含めて展望を探る。戦争のジェンダー研究の軌跡と課題を明らかにし、今直面している社会的変化をどのように分析できるかを検討する。

2. 戦争をジェンダーの視点で批判する

戦争とは公認された最大規模の暴力が発露する状態である。そして「慰安婦」制度はそのなかでも性の管理のために遂行されたものであり、抜きん出て私たちに衝撃を与えるし、また隠されやすい。

本節では、1990年代の戦争とジェンダーに関する研究の代表的なものを振り返るが、まず同時期に戦争をめぐってどのような議論が行われていたかを見よう。それらの背景のなかでジェンダー論がもっていた意味を検討したい。

90年代の戦争をめぐる議論において、もっとも注目されたもののひとつに加藤典洋と高橋哲哉の論争がある。加藤は、戦後の日本社会の原点にねじれがあるとした（加藤 1997）。それは敗戦によって憲法を押し付けられたにもかかわらずそれを金科玉条のものとして守ることをよしとしている姿に現れている。そしてこのねじれを見えなくした結果、日本の社会は「内向きの自己」と「外向きの自己」の2つの人格に分裂していると嘆く。たとえば1993年に細川首相が「先の大戦」が侵略戦争であり「間違っていた」とした発言は「外向きの自己」の発露であり、それに反対して「日本は間違っていなかった」とした閣僚の発言は「内向きの自己」だとする。

加藤はこの分裂を克服するには、天皇のために死んでいった200万の兵士たちの追悼を通じて、日本軍の犠牲となったアジアの2000万の死者の追悼へと至る道が必要だと主張した。兵士の追悼からアジアの犠牲者たちへの追悼へとどのようにつながるのかは述べられていないが、高橋哲哉は、この点について、侵略の加害者の死を、侵略の犠牲者つまり「他者」の死より「先に」置くことはできないと批判した（高橋 1999）。加藤は高橋の批判に応えて、「他者への謝罪を行うためには謝罪の主体を構築する義務がある」と述べた。

この論争では基本的に、日本国家がつくる境界線を軸に「自己」と「他者」が区別されている。そこではジェンダーによる差異はほとんど考慮されていない。

この論争が行われていた同時期に発表されたのが若桑みどり（1995）である。これは、戦争とジェンダーを論じた日本でもっとも読まれている著作のひとつである。

若桑の研究は、戦時における女性像を婦人雑誌などの視覚的プロパガンダの領域から探ったものだが、その手法の理論的前提には、今に続く戦争のジェンダー分析の基本的視点が明らかにされている。

若桑は、ベティ・リアドンによりながら、下記のようにいう。

> 力と暴力による他者支配の戦争の原理は、家父長制の原理そのものに内在している。これが戦争システムの基盤であった。
>
> このパースペクティブを得たとき、私は、戦争・女性という問題は、戦争＝男性、平和＝女性といった二項対立によってではなく、相互補完的な一体として、一枚の銅貨の表裏のように引き離しがたい関係性をもって論じられなければならないことを確信した。女性は、家父長制――軍事体制の権威的な構造のなかで被支配者であるとされている。だが、女性はこの構造のなかで、権威に従属し、みずからの役割に従順に、しばしば熱狂的に従うことによってこのシステムを支え、補完し、維持するための不可欠な一部であり続けた。　（若桑 1995=2000: 31-32）

若桑に代表される戦争のジェンダー分析の第一の発見は、戦争は通常の社会から逸脱する一時的現象ではなく、平時の社会構造を貫いている家父長制から発するものであり、社会構造に内在するひとつの帰結であるということだ。平時と戦時をつないでいるのが、攻撃性や支配を意味する男らしさを称揚するジェンダー秩序である。多くの場合、戦争の分析や研究は政治・軍事・経済的な側面を中心になされ、男性が主な行為者となる世界として想定されるが、そのような視点自体にジェンダー意識が根付いていることを若桑の研究は示した。

また、一般に、戦争が男性的な世界として描かれるのに対して、女性は逆に平和の守り手としてイメージされる。だが、ジェンダー分析は、そのような発想自体をジェンダー秩序の産物とみなす。女性は平和の愛好者どころではなく、ときに主体的に戦争に協力し従事したことを直視しようとするのである。これが第二の発見である。

加藤の議論では国境と重ねられていた「自己」と「他者」の境界に対して、ジェンダー論はジェンダーによる差異を発見し、またその差異に基づいた役割により戦争が遂行されていたこと、その役割に基づいた支配関係が戦争を生んでいることを発見した。若桑によれば、戦時に女性が課された主要な役割は、兵士を生み育て、激励し癒す「母親」だった。

そこから考えると、加藤が主体の根拠としようとした旧日本軍の兵士という立場は、当然ながら女性を排除するもので、論争の枠組み自体に大きなジェンダー・バイアスが仕組まれていたことが改めてわかる。

若桑みどりの戦争論は、戦争をジェンダーの視点から批判的に分析した意義をもっている。だが、それ以降の「慰安婦」問題の展開は、女性の主体性に関する問いにぶつかっていく。

3. 行き詰まり

戦争は生死というもっとも極端な局面を賭けて「敵」と「われわれ」の二項対立を構築する大規模装置であり、どこに境界線を引くかが重要な政治的意味をもつ。日本のジェンダー論の戦争分析は、この境界を画定する政治においてジェンダーが隠れた意味をもっていることを発見したが、まもなく暗礁に乗り上げることになる。

戦争とジェンダーに関する代表的研究である上野千鶴子（1998a）は、若桑からさらに掘り下げて、「国民国家」も「女」も脱自然化し、脱構築することがジェンダー史の到達点だとした。上野は、日本のフェミニズムには国家を超えた歴史がないとしながらも、個人は国家に対峙することができると論じ、「フェミニズムは国境を超えるべきだし、またそうする必要がある」と主張する。

> もし、国家が「わたし」を冒そうとしたら？「わたし」はそれを拒否する権利も資格も持っている。〔略〕「わたし」の責任とはそのような国家に対する対峙と相対化のなかから生まれる。それは「国民として」責任をとることとは別なことである。〔略〕「国民国家」も「女」もともに脱自然化・脱本質化すること――それが、国民国家をジェンダー化した上で、それを脱構築するジェンダー史の到達点なのである。　（上野 1998a: 198-199）

ここで主張されている「国境を超えること」の意味合いを検討してみよう。上野が危惧しているのは、個人が国家に同一化すること、つまりアジアに対する日本の侵略戦争の責任を「日本人」として一手に引き受け謝罪をするような例である。上野はふれていないが、おそらくこのような例は、前述の加藤の議論の半面に通じるものだろう。加藤は謝罪する主体として日本人を構築しようとしていた。上野はそのような姿勢にひそむ抑圧性から身を離し、必ずしも国家に回収されない個人の可能性、とくにフェミニズムの可能性を引き出そうとした。このことの意義は大きい。

しかしこの可能性は、大きな困難にぶつかることになる。この著作の基本的な主題のひとつは、構築主義的戦争論に基づいたフェミニズムによるナショナリズム批判であり、その延長上に「反省的女性史」批判があった。

> 「反省的女性史 reflexive women's history」は、フェミニズムのインパクトのもとに、従来の女性を歴史の受動的な犠牲者とみなす「被害者史観」から、能動的な歴史の主体と捉える史観の転換のもとに成立した。そして日本では、近現代女性史の「反省的」な見直しは、そのまま日本の帝国主義的侵略に対する女性の主体的な共犯性・加害性を問う「加害者史観」につながった。　（同: 181）

ここで指摘されているとおり、日本では若桑が体現したような戦争のジェンダー分析は、女性の加害者的側面を白日のもとにさらした。この位相は、日本が第二次大戦の敗戦国であるため、英米とは異なってとりわけ強い加害性を帯びることになる。上野はこの矛盾を突いているのである。

> 反省史が国民史を超えない限り、戦勝国の戦争責任とそれに対する女性の協力を問題化する問いは生じない。ファシズム国家は戦争を「反省」するが、「自由と民主主義」のために「正義」の戦争を闘った連合国は、「反省」の必要がないのだろうか？敗戦国の戦争犯罪は裁かれるが、戦勝国の戦争犯罪はついに裁かれず「反省」の対象ともならないのだろうか？
>
> （同: 184）

上野の批判は、敗戦国である日本の戦争犯罪は厳しく追及されるのに、戦勝国の戦争犯罪は反省もされないことの矛盾に向けられている。だがまず、この批判を女性史のみに向けるのは奇妙である。上野が批判した鈴木裕子らの女性史研究が戦勝国の犯罪を見逃したとまではいえないだろう。そもそも日本の戦争犯罪を追及することがそのまま戦勝国のそれを肯定することを意味するとはいえない。その点を差し引くならば、上野の指摘は、隠されたある大きな問題のありかにふれている。

それは、植民地主義の問題として認識すべきものである。第二次大戦は、植民地獲得競争に始まった近代のひとつの総仕上げという性格をもっている。すでに植民地を獲得した欧米に対して後発である日本がアジアへの侵略を試みた。この植民地主義という水準で考えれば、欧米も加害国である。したがって上野がいうとおり「良い戦争」と「悪い戦争」の区別は本質的にはできない。戦争はそれ自体が暴力の発動であるのだから。戦勝国の戦争は「良い戦争」であり敗戦国のそれは悪だとするならば、それは単に英米政府の連合国に肩入れするものであろう。だが戦勝国側にしてもまったく理由なく自らの戦争を正当であると肯定はできない。自らの正当化は、あくまでも相手国の不当性を明示することによってなされる。日本に対してはその侵略性や先制性がそれに該当する。このような言説の関連性があるため、日本の戦争の不当性や加害性を批判することは、それ自体では戦勝国の加害性についてどう認識しているか曖昧であり、極端な場合、上野の指摘どおり戦勝国中心主義に陥るおそれもある。

この上野の立場は、加藤の議論に似ている面がないだろうか。加藤の問題意識は、戦後に日本が敗戦を起点に、それまでの立場を逆転させて、戦勝国になり代わったかのようにふるまうあり方への違和感にあった。もちろん主体として兵士を悼む立場を強調する加藤と、国境を超えるフェミニズムを選択する上野で大きな違いがあり、上野は加藤を批判している（上野 1998b）が、戦勝国中心主義への強い疑問には共通するものがある。

加藤の議論は批判もされたが支持する者も多かった。また上野の著作も方法論的誤りを指摘する前田朗（1998）らの批判があったにもかかわらず、大きな話題となった。日本の加害責任を認識することと戦勝国との関係については、日本で戦争を認識する際にぶつかる矛盾であり、いまだ整理されないままに潜在しているのである。

だが上野は、この矛盾を植民地主義から生まれたものとは少なくとも明示的には認識していない。この著作は表題どおりナショナリズムを批判することを主目的としているからである。そのため足場の不安定な議論となっていて、ナショナリズムに対して明快な否定を突き付けるものの、それを超える植民地主義についてどのように考えるのか不明瞭である。

これは、上野にとどまらない日本のフェミニズムに植民地主義が影を落としていることを意味している。他にもたとえば大越愛子（1992）は「慰安婦」問題を生んだものとして「日本の性意識・性風土」を鋭く批判しているが、社会学的に考える場合、どの足場から「日本の性風土」を対象化するか悩ましい問いが浮上してくる。欧米を範とする認識論的植民地主義が学問的言説を拘束しているからである。

この不安定な土台は、言説に揺れをもたらすことになる。次の箇所で上野は女性の「加害性」という視点を提示している。

> 「軍神の母」という「聖なる母性」を割り当てられた日本女性のほうは、「国民化」への成り上がりの期待のために家父長制の「娼婦差別」を内面化した。そしてその「娼婦差別」は戦後も一貫して変わることなく、「日本人慰安婦」や「占領軍慰安婦」に対する差別視や「売春防止法」の精神

のなかに続いている。そしてわたしたちが今日に至るまで「日本人慰安婦」や「占領軍慰安婦」を問題化できていないという事実のなかに、日本女性の「加害性」の現在が表現されている。（上野 1998a: 141）

後述するように「慰安婦」問題をはじめ戦争とジェンダーを考えるときに売買春の問題は今でも大きな課題である。だがここで目につくのは、上野が「日本人慰安婦」や「占領軍慰安婦」に限って日本女性の加害性を明言していることである。上野は「慰安婦」をはじめ日本の戦争責任を批判する女性史研究に対しては「反省史観」として限界を指摘した。にもかかわらず、ここでは女性史と同じように加害性を認めている。

この点を重く見れば、上野は日本人女性の集団内での同じメンバーに対する抑圧についてとりわけ明白な加害性を反省するものと考えられる。もちろん上野も「慰安婦」問題全体について日本の加害性は認めるだろう。だが、日本国家の責任と個人の責任の峻別に敏感に反応した。にもかかわらず「日本人女性」という集団内の問題については留保なく直裁に責任を引き受けようとするのである。この傾いた比重が上野のフェミニズムあるいはアイデンティティ・ポリティクスの特徴であろう。

実際、上野は、植民地主義批判を念頭に置いた金富子らから批判を受けている。金は、朝鮮人「慰安婦」については日本人「慰安婦」と異なる植民地支配という側面があるという立場から、両者の違いを踏まえない上野のフェミニズムには危うさを感じると批判した。そして第二次大戦中に戦争協力を行った日本人フェミニストが戦後になっても主体的な反省の声を上げなかったことを問題化し、現在に至るまで日本人フェミニストたちが民族問題に向き合ってこなかったと批判した。

上野氏が「フェミニズムは国境を越えるべきだし、またそうする必要がある」というとき、日本人フェミニストが自らの「当事者性」をふまえて、民族問題（日本内部も含めて）に対して、どう向き合っていくのかということが問われるのではないだろうか。（金 1998: 198-199）

金のような批判は、おそらく、日本人女性内の問題に視野を絞る上野のフェミニズムから見るとそもそも的外れになるのかもしれない。ともあれ結果として、フェミニズムの戦争論は、民族をめぐって厳しい批判の応酬が起き、その後この問題をどのように打開すべきかわからないまま氷結してしまった。

振り返ってまとめるならば、日本で戦争を議論するときには、アジアに対する加害性の認識と戦勝国に対する関係性をめぐる言説の磁場が発生する。そのため加藤のような議論は、はざまで消滅させられた主体を立ち上げるために、元兵士という表象を呼び起そうとした。上野のような議論は、そこにジェンダーの軸を導入するものの、日本人女性あるいはフェミニストという不明瞭に設定された半主体が生まれるため、金の批判のように限界をもってしまう。

このように日本の戦争をめぐる磁場は、「欧米対日本」か「日本対アジア」かという二重の対立を生じさせ、２つの軸を両極に位置づけ、どちらかしか選べないかのように私たちに認識させてしまう。しかしこの二項対立は本当に避けられないのだろうか。この二項対立を仕組んでいる言説の磁場からは脱却できないのだろうか。

４．境界を超える――セックス・ワーク論の変化

本節では、戦争とジェンダーを考える際、とくに「慰安婦」問題において常に議論になる売買春について取り上げる。売買春の問題は、女性の主体を考えるうえでも示唆に富むからである。

「慰安婦」問題を売買春という観点から考える際、まず大きな対立として、「慰安婦」問題の国家責任を否定する側は、論者によって多少の差異はあるが、基本的には「慰安婦」は民間の売春婦なので国家責任はないという論理を用いる。それに対して、国家による謝罪と補償を求める側は、「慰安婦」制度に政府や軍が直接関与していたことを根拠に「慰安婦」は民間の売春婦ではないとする。

次に大きな対立点として、「慰安婦」問題への国家責任を認める側の内部で、「慰安婦」と、平時の公娼との関係をどのように考えるかという点がある。吉見義明らは「慰安婦」と公娼の違いは大きいことを強調し、それに対

して鈴木裕子らは「慰安婦」制度と公娼性の連続性を重視しようとする[1]。

他に1990年代には、社会学とフェミニズムを中心に「性の商品化」論争があり、そこでポルノグラフィやミスコンとも関連させて「性の商品化」の是非が論じられた歴史があり、これが「慰安婦」問題をめぐる論争とも関連している。というのは、「性の商品化」論争でもっとも激しく争われたのは売買春の是非だったが、「慰安婦」問題を売買春の側面から考えるとき、隘路に立たされるのである。朝鮮半島など現日本国外の被害者の場合強制性が明確だが、日本国内の被害者は公娼出身者が多かったことがあり強制性が不透明だとみなされやすいからである。この場合、公娼出身の「慰安婦」は自由意志による行為であり公的責任はないとされがちである。

このように売買春という側面から「慰安婦」問題を考えると、複雑な対立が存在し、現在に至るまで大きな構図は変わっていない。ただし、新しい変化として、風俗産業について当事者やルポライターらによる手記や記録が発表されることが増えている。また、社会学において青山薫（2007）が日本の風俗産業で働いた経験をもつタイ女性の聞き取り調査をもとに「セックス・ワーク」について分析を行い、「生きられた経験の多様性」を議論している。しかし、これらの調査研究の進展は、「慰安婦」問題と直接は関わらないかたちで展開しているため、その関連性は明らかではない。

一方注目されるのは、女性史における「慰安婦」問題の調査研究の進化である。なかでも、懸案の課題だった日本人「慰安婦」についての調査の進展は画期的だろう。「戦争と女性への暴力」リサーチ・アクション・センターは、下記のように問題意識を述べている。

> なぜ、日本人「慰安婦」は人々の関心の外に置かれ続けてきたのか？それは、日本人「慰安婦」プロジェクトチームの発足を促した最初の疑問でした。「慰安婦」問題が浮上して二十数年が経ちますが、いつの間にか刷り込まれた、日本人「慰安婦」は公娼制度下の女性（娼妓・芸妓・酌婦等）＝商売の女、というイメージが、「商売なのだから被害者ということはできない」という考え方と折り重なってきたのではないでしょうか？〔略〕しかし、その前身が「売春婦」であったからといって被害の大きさを区別していいはずがありません。

（「戦争と女性への暴力」リサーチ・アクション・センター 2015: 4-5）

「慰安婦」問題を支援する立場から日本人「慰安婦」に関する研究が進むことは、「慰安婦＝売春婦」論への大きな反論となるだろう。

他に「慰安婦」問題との関連で議論になる事象として、占領軍慰安所（RAA）がある。これは、敗戦後、日本政府が占領軍を対象に日本国内各地に設置した慰安所である。この研究に平井和子（2014）がある。

以上のように、青山がいうように売買春やセックス・ワークにおける「多様性」が調査研究によって明らかにされることは有意義である。そのうえで本論では、これらの多様性をジェンダー論やフェミニズムがどのように解釈するか、どのように理論的に整理できるかということを考察しよう。

前節で述べたように、日本の戦争責任を考える際には、「欧米」と「アジア」の間で翻弄される不安定な言説の磁場が発生する。フェミニズムもこの磁場から自由ではない。「慰安婦」問題が論じられるとき、日本人「慰安婦」についてはさまざまに例外的な存在とされてきた。日本人「慰安婦」は、上記引用のように出身が「売春婦」であることに加えて、それ以外の被害者と比べて「愛国心」が慰安所での彼女らの生活を支えたとみなされることがある。それが日本人「慰安婦」が名乗り出ない理由だとされる。この場合、「慰安婦」の国籍や民族によって被害女性の内面性が推定されている。確かに近年の調査研究の進展は、彼女たちの語りのなかに「愛国心」を示す部分があることを裏づける一方、同時に多くの女性たちが戦後、慰安所での経験により重い精神的な苦痛（PTSD 等）を抱えていたことも明らかにしている。被害者を属性によって簡単に区別することはできないのである。

「慰安婦」問題について多くの歴史研究の蓄積を重ねた宋連玉は次のように書いている。

本稿で「慰安婦」と公娼の境界を問題にするのは、「慰安婦」の場合は典型的なモデルの設定で日本の国家的責任は問いやすくなるのに、なぜ公娼の場合は国家的責任が問えないのか、という疑問から発している。なぜ、国家に公認された商業的売春業、公娼制は、業者、売春女性、買春客のそれぞれの自己責任に基づいた選択であるかのように受け止められ、そこから国家の責任を問う発想はほとんど出てこないのだろうか。

> 境界を設定するということは、誰よりも帝国がもっとも必要とする政治的企てなのではないだろうか。（宋 2011: 203）

政治問題化している「慰安婦」については公的責任が問われているが、公娼制はほとんど議論にならず、過去のこととして問われない。だが「慰安婦」被害者と公娼は連続性があるし、公娼制が戦時にあわせて拡大・強化されたのが「慰安婦」制度だというのがジェンダー史学の研究成果である。公娼制が存在しないところに「慰安婦」制度は存在しなかった。国家公認の売買春制度であった公娼制について、現在社会的にどのように評価するのか改めて問われてよい。そうせずに、「慰安婦」と公娼のあいだに境界を設定してその問いを封じることは、「帝国の政治的企て」にからめ取られることだと宋は指摘しているのである。

それでは帝国の罠を逃れるためには何が可能なのだろうか。

> 境界を設定することで国家を免責しようとする企みに対し、境界のありかと同時にその曖昧さを捉えることが重要である。そうすることで植民地近代が内包した暴力性を明らかにできるだろう。（同: 208）

戦争責任に関する男性中心的な議論に対して、ジェンダー論はジェンダーという重要な差異軸を提示した。しかしその更新に対してさらに民族という差異軸が設定された。フェミニズムはそこで氷結されてしまったかのようである。

しかし宋が指摘しているように、差異を境界として捉えるとき、それは曖昧さを帯びていることが見えてくる。境界は人為的な社会的なものであり、それは可変性をもつ。私たちはいまだ、境界のない世界には生きていない。日本人「慰安婦」出身者で声を上げることのできた女性は日本国外の被害者と比べてもわずかであり、そもそも「慰安婦」問題は解決せず、戦争のない世界は実現されていないのだから。境界を安易に超えることができないことは、金らの批判が教えている。したがって、境界を自覚すると同時にその越境を模索するという２つの往復作業が必要なのかもしれない。その必要性は、その後の状況の変化により、より強く感じられるようになってくる。

5. 戦争とフェミニズムの関係の変化

前節で、境界の自覚と越境の模索という２つの往復作業が必要と述べた。しかし、フェミニズムにとってこの往復作業がより困難な局面が生起している。境界がより複雑化している世界に向き合わなければいけないのである。

21 世紀は、「アメリカ同時多発テロ」事件（「9.11」）とブッシュ政権によるアフガニスタン・イラクへの攻撃で幕を開けた。これ以降、世界は「テロとの戦争（War on Terror）」に引きずり込まれることとなった。とりわけフェミニズムは「新しい戦争」にどのように抵抗するかが難問として課せられている。というのは、これらの戦争が往々にして「女性解放」の名目で正当化されたからである。

ジェニファー・フルーリ（Fluri 2008）は、アメリカ合衆国において「フェミニズムの誤用（misuse of feminism）」が遂行される過程を分析している。「9.11」の後、米議会はアフガニスタンのタリバン政権が現地の女性に暴力を行使していることと、アフガニスタンに対して米軍による空爆が必要であることを結びつけていく。はじめ、タリバンによる抑圧は外国軍による軍事攻撃では解決されないという立場の専門家の証言もあったにもかかわらず、議論の過程でそのような慎重論は消去され、代わりに、アフガニスタン女性への暴力の問題化によってアメリカ合衆国市民の戦争への合意を動員しようという政治的論理が前面化した。フルーリは、女性を守られる客体とする「ジェンダー本質主義（gender essentialism）の政治的利用」とアフガニスタン女性の「犠牲者化」がアフガニスタン女性を「救済し保護する」ための政治軍事的戦略を構成していると分析する。これは若桑が指摘したジェンダー化された戦争の表象の利用である。

この過程において、アフガニスタンの一部の女性が着用する「ブルカ」がアフガニスタンにおけるすべての女性の抑圧の象徴として位置づけられていく。そしてそれはアメリカ合衆国の女性の「自由と平等」の対極に存在するものとして語られる。アフガニスタン女性のブルカとアメリカ合衆国女性の「隠されない身体」が明白に対比できるものとして象徴化され、その象徴は戦争の正当性を構築していくのである。

このように「アフガニスタン女性の解放」という名目でなされる戦争の主体は、「男女平等を達成している国」であるアメリカ合衆国である。しかし国内では「日常生活の軍事化（militarization of daily life）」が進み、軍事費支出の増大は福祉や医療・社会保障費の削減で代替され、多くの女性たちが仕事を失い、悪化する性的暴力に苦しんでいる（Eisenstein 2008）。

さらに悩ましいのは、フェミニズム団体の戦争協力である。アメリカ合衆国の大規模なフェミニスト団体「フェミニスト・マジョリティ（Feminist Majority）」は、アフガニスタンの女性団体RAWA（アフガニスタン女性革命協会：Revolutionary Association of the Women of Afghanistan）の批判にもかかわらず、「アフガニスタンの女性抑圧」をタリバンと結びつけ、それに対する米軍の攻撃への同意を動員した（Puar 2008）。RAWAによれば、女性に対する抑圧はタリバンに始まったものではなく、逆にもともと「女性の保護」という名目を使ったのはタリバンである。タリバンは現地で支配権を獲得するなかで、多発する女性の誘拐等をなくすことを掲げて支持を得た。RAWAは、外国軍による軍事攻撃ではアフガニスタンの状況は好転しないとして、暴力によらない支援を求めている。だがRAWAの主張は顧みられず、フェミニスト・マジョリティ等フェミニズムに関わる団体や個人は、ブルカに象徴される抑圧からアフガニスタンの女性を解放しようというキャンペーンを展開し、アメリカ合衆国政府に連なった。

これが、アメリカ合衆国のフェミニズムが戦争に向き合って課された困難な状況のひとつである。ここでは「女性に対する抑圧」「女性に対する暴力」が外部に位置づけられ、他者化される。そしてそうではない「自由で平等な」アメリカ合衆国という主体が立ち上げられ、軍事攻撃が正当化される。しかもフェミニズムがその主体と共犯関係を結ぶのである。これが「フェミニズムの誤用」である。

男女の境界は国家の主体内では曖昧となり、国家の外部で「守られるべき客体」として女性が構築される。客体の半面を構成する「悪しき男性＝タリバン」が敵として攻撃される。しかしフルーリが指摘しているように爆弾は差別しない。おびただしい数の女性や子どもたちが米軍の空爆の犠牲となっているが、その事実は主体の視野では明瞭に把握はされない[2]。また、米軍による占領は、アフガニスタンやイラクの女性たちに逆に性暴力の増加をもたらした（Bjorken, Bencomo & Horowitz 2003）。「暴力的な男性と無力で平和的な女性」というジェンダー表象は、国境を越えて他者化されるが、フェミニズムがその他者化の一部を担うことで、「平和的な女性」の表象は反転し、平和と暴力の対立が揺らいで融合する。境界はモザイク化し、ときに融合している。

フェミニズムと戦争の関係が揺らぎながらも明瞭な構図として論じられているアメリカ合衆国の状況に対して、日本ではそれほどわかりやすくはない。

2000年代以降日本は、日米安保条約下での米軍支援業務を拡大し、９条を中心として憲法改正を掲げる政治勢力が勢いを増している。改憲運動は、1990年代の「ジェンダーフリー・バックラッシュ」運動や保守運動と連動して推進されているが、その動きと関連しているのが国内の格差の増大である。不況を背景に、労働者の不安定化が進められ、福祉・教育予算や社会保障費用は切り詰められる。社会的不安感はヘイトスピーチ、愛国現象のかたちで表現されるが、それは民族と国家を根拠とした暴力が前面化していることを意味している。

そしてアメリカとの大きな違いは、フェミニズムが明確な政治勢力として見当たらないことである。海妻径子は以下のように述べる。

> 「フェミニズムは終わったのか？」グローバリゼーションの影響が日本でも明らかになって以降、このような問いかけを冠した特集がいくつかの雑誌で組まれた。もはや男／女という権力の区分線が、有効性を失ったかのように見えるからだ。いまや問題となっているのは、操縦者のジェンダーを問わないハイテク兵器によって苛烈化する軍事的暴力と、それによって維持・拡大されるコロニアルな世界秩序の中で、ジェンダーレスに労働者を搾取し始めたネオリベラルな資本である。
>
> だが実はネオリベラルな権力作用とは、再編された男性性による権力作用なのである。（海妻 2005: 35）

現代日本で進行する社会変化のありようとして、「ジェンダーレスな軍事的暴力とネオリベラリズム」というイメージが一般に共有されている。能力の優れた者は、競争を勝ち抜き見合った資源を獲得できるが、能力あるいは意欲のない者は「負け組」となり社会の底層に滞留する。そのような二極化された社会に対する合意がいつのまにか多数化された。そのイメージのなかでジェンダーはもう意味をもたないものと無効化され、女性であろうとも競争に勝つことは可能であり参画しなければならないとみなされている。

そして「ジェンダーレス」なだけでなく、そのような意匠はむしろ、「男女平等な競争」のイメージで打ち出され、それこそがフェミニズムであるかのような装いをまとっている。女性も男性と同様に競争に参加することがここでは「フェミニズム」の内容なのである。このようなフェミニズムの歪んだイメージは、バックラッシュやフェミニズム・バッシングを生み出す一因ともなっているだろう。

以上のような社会意識の変化が、「戦争のできる国づくり」政策と同時に起きている。これらの動きの関連性をジェンダーの観点から精確に分析するのは容易ではない。とくに難しいのは、自民党のような保守的なジェンダー観をもつ政治潮流が、ネオリベラルな「男女平等主義競争」政策を打ち出すという構図である。2000 年代以来、日本政府は「女性再チャレンジ支援政策」や「女性活躍政策」等の女性政策を推進している。同時に折にふれて女性差別的な政治家の言動や政策も混じり、批判されるものの、女性政策については女性運動内でも評価が分かれている。

この矛盾はどのように考察できるだろうか。2000 年代以降、流行している言葉に「女子力」や「女子・男子」がある（菊地 2016）。もともと学校教育において使われることが多かった「女子・男子」という言葉が学校外の社会空間に拡大している。学校を「誰もが平等に扱われる空間」と考えればそのひとつの要素である男女平等的価値観が学校外にも広がったと考えることができるが、ジェンダー論は学校のそのような「男女平等イデオロギー」のもとで、学校文化やカリキュラムに内在する「隠れたジェンダー」が存在することを明らかにしてきた。それを踏まえれば学校は「男女平等」というよりも男女二元論と「学力」という能力主義によって構成された空間であり、「女子・男子」という言葉の拡大は「学校的男女平等」すなわち「学校的能力主義競争世界」が学校外にも全面化した社会のあり方を象徴しているといえるだろう。

このように保守的なジェンダー観と女性活躍政策は論理的に結びついている。つまり男女の性役割意識は維持したまま、「男は強く女は可愛く」という規範はそのままで、資源や地位をめぐる競争に女性も参入するのが「女性の活躍」であり「男女平等」なのである。

学校的競争とは公平な環境下で各自の能力を自由に発揮できる競争とされている。しかし近年の「子どもの貧困」論でいわれているように、子どもたちは決して平等に生まれついてはなく、家庭の経済力や親の社会的地位、家庭環境等によって多様に異なる背景をもち、また外国籍の子も増えている（苅谷 2001）。学校空間においてすらスタート地点が平等な競争が保障されているとはいえない。

学校を出た後の雇用市場では、非正規化が進み、非正規労働者のマジョリティは女性である。男女賃金格差は非正規労働者を含めると縮小していない。シングルマザーへの公的支援は削られている。問題は、「男女平等な競争」イデオロギーによって、このような依然として存在する「女性の貧困」が、性差別の結果ではなく、「平等な競争」の正当な結果とみなされ、批判できなくなることである。「女子力」言説はそのような実態を覆い隠すことに貢献し、フェミニズムの必要性を不可視化する。そして、もうひとつの問題は、そのような女性の貧困化を報じる調査研究や報道が、「女子力」のようなイデオロギー的側面についてはほとんどふれないことである。おそらくこれこそが、ネオリベラリズムがフェミニズムにもたらした構造的ダメージではないだろうか。

このような状況は、戦争政策とどのように関連しているだろうか。前に述べたように現在の日本で戦争とフェミニズムの関連はアメリカ合衆国ほど明瞭に見えてはいない。しかし、女性活躍政策のなかで自衛隊も対象領域とされており、女性自衛官の採用率の増加が目指されている[3]。

また「慰安婦」問題に戻ると、韓国や世界各地で建立される「慰安婦」被害者を模した少女像の撤去を日本政府が韓国政府に対して要求し国際問題となっている。

以上のような日本社会の変化は、女性の位置をめぐる変化として考えることができる。ある一定の条件を満たす女性のあり方は歓迎され、そうでないありようは排除される。その際にフェミニズムという社会的存在がアメリカ合衆国同様に、実体とはずれる混乱した位置に置かれている。社会の大規模な変化を支持するものとしてフェミニズムは認知され、とくに競争主義に沿うものとみなされている。これは、ナンシー・フレイザー（Fraser 2009）が批判するアメリカ合衆国のフェミニズムをめぐる状況と同じである。

「女性」の主体は、権威に従属するという側面をより明示的に表現するように変化した。言い換えれば、「女性」を構築する権力作用に、国家がより深く介入する事態が起きているのである。戦争の暴力に近いところに、「女性」が位置づけられていこうとしている。

6．新たな性の政治の登場

さらにフェミニズムが直面しているもうひとつの課題がある。ジュディス・バトラーは、前節で取り上げた「抑圧されたアフガニスタンの女性」を構築する戦争の枠組みに続いて、新しい性の政治の出現を論じている。

> 問題になっているのは単なる共生ではなく、現代の権力地図の中で、格差をともなった主体形成の政治が、いかに、(a) 偽りの自由概念の名において、性に関する進歩主義者たちを動員して新しい移民と対立させようとしているのか、そしていかに、(b) 近年の、そして現在も続いている戦争を正当化すべく、ジェンダー／セクシュアル・マイノリティを配置しているのか、ということなのだ。（Butler 2009=2012: 44）

具体的にはたとえば、イラクのアブグレイブとキューバのグアンタナモの米軍基地における米軍兵士による捕虜に対する性暴力という出来事である。それらを写したデジタル写真は、女性を含む米兵がアラブ系と見られる捕虜に対して「同性愛的」行為を含む性的行為を強制した場面を示しており、見る者に大きな衝撃を与えた。

このスキャンダルに対して２通りの批判の仕方があった。第一にこれらの拷問はアラブの人々の文化に対する侵害だとするものであり、第二はすべての拷問は文化と関わりなく断罪されるというものであった。バトラーはこれらの批判を超えてさらに拷問の意味を問おうとする。というのは、バトラーにとって、これらの写真をどのように読み解くかという問題は、現在のジェンダー／セクシュアリティをめぐる矛盾した政治地図に関わっているからである。

すなわち、これらの拷問を、性に関して抑圧的な文化をもつイスラムへの侵害だと考えるのでは、敵を「遅れた、非文明化された」存在とする枠組みを超えられない。そのように敵を意味づける性的コード自体が拷問を貫いている論理であり、そもそも戦争を構築しているものだというのに。

さらに、バトラーが問題にしているもうひとつの例を挙げよう。オランダの市民統合試験では新しく移民の申請をする者には、２人の男性がキスしている写真を見せ、同性愛を受け入れるかどうかを市民資格の条件に含めた。これは、同性愛とみなされる行為の承認を市民資格に結びつけたものだが、見逃しやすい政治作用を引きずっていることに気づかなければならない。セクシュアル・マイノリティの承認を掲げる政治勢力は、この市民資格の承認のための条件を歓迎するかもしれない。市民であるための規範という次元に、性的指向の自由が認められたこととして。しかしバトラーは抵抗する。

> もちろん、わたしは人前で公然とキスをしたいと思う――そこは間違えないで欲しい。しかし、あらゆる人が公然とかわされるキスを見てそれを是認してはじめて市民権を獲得できるようになるべきだ、と主張したいだろうか？そうは思わない。（同: 137）

ここで避けられているのは、「性の政治」が人種主義や宗教に基づく差別に対する闘いと分断される動き、まさに現在進められつつある動きを見逃すことである。ある規範、自由や平等を表現すると考えられている規範が、ある制度的な枠組みに統合されることと等値されることの危険を明らかにしようとしている。バトラーの危惧を通して、ヨーロッパの排他的な包摂と戦争の枠組みが重なりつつある現状、およびそれに対峙する難しさが理解されるだろう。

ジャスビル・プア（Puar 2008）はアメリカ合衆国で進むこのような「性の政治」を「ホモ－ノルマティブ・ナショナリズム（homo-normative nationalism)」として分析している。アメリカ合衆国は「テロとの戦争」において、救済されるべき「アフガニスタンやイラクのムスリム女性」を構築したのに続いて、異性愛主義と矛盾しない「ホモセクシュアルな身体」を見出した。同性愛を世界に先駆けて承認するアメリカ合衆国は、それゆえ「例外的」に優れた存在であると語られることになる。「男女平等」に加えて、承認されるホモセクシュアルの存在によって、アメリカ合衆国の「例外主義」は更新される。

さらに、日本でも同様の動きが進行していることに気づくのは難しくないだろう。これまで続けられてきたセクシュアル・マイノリティに関する多様な運動は、2015年の渋谷区「パートナーシップ条例」(渋谷区男女平等及び多様性を尊重する社会を推進する条例)と引き続く地方自治体の同様の動きにより一挙に弾みを得たかのようである。この動きも、どのように評価すべきか葛藤を呼び起こしている。フェミニズムがこれまで女性を抑圧する制度として批判してきた結婚制度へ同性カップルが参入を許されるとしたら、性の政治はどのように変化するのだろうか？　ただいえることは、手放しにこの変化を肯定することは、結婚制度のもつ政治性を覆い隠す効果をもっているということである。結婚という枠組みはどれほど価値のあるものなのだろうか。その枠組みを承認することの危険はないのだろうか。

バトラーがオランダの市民統合試験について、「特定の文化的な規範の強制的な採用が、自由を具現したものとみずからを定義している政治体に参入する前提条件となる」(Butler 2009=2012: 136) ものとして批判したように、マイノリティの承認が国家の支配的な制度と結びつけられるとき、その政治性は隠蔽される。

さらに、ジェンダーフリー・バッシングを行ってきた政治潮流が、LGBT等のセクシュアル・マイノリティの人権に関する取り組みを始めるなかで、「歴史的・宗教的にセクシュアル・マイノリティに寛容な国」として日本が語り直されていく[4]。このとき、プアが考察したアメリカ合衆国の例外主義と「寛容な日本」がオリエンタリズムを介して奇妙に符合していくのである。

日本とアメリカ合衆国が協働する「性的例外主義」は何を意味しているのだろうか。ここで注目したいのが、バトラーが、上記の「性の政治」を考察する際に「時」への問いから始めていることである。捕虜に対する性的拷問の光景から立ち上がってくるのは、「敵」を文化的に「遅れた存在」と位置づけ、「文明化」する使命を帯びた主体である。拷問の対象は「前近代的時間性」を意味するものとされ、主体は「進歩」したものとして理解されているのだが、その際セクシュアリティの領域がそれらの近代性をめぐる序列的配置を行う中心的な舞台となっているのである。そのため、米軍自体のもつミソジニー（女性嫌悪）やホモフォビアはないことにされ、敵とされる「アラブ」へ外部化される。拷問の主体は、性に関する「遅れた規範」を克服した進歩的主体であると宣言される。

バトラーはこのように拷問を分析することによって、欧州やアメリカ合衆国を「性的急進主義がおこり得る、そして実際におきる特権的な場」（同: 131）と認識することから距離を置こうとしている。これは何を意味しているのだろうか。私たちは、ジェンダーやセクシュアリティに関する現象について「解放」や「自由」や「反差別」を目指し、思考したり議論したり実践したりする。そして文化的にあるいは政治的に「進んでいる」地域や国と「遅れている」それを区別し序列をつけようとする。そのような時間性の配分と進歩の観念は地政学的制約と結びついている。欧米を性的に進んだ空間、イスラムを遅れた空間とみなす理解が何を閉ざしてしまうのか、という問いに目を向けることをバトラーは促している。

私たちはここで、「慰安婦」問題に関する論争が氷結された瞬間に立ち返ってみよう。ジェンダーや民族の境界に拘束され、また「欧米」と「アジア」のはざまで揺れる私たち。おそらく、「慰安婦」問題を通して、私たちは、このような境界がモザイク化し、そのモザイク化も「帝国」を利するかたちに収斂されている「状況布置（constellation）」それ自体を批判することを求められている。そうでないかぎり、例外を騙る帝国のパラダイムからは脱却できないだろう。

バトラーは、「（フェミニズムや性の自由といった）『進歩的な』国内政治のアジェンダが戦争や反移民政策のために動員され、それどころか性的拷問の理由にまで動員されるのを妨げる方法」（同: 40）を見出し、性の政治と戦争や人種主義の主題が切り離されることに抵抗している。それは、マイノリティを取り込むことで再活性化される帝国の権威によって抑圧が隠蔽され、再生産されることへの抵抗である。

7. おわりに

現在も世界は植民地主義が歪んだかたちで前面化するなかで動いている。フェミニズムが直面している課題から見えてくることは、差異とそれに基づく境界が帝国の戦争を生起させるなか、ジェンダーやセクシュアリティの自由を掲げることが複雑な政治性をもっていることである。フェミニズムや性の自由を求める運動が、戦争や人種主義に動員されかねない今、境界の中に閉じこもることも、逆に境界を超える地点を安易に想定することもできない。

また、日本という場所を考えると、欧米とアジアという二極間で揺れる立場に私たちは実際には置かれているのだろうか。日本の政治は限りなく帝国へ寄り添い続けており、その一翼を担おうとし、また日本社会内もそれゆえの変化と矛盾にさらされている。「慰安婦」問題の論争で浮かび上がった「民族」とジェンダーの境界の二元論的対立は、存在しないことに気づかなければならない。「民族」もジェンダーもともにモザイク化されて戦争へ動員されていく。欧米とアジアという言説の軸はどちらかを選べるようなものではない。だがその間に主体を立ち上げることもできない。フェミニズムが超えるべきものがあるとすれば、単にナショナリズムというよりは、多様なカテゴリーがモザイク化して散りばめられ構成されたこの戦争という名の暴力そのものと、その背後にある植民地主義だろう。

社会的な女性の表象がどんどん変化し、権力を担う主体としての女性性を分析することが求められるなか、バトラーのいう「可傷性・脆弱性（vulneravility）」の概念を分節化することは意味があるかもしれない。フェミニスト という（半）主体はあまりに利用され、意味を共有するのが難しい状況がある。社会的な権力を相対的にもたないこととして「弱さ」を考えるとき、戦争に対してフェミニズムがよりどころにできるものとなるだろう。

《註記》

1 ――この点について、詳細は菊地（2010）第8章参照。

2 ――荒井信一（2016）も参照。

3 ――すべての女性が輝く社会づくり本部「女性活躍加速のための重点方針 2015」（2015年6月 26 日付）など（http://www.kantei.go.jp/jp/topics/2015/josei/20150730siryou2.pdf）。

4 ――たとえば2016年5月、自民党が「性的指向・性自認の多様なあり方を受容する社会を目指すためのわが党の基本的な考え方」を発表。冒頭に「わが国においては、中世より、性的指向・性自認の多様なあり方について必ずしも厳格ではなく、むしろ寛容であったと言われている」とある。

《引用・参考文献》

青山薫（2007）『「セックスワーカー」とは誰か――移住・性労働・人身取引の構造と経験』大月書店。

荒井信一（2016）「対テロ戦争とパレスチナ問題」『歴史学研究』No.947：48－56。

上野千鶴子（1998a）『ナショナリズムとジェンダー』青土社。

――――（1998b）「ポスト冷戦と『日本版歴史修正主義』」日本の戦争責任資料センター編『シンポジウム ナショナリズムと「慰安婦」問題』青木書店：98－122。

大越愛子（1992）「フェミニズムは問われている」『情況』3巻5号：15－33。

海妻径子（2005）「対抗文化としての〈反「フェミナチ」〉」木村涼子編『ジェンダー・フリー・トラブル』白澤社。

加藤典洋（1997）『敗戦後論』講談社。

苅谷剛彦（2001）『階層化日本と教育危機――不平等再生産から意欲格差社会へ』有信堂。

菊地夏野（2010）『ポストコロニアリズムとジェンダー』青弓社。

――――（2016）「『女子力』とポストフェミニズム――大学生の『女子力』使用実態アンケート調査から」名古屋市立大学大学院人間文化研究科『人間文化研究』25号：19－48。

金富子（1998）「朝鮮人『慰安婦』問題への視座」日本の戦争責任資料センター編『ナショナリズムと「慰安婦」問題』青木書店。

「戦争と女性への暴力」リサーチ・アクション・センター（2015）『日本人「慰安婦」――愛国心と人身売買と』現代書館。

宋連玉（2011）「『慰安婦』・公娼の境界と帝国の企み」『立命館言語文化研究』23号：203－208。

高橋哲哉（1999）『戦後責任論』講談社。

平井和子（2014）『日本占領とジェンダー――米軍・売買春と日本女性たち』有志舎。

前田朗（1998）『戦争犯罪と人権――日本軍「慰安婦」問題を考える』明石書店。

若桑みどり（1995）『戦争がつくる女性像——第二次世界大戦下の日本女性動員の視覚的プロパガンダ』筑摩書房（＝2000、ちくま学芸文庫）。

Bjorken, Johanna, Clarisa Bencomo and Jonathan Horowitz (2003) "Climate of fear: sexual violence and abduction of women and girls in Baghdad," *Human Rights Watch*, 15 (8): 1-17.

Butler, Judith (2009) *Frames of War*, London & New York, Verso.［ジュディス・バトラー／清水晶子訳（2012）『戦争の枠組——生はいつ嘆きうるものであるのか』筑摩書房］

Eisenstein, Zillah (2008) "Resexing militarism for the globe," in Robin L. Riley, Chandra Talpade Mohanty, Minnie Bruce Pratt eds., *Feminism and War: confronting U.S. imperialism*, London & New York: Zed books.

Fluri, Jennifer L. (2008) "'Rallying public opinion' and other misuses of feminism," in Robin L. Riley, Chandra Talpade Mohanty, Minnie Bruce Pratt eds., *Feminism and War: confronting U.S. imperialism*, London & New York: Zed books.

Fraser, Nancy (2009) "Feminism, Capitalism and the Cunning of History," *New Left Review*, Vol.56 March/April: 97-117.［ナンシー・フレイザー／関口すみ子訳（2011）「フェミニズム、資本主義、歴史の狡猾さ」『法学志林』109巻1号：27−51］

Puar, Jasbir (2008) "Feminists and queers in the service of empire," in Robin L. Riley, Chandra Talpade Mohanty, Minnie Bruce Pratt eds., *Feminism and War: confronting U.S. imperialism*, London & New York: Zed books.

第4章

覆され続ける「予期」

映画『軍旗はためく下に』と「遺族への配慮」の拒絶

立命館大学　福間良明

1.「予期」への問い

戦争体験をめぐる議論を規定してきたもののひとつに、「遺族への配慮」がある。戦後、戦場体験者は、慰霊祭の挙行や手記集・戦友会機関誌の刊行等を通して、過去の体験に言及してきたが、しばしば指摘されるように、遺族に対しては「凄惨で醜悪な戦場の現実」を伝えるべきではないという意識が、元兵士たちのあいだで共有されていた。それもあって、戦場での餓死や部隊内での制裁（私刑）による死、あるいは暴虐行為や人肉食といった体験は、遺族を前にして語られることはまれであり、遺族もまた、肉親の死を意義づける論理を模索した。日本遺族会が1960年代から70年代にかけて、靖国神社国家護持運動に取り組んだことは、その好例であろう。その意味で、吉田裕『兵士たちの戦後史』（2011年）でも指摘されているように、「遺族への配慮」は「客観的には、証言を封じるための『殺し文句』となってい」た（吉田 2011: 187）。

だが、戦後の戦争映画をひもといてみると、遺族を主人公にした映画ながら、美しい戦没者像や心地よい戦争の語り口を覆そうとするものが、ごくわずかではあるが見られなかったわけではない。そのひとつとして挙げられるのが、深作欣二監督『軍旗はためく下に』（東宝・新星映画社、1972年）である。

主人公は、遺族年金が支給されない未亡人・富樫サキエ（左幸子）であり、

映画『軍旗はためく下に』（1972年）ポスター

夫の陸軍軍曹・富樫勝男（丹波哲郎）は、終戦時に「敵前逃亡」のかどで軍法会議にかけられ、処刑されたことになっている。だが、当時の状況を裏づける記録はないため、サキエは夫への処分を受け入れることができない。サキエは、夫が靖国神社に合祀され、また全国戦没者追悼式での戦没者として認定されるよう、毎年8月15日を期して厚生省に陳情に赴き、担当官に「あたしだって、できれば天皇陛下と一緒に父ちゃんのために菊の花あげてやりたいですよ」[1]と胸中を吐露する。だが、夫の無実を明らかにすべく、かつての戦友たちに聞き取りを重ねるなかで、思いもよらない軍隊内部の歪みや暴力を知ることとなる。映画のラストでサキエは「父ちゃん、あんたやっぱり天皇陛下に花あげてもらうわけにいかねえだねえ。もっとも何をどうされたところで、あんたは浮かばれもしめえがよう」と嘆息する。それは、死者に内在的に迫ろうとする延長で見出された虚飾への嫌悪でもあった。

そこでは、「遺族への配慮」に通じる死者像がさまざまに覆されつつ、戦後の「死者の語り」の欲望が照射される。考えてみれば、「遺族への配慮」は必ずしも遺族のみの問題ではなく、戦後の大衆的な戦争イメージとも結びつくものである。「正しさ」や「美しさ」を帯びた死者像は、戦争大作映画をはじめとしたポピュラー文化のなかで多く語られてきたが、そのことは末端の兵士の暴虐や狂気、軍隊の組織病理に起因する無意味な死といった問題を、半ばタブーとして後景に退ける状況を生んだ。その点で、『軍旗はためく下に』は例外的な戦争映画であった。遺族の情念を突き詰める先に「遺族への配慮」が破綻し、また、死者への内在的思惟が死者の美化への拒絶につながる。こうした逆説が、かつては少ないながらも、ポピュラー文化のなかで扱われていた。

本章では、「遺族」に焦点を当てたこの映画を、戦後の戦争体験論史とも重ね合わせながら読解し、戦後における「死者」をめぐる予期について検討を試みたい[2]。

2.「遺族への配慮」をめぐる欲望

戦争の傷痕の戦後

この映画の原作は、直木賞を受賞した結城昌治の同名小説（1970年）である。結城はこのなかで、「敵前逃亡・奔敵」「従軍免脱」「司令官逃避」「敵前投与逃亡」「上官殺害」という5つの事件を、独立したかたちで扱っている。

1927年生まれの結城は、戦争末期に志願して海軍に入隊したものの、病気のためすぐに帰郷し、戦場での体験はもたなかった。だが、戦後初期に東京地検保護課に勤務し、サンフランシスコ講和条約に伴う恩赦の事務にあたり、2万件以上の軍法会議判決書に目を通した。そこで結城がつよく印象づけられたのは、「外地における軍法会議は軍規維持を名目にほとんど下士官と兵隊のみを処罰」している事実であった。

結城は、「召集令状一枚で駆出され、虫けらのように死んだ兵隊たちの運命に自分をなぞらえ」つつ、「あの大勢の兵隊たちは、いったい誰のため何のために死なねばならなかったのか」について、考えざるを得なかった。小説『軍旗はためく下に』の着想の根底には、このときの経験があった。結城は、関係者・生存者への聞き取りを重ね、戦友会や憲兵の新年宴会にも同席して取材を行ったが、そのたびに痛感したのは、「戦争の傷跡がまだまだ多くの人の胸になまなましく生きている」ことだった。こうした思いから、「腐敗した高級将校と悲惨な兵士の有様」を描き出そうとしたのが、この小説だった（結城 1973: 360）。

これにつよい印象を受けた深作欣二は、読後すぐに自ら結城との交渉にあたり、自費100万円を費やして映画化権を買い取った[3]。1930年生まれの深作は、軍隊や戦場での体験はなかったため、戦争の問題に深い関心を有しつつも、戦場の実相を描く映画を手掛けることにはためらいがあった。しかし、結城の原作を読んで、「これなら戦後史ができる」「これなら戦争を実体験してなくても描く資格があるだろう」という思いを抱いたという（深作・山根 2003: 216）。

> 原作は戦後の視点から書いてあるんです。戦後もずっと戦争の傷痕を引きずってる連中の体験記です。だから、これなら自分がやりたいと思っていてできなかったことが、戦後史を引きずってるというテーマでやれるという喜びがあったのかな。戦場を描くのは二の次で、戦争を知らないで通り過ぎてきた女が、亭主も帰ってこない、ひどい、とか、ずっと傷痕を引きずりながら豚と一緒に埋立地に生きてる人間とか、あの原作を読んでるうちにアイデアがぽんぽん出てきましたからね。（同 : 216）

戦場体験がない深作が原作に読み込んだのは、戦場体験そのものというより、体験者や遺族の戦後であり、彼らが軍隊との軋轢や戦争の傷跡を戦後一貫して引きずっているさまであった。映画『軍旗はためく下に』は、こうした関心に根差して製作された。

当初は、新藤兼人に脚本を依頼したが、性欲に重点を置いたストーリーが意に沿わず、深作自ら「上官殺害」に焦点を当てるかたちでシナリオを書き改めた。原作にはないサキエを主人公にしたのも、深作の意図であった。深作の思い入れのほどがうかがえよう[4]。

遺族をめぐる不平等

映画は、天皇が 1971 年 8 月 15 日の全国戦没者追悼式で「心から追悼の意を表す」ことを語る場面で始まる。政府主催の全国戦没者追悼式は、占領終結直後の 1952 年 5 月 2 日に開催されたが、その後はしばらく途絶え、1963 年以降、毎年 8 月 15 日に開催されることが定例化した。戦没者叙勲も、それに合わせるかのように、1964 年 1 月から再開された。この映画が公開され、また映画の舞台でもある 1970 年代初頭は、死者を公的に顕彰する動きが際立ちつつある時期であった。

しかし、これに続く場面は、戦没者追悼をめぐる不平等を浮かび上がらせる。上述のように、サキエの夫・富樫勝男はニューギニア戦線において敵前逃亡のかどにより死刑に処せられたとして、サキエは全国戦没者追悼式にも招待されず、遺族年金も支給されない。

かといって、実際の罪状を示す文書は、軍法会議の記録すら残されておらず、戦没者連名簿に「敵前逃亡」により処刑されたことが記載されているにすぎない。不服を申し立てるサキエに対し、厚生省の担当官は、軍法会議の文書も含めて、終戦時に機密文書が焼却されたことに言及するが、「ほんなら、うちの人が死刑になったという証拠もないわけでしょ」「ですから、われわれはこの連名簿を信用するしかないんですよ。何かほかに有力な証拠でもない限りはねえ」と、堂々巡りの議論が交わされる。

そこに浮かび上がるのは、国家が顕彰すべき死者を一義的に決定する暴力である。当事者の異議申し立てが顧みられることは少なく、「何かほかに有力な証拠」を自ら集めるという、気が遠くなるような労苦を強いられる。かつ、行政組織の官僚制がこれを後押し、請願を重ねても一向に事態が進展しない状況を生む。サキエが厚生省を訪れた際の「父ちゃん、また課長さんが変わったんだと。同んなじ話ばっかり、何べん繰り返したら済むだかねえ」という独白が、それを暗示する。

サキエが暮らす漁村でも、「恩給きちげえとはよく言ったもんさ。昔なら脱走兵の家族なんちもんは村八分にされて当たり前としたもんだってんがよ」という罵りをしばしば受けてきた。だが、彼女は涙を押し殺しながら、厚生省の担当官に「私はあきらめません。私があきらめたら、うちの人は永久にうかばれねえじゃねえですか」「死んでから26年経つちゅうに、ほかの遺族の人たちは天皇陛下と一緒に追悼式に出て菊の花あげてるっちゅうに、なんでうちの人だけ、ろくすっぽ証拠もなく……。あたしだって、できれば天皇陛下と一緒に父ちゃんのために菊の花あげてやりたいですよ」と語る。それは、一般の遺族との不平等をめぐる深い怨念を物語るものであった。

死者像の選別

その後、サキエは富樫の最期を知っているかもしれない関係者に会って、真相を探ることになる。厚生省のほうでも、度重なるサキエの請願もあって、部隊の生存者に照会を行っていたが、うち４名からは返事が届かなかった。そこにはおそらく何らかの事情があるのだろうし、遺族であるサキエが直接会えば、何か手がかりが得られるのではないか。こうした厚生省担当官の勧めもあって、サキエはその４名のもとを訪れることになる。

最初に会ったのが、富樫の部下だった元陸軍上等兵・寺島継夫（三谷昇）である。寺島は、東京湾の一角を埋め立てた集落で、養豚業を営んでいた。澱んだ水溜まりにゴミや廃棄物が散乱し、ネズミの死骸も見られる不衛生な一帯は、飢餓やマラリアが蔓延した戦争最末期のニューギニア戦線を思わせる。

そこで語られる富樫像は、戦場馴れした勇敢な下士官の姿であった。戦場での経験が厚い富樫は、「先遣隊が危ない。救援に行く」として成算を欠いた総攻撃を命じる学徒上がりの小隊長（少尉）に対し、敢然と異を唱え、部下たちの無駄な死を阻もうとする。小隊長は半ば逆上して、「おれに続け」と単独で出撃するが、案の定、敵軍の機関銃の餌食になって命を落とす。富樫はそれを見て「死にゃあいいってもんじゃねえんだ」と呟く。寺島は、それによって救われた部下のひとりであった。

しかしながら、最終的に師団本部より総攻撃が命じられる。寺島はそのとき、マラリアにかかって、行軍に耐えられない状態であったため、自決を迫られることが予見された。しかも、青酸カリや手榴弾を使っての自決ではなく、武器弾薬や物資の逼迫のゆえに、空の注射器を心臓に刺し、空気を注入しての死が強要されようとしていた。それを見かねて、富樫は寺島に芋２本を渡して逃亡させ、別の部隊に合流するように促す。富樫は、その後、総攻撃に加わり、華々しい戦死を遂げる。

寺島がこう語ったことを受けて、サキエは「それじゃぁ父ちゃんが脱走したわけじゃないんですね」と満面の笑みを浮かべ、寺島も「富樫さんは立派な戦死です。きっとあの戦場馴れした身ごなしで敵陣へ突っ込んでいったにちがいありません」と答える。

それを受けて、サキエは喜々として、そのことを厚生省の役人に証言するよう、寺島に依頼する。それは、サキエが夫の無実を晴らしたいという思いがあったからではあるが、見方を変えれば、寺島が語る富樫像が、サキエが求めるものと完全に合致していたことを意味する。それは、ともすれば遺族が、自らに心地よい死者像を求めがちなことを浮き彫りにする。「遺族への配慮」は、凄惨な戦場の実相や幾重にも暴力が入り組んだ軍隊の構造を見えにくくするが、それは往々にして、遺族が求めようとするものでもあった。

いわば、「遺族への配慮」は体験者と遺族双方の共犯関係によって成り立っていることを、この場面は暗示する。

しかし、寺島はサキエのこの依頼を拒絶する。寺島は、どことなくやましいものがあるかのような表情を浮かべつつ、「私はね、こんなゴミ溜めみたいなところに住み着いて10年以上になります」「綺麗になった町で人と会ったり話をしたりすることがいやなんです」と語る。凄惨な戦争体験のゆえに、高度成長を果たした戦後の豊かさに溶け込めず、衛生さえ欠いたかのような汚濁と混沌を、寺島は選ぼうとする。

それでも、寺島は改めてサキエに念押しするかのように、「これからほかの人にもお会いになるんでしょうが、誰が何と言っても、富樫さんは立派な戦死です。私はそう信じています」と語る。そのとき、カメラは寺島にフォーカスしつつ、それまで汚物や湿気にまみれていた一帯を後景化させ、そのピントをずらすことで、小ぎれいに光が乱反射する背景を浮かび上がらせる。死者を美しく語ることが、汚濁にまみれた戦争体験を後景化させ、糊塗することを暗示するかのような場面である。

喜劇の重さ

サキエはその後、元陸軍伍長の秋葉友孝（関武志〈コント・ラッキー7〉）のもとを訪れる。秋葉は漫才師として舞台に立ち、そこでいまだ敗戦の事実を知らない日本兵を演じていた。相方のポール槙（ポール牧〈コント・ラッキー7〉）に「竹槍で戦ったって、アメリカに勝てるわけがない」「ころっと負けちゃったんですよ」と言われて、「そんじゃ、俺はこんな赤紙で何やってたんだ」と投げつけるところで、観客は抱腹絶倒する。

当時の観衆がこの場面から想起したのは、1972年2月にグアムから帰還した元陸軍軍曹・横井庄一であろう。歩兵第三十八連隊に所属していた横井は、1944年にグアムに送られ、アメリカ軍との戦闘に狩り出された。グアム守備隊壊滅後、横井は山中に撤退してゲリラ戦を展開したこともあり、ポツダム宣言受諾を知ることはなく、26年余をジャングルのなかで過ごした。帰国時の「恥ずかしながら生きながらえて帰ってまいりました」という発言も、戦後の日本国民につよい印象を与えた。同年2月2日のNHK報道特別番組『横井庄一さん帰る』は、41.2%という高視聴率をあげた。秋葉の漫オシーンは、明らかに横井庄一をはじめとする残留日本兵問題を思い起こさせるものであった。この映画のパンフレットに横井の発見を報じた新聞記事（『朝日新聞』1972年1月26日）が掲載されていることも、それを示すものである。

秋葉が舞台から下がると、サキエは楽屋を訪れ、富樫の最期のことを尋ねる。秋葉は富樫をほとんど思い出せずにいるが、サキエが寺島に聞いた富樫の華々しい死に言及すると、やや忌々しげに、「私の知ってる限りじゃ、あのころはそんな格好のいいまねは、したくてもできなかったんでさぁ」と答える。サキエは、「それじゃぁ、総攻撃も斬り込みもなかったって言うんですか」と食い下がるが、「ああ、とてもとても。そんな状況じゃぁ、なかったんですよ」「大砲は部隊に12門あっても、使えるものは皆無。機関銃は48丁のうちひとつだけ」「三八式歩兵銃にしてからが、あんた、持っているやつは3分の2ぐらいなものでっせ。残りは竹槍よ。竹槍で戦えって言われたんだからねぇ」と、ぶざまでしかない戦場の様相を語る。

それを楽屋で聞いていたポール槙は、「ハッハッハッ、それじゃ先輩は、いまの舞台と同んなじことをやってきたわけですねえ」と笑い転げる。だが、裏を返せば、秋葉は自らの体験をあえて喜劇として語っていたことになる。秋葉は続けて、「なかったのは武器や弾薬だけじゃねえんだ」「作戦を立てたお偉方は何にもわかっちゃいねえんだ」と呟くが、そこには容易には抑えがたい憤りが垣間見える。では、なぜ、自らの惨めで重い体験を、あえて「笑い」に結びつけようとしたのか。戦争最末期の南方戦線を扱う漫才であるだけに、台本は体験者である秋葉が手掛けていることは容易に想像されるが、だとしたら、なぜ、自身のおぞましい体験を喜劇として扱おうとしたのか。

映画のなかでは、その点に詳しく言及されることはないが、映画監督・岡本喜八のエッセイには、それを考えるうえで、示唆的なものがある。1924年生まれの岡本は、明治大学専門部商科に進んだものの、学徒出陣のため繰り上げ卒業となり、陸軍工兵学校に入隊、豊橋予備士官学校で終戦を迎えた。戦後、岡本は、『独立愚連隊』（1959年）、『独立愚連隊西へ』（1960年）、『江分利満氏の優雅な生活』（1963年）、『血と砂』（1965年）、『肉弾』（1968年）など、多くの戦争映画を手掛けた。活劇の要素が多い作品も少なくはないが、そこでもコミカルな描写が少なからず散りばめられていた。ことに『江分利満氏の優雅な生活』や『肉弾』は、自らの戦争体験を重ねつつ、ぶざまな学徒兵の悲哀や怒りをコミカルに描いている。

岡本は「愚連隊小史・マジメとフマジメの間」(『キネマ旬報』1963年8月下旬号)のなかで、「士官学校の庭に250キロバクダンが落っこちて同室の戦友の99%がハラワタをさらけ出し、足や手を吹っとばし、頸動脈をぶった切られて死ンだ」さまに居合わせた自らの戦争体験に言及しつつ、『独立愚連隊』や『独立愚連隊西へ』を手掛けた意図について、以下のように述べている。

> 戦争は悲劇だった。しかも喜劇でもあった。戦争映画もどっちかだ。だから喜劇に仕立て、バカバカシサを笑いとばす事に意義を感じた。戦時中の我々はいかにも弱者であった。戦後13年目の反抗は弱者ノツヨガリだったかもしれない。しかし弱くてちいちゃなニンゲンであった兵士たちにとって、バカバカシサへの反抗は切迫した願望でもあった。
> あまりに切迫した願望のせいか、独立グレン隊は小高い視野にも立たず、慟哭もせずフマジメに誕生した。(岡本 1963=2011: 53)

岡本は、戦争映画を「喜劇に仕立て」ることで、「バカバカシサを笑いとば」そうとした。それは「弱者ノツヨガリ」「バカバカシサへの反抗」に根差すものであった。岡本は決して悲劇としての戦争描写を否認するわけではなく、「ひめゆりの塔やきけわだつみの声にはただもうヤミクモに泣いた。ナミダが眼鏡のタマにたまっちゃって、殆ンどアウトフォーカスの画面になっちゃうほど泣いた」とも語っている。だが、「オレニハコンナマジメナ戦争映画ハ作レナイ」という思いと同時に、戦争を喜劇として語ることの可能性に賭けようとした(同: 50)。いうなれば、岡本にとって、戦争体験は喜劇に仕立てるしかないほどの重さをもっていた。

『軍旗はためく下に』の秋葉の漫才も、岡本喜八のこうした情念につながるものである。戦争体験を「笑い」に結びつけて語ることは、それまでのサキエの言動を見てきたオーディエンスにはやや場違いなものに感じられるかもしれない。だが、その違和感を通して浮き彫りにされるのは、「笑い」を挟まなければ向き合えないほどの体験の重さであろう。

「名誉の戦死」と「芋泥棒」

秋葉は、富樫のことは思い出せずにいたが、戦争末期の同じ部隊における軍曹をめぐる事件として、食糧争いに端を発する出来事について口を開く。

敵軍の攻撃を恐れ、日本軍兵士はジャングルに身をひそめたが、補給ルートが断たれていただけに食糧難は悲惨を極めていた。ヘビ、トカゲ、ミミズ、クモでさえ食い尽くし、「こと食い物に関しては、てめえ以外はみんな敵だった」という様相を呈していた。映画のなかでも、1匹のネズミをめぐって激しい争いが生じ、生きたネズミを口にくわえた兵士に血相を変えて襲いかかる他の兵士たちが描かれている。

秋葉はさらに、他部隊のイモを盗んで同じ日本軍に射殺された日本兵がいたこと、そして、それが「軍曹なのは確かだった」ことを付け加える。その話を聞きながらサキエは「そんなぁ、うちの人が芋泥棒だって言うだかね」「証拠があるのかね、証拠が」目を潤ませながら憤りをあらわにする。それは、「名誉の戦死」という予期を大きく覆すものであったが、逆にいえば、自らに心地よい証拠のみを求めようとする遺族の欲望も浮き彫りにされる。

これに対し、秋葉は「奥さん、気を悪くしねぇでおくんなさいね。はっきりした証拠があるわけじゃあごぜえません。無理に思い出そうとして、やっとこさ手繰り寄せた悪い夢なんですよ。ひょっとしたら、アシが喋っていることはみんな、漫才の続きかもしれねぇんだい」と語るわけだが、さら続けてうすら笑いを浮かべながら、こう述べる——「あっしゃねぇ、こうして生きておりやすがねぇ、こらぁ、余った分の人生なんですよ。ほんとうのやつぁ、あっちのほうですましてきちまったもんで」。

気がふれたかのような自嘲めいた秋葉の表情は、サキエにとって予期しないものであっただけに、サキエは困惑まじりの怪訝な表情を見せる。だが、それも、サキエが望んでいた話とはまったく対照的な、惨めで醜悪な戦場体験を裏打ちするものであった。

調和の拒絶

サキエは、さらに元陸軍憲兵軍曹の越智信行（市川祥之助）のもとを訪ねる。越智は復員後の荒んだ生活のなかでヤミ酒（バクダン）に浸ったために失明し、「按摩」を生業にしていた。越智はサキエに対して、「どっちの話がほんとうかなんて、私にはわかりません」と語り、富樫軍曹の名にも心当たりがないことを強調する。

ただ、戦後社会への相容れなさは、寺島や秋葉とも通じ合うものがあった。越智は戦犯容疑で豪州軍に捕まった過去にも言及しながら、「私はいま、自分が何のために生きているのかわからなくなってきてるんですよ。いっそあのとき、ひと思いに銃殺されたほうがよかったのかもしれない」「元憲兵っていうんで、内地でもアメ公に追い回されましてね」と、その胸中を漏らしていた。

越智が続けて「軍曹と言うと……」と核心めいた話にふれようとしたとき、仲居の妻（中原早苗）が帰宅する。妻はサキエに挨拶をしつつ、「仲居なんて商売も重労働なんですよ、ほほほ」「ゆうべは商店街の宴会で朝までなのよ」と話すわけだが、越智は「嘘なんですよ」とサキエに語りかけ、昨夜に妻が板前と肉体関係をもったであろうことを暴露する。

それまでのサキエとの会話からすればあまりに唐突な内容であり、そもそも配偶者の婚外の肉体関係を、見知らぬ第三者に語ること自体、予期せぬことではある。だが、この場面は、きれいごとに満ちた虚飾が実相を覆い隠すことを暗示する。越智の言葉を耳にした妻は「冗談じゃないわ、ゆうべは私、ちゃんと……」と抗弁するが、越智はサキエに向かって「どうです、図星って顔しているでしょう」と語る。それは、ともすれば「戦争の語り」が美しさに満ち、それが少しでも疑われると、いきり立ってさらに美しさを糊塗しようとするような言説のありようを指し示す。以降の越智の話は、一面では美しさの虚飾を剝ぎ取ろうとするものであった。

越智は「お断りしておきますがね、あんまり気持ちのいい話じゃありませんよ。それにその事件の関係者がご主人かどうかもわからない。わかっているのは、ただその男が軍曹だったということだけなんです」としながら、サキエとの話の続きに移ろうとする。そのとき、越智の妻は、おぞましい戦場の実相が語られるであろうことに怯えつつ、つくり笑いを浮かべて、「ま、おひとつどうぞ」とサキエに煎餅を差し出す。通常であれば、無理にでも笑みを浮かべて受け取るものだが、サキエはこわばった表情のまま、妻や煎餅に視線を向けることなく、「聞かせてくだっせぇ、お願えします」と越智に懇願する。それは、オーディエンスの予期を裏切るものではあっただろうが、見方を変えれば、客に出される煎餅に象徴される「当たり障りのなさ」を拒む意図が透けて見える。

そこで越智が口にしたのは、「戦友を殺して、喰っちまったんです」という人肉食の事実であった。画面では、サキエの驚愕とともに、煎餅を口にくわえた妻の衝撃の表情も映し出される。来客との当たり障りのない調和をとりもつ煎餅ではなく、戦場では人の口に人肉がくわえられていたであろうことを、つよく想起させるシーンである。

映画のなかでは、人肉とは明かさずに、それを塩と交換することを求めて、他部隊に赴く富樫と、それに激しく食欲をそそられる兵士たちが描かれている。さらに、富樫の帰路にあとをつけて、いい獲物（野ブタ）にありつこうとした兵士が、逆に殺されて食用の人肉にされたことをも示唆される。富樫は再びその部隊を訪れ、すでに腐臭を帯びた人肉と塩との交換を要求する。富樫の「煮りゃぁ、大丈夫だ」という言葉が、人肉食のさらなるおぞましさを浮き彫りにする。

越智は、ことの発端として「〔富樫らしき軍曹が〕戦友一名と脱走の途中、芋を盗まれたためにかっとなって殺してしまい、そのあとあんまり腹が減ったんで戦友の尻の肉を……」と説明するが、サキエは「いやぁ、やめてくだっせぇ」とおののき叫ぶ。

もっとも、越智にとって、人肉食は必ずしも他人事ではなかった。越智は、戦死した戦友の小指を遺骨代わりに切って焼いたときのことを回想して、「私は自分の鼻を覆う前に、思わず食欲をそそられたことを覚えていますよ」「私とあの軍曹とのあいだには、どれほどの違いもなかったんです」と語っていた。

サキエは越智宅を辞去したのち、道端に倒れ込みながら、「父ちゃんが人食ったなんて、バカくせえ」と呟き、「名誉の戦死」どころか、「芋泥棒」よりもはるかにおぞましい行為に起因する肉親の死を受容できないさまが描かれる。その背景には、スバルR−2やダットサン・サニーらしき乗用車が映し出される。高度経済成長はこれら大衆車の普及を後押ししたが、サキエの呟きには、それへの相容れなさも透けて見える。

同時に、これは越智にも当てはまるものであった。越智の自宅は老朽化した安普請の家であり、背景の高層マンションや大衆車との対比でも、このことが強調される。それは、越智にとっても経済成長に沸く戦後が親和性を欠いたものであることを浮き彫りにする。サキエが退出したあと、「誰にもわかりゃしねえんだ、ほんとうのことは」と頭を抱え込みながら寝そべるさまは、このことをさらに印象づけるものである。

3.「学徒兵の神話」の瓦解

学徒兵の暴虐

サキエは、厚生省係官が会うことを勧めた4名のうち、最後の大橋忠彦（内藤武敏）のもとへ赴く。高校の国語教師をしている大橋は、戦争末期には学徒出身の陸軍少尉として、ニューギニアの戦線に送られていた。

大橋は、サキエの問い合わせに対し、「戦争後に発覚したある事件」について語り始める。それは、兵士たちが共謀して上官を殺害したというものだった。殺害された小隊長・後藤少尉（江原真二郎）は、大橋と同じく学徒あがりの将校であったが、陸軍士官学校出身の将校や古株の下士官に舐められまいと、いつも肩肘を張っていた。それだけに、部下への暴力も過剰であった。

あるとき、連合軍パイロットが不時着し、後藤らの部隊で捕虜となった。捕虜は処刑されることとなり、師団参謀・千田武雄少佐（中村翫右衛門）は後藤少尉にその執行を命じた。映画のなかでは、後藤が率先してその役を買って出たことも暗示されるが、それも、学徒将校だからといって部隊のなかで軽蔑されまいといきり立つ心性の現れであった。

後藤は目隠しされた捕虜の頸部を軍刀で斬りつけるが、生身の人間を至近距離で殺害する恐怖に駆られ、何度やってもうまくできなかった。最終的に、千田少佐は憲兵に命じて、小銃で捕虜を殺害させたが、このことにより、千田をはじめとする部隊将兵の後藤への軽侮の念は、いっそう露骨なものとなった。

それから後藤は、前にもましてヒステリックになった。理由もなく部下を暴行し、ショベルで顔面を殴打して瀕死に陥らせることも珍しくなかった。

食糧は自ら管理・独占し、部下にはごく少量しか回さなかったため、兵士たちの衰弱も甚だしかった。にもかかわらず、必要以上の重労働を課し、重症のマラリア患者を使役に駆り立て、死に至らしめたこともあった。

分隊長の富樫軍曹がたまりかねて後藤に抗議したが、後藤は「貴様、上官の俺に反抗するのか」と逆上し、富樫に殴る蹴るの暴力を長時間にわたって振るった。

以上のようなことから、「このままじゃ俺たちは小隊長に殺されちまう」という危機感を覚えた兵士たちが、富樫を中心に後藤の殺害を決行する。大橋がサキエに語ったのは、こうした事実であった。

優等生と暴力の過剰

後藤のような狂気に満ちた学徒将兵像は、戦後日本において、あまり目立つものではない。むしろ、反戦志向で理性的かつ温和な学徒兵イメージが一般的である。戦没学徒遺稿集『きけわだつみのこえ』(1949年)の大ヒットや、それを原作にとった映画『きけ、わだつみの声』(関川秀雄監督、1950年)が記録的な興行成績をあげたことも、「悪逆な職業軍人」とは好対照な学徒将校像の流布を促した[5]。

しかし、それは戦時下の学徒将校のごく特殊な一面を示すものでしかない。少なからぬ大学・旧制高校では「国家的使命に対しては捨身的情熱を捧ぐべし」(日本戦没学生記念会 2003: 286)[6]という声がみなぎり、大学生らへの徴兵猶予措置を率先して返上しようとする動きさえあった。それだけに、学徒将兵たちのなかには、自らに課せられた役割を積極的に演じようとする向きも、多く見られた。学徒将校として回天搭乗員の教官を務めた哲学者・上山春平は、当時を回想して、「海軍兵学校や海軍機関学校出身のプロの士官たちに決してひけをとらぬ搭乗員に仕立て上げてみせる、という妄想にとりつかれた」「入隊以来、プロの士官たちから、ことごとにそのブザマさをののしられてきた学徒兵の一人として、この特攻基地に来てまで彼らの侮蔑に甘んずることは、学徒兵としてのプライドが許さなかった」と述べている(上山 1972: 338)。

速成の予備士官として軍務についた学徒将校は、どうしても陸軍士官学校・海軍兵学校出の正規将校と比較され、その未熟さを罵られがちだった。

軍隊での経歴が異なるだけに、それはやむを得ないものではあったが、学徒将校たちは彼らの劣位に立たないことに、しばしば血道をあげた。

鶴見俊輔は、自らの戦時期の体験を振り返りつつ、こうした学徒将校たちの思考を規定するものとして、彼らの「優等生」ぶりと「順法精神」を指摘した。鶴見は「戦争と日本人」(1968年)のなかで、学徒将兵の心性について、こう述べている。

> 彼らはおそらく小学校のときからずっと優等生であったでしょう。つねに法に服してやってきた。自分はほめ者になりたいというある種の誘惑をしりぞけることができなかった。この誘惑と戦うことは、相当にむずかしいんです。(鶴見 1968: 8)

学徒将校たちの「ほめ者」であり続けたいという心性は、「法に服」することの過剰を生み出す。そのことは必然的に、「プロの士官たちに決してひけをとらぬ」ふるまいを自らに課すことにつながった。

彼らの「ほめ者」の希求は、しばしば部下への暴力へと結びついた。高等小学校を卒業後、海軍飛行予科練習生となった映画評論家・佐藤忠男は、1975年の文章のなかで次のように学徒将校の暴力を綴っている。

> 私が少年兵として訓練を受けていた航空隊では、将校はほとんど学徒出身だったが、まだセックスのことをよく知らない十四歳のわれわれに、やたらとスケベイな話をする奴がいたり、志願兵あがりの歴戦の下士官たちから軽蔑されているのに逆上して下士官たちに土下座をさせたり、自分たちばかり白米のメシをたらふく食っているので腹の減った少年兵がこれを盗み食いしたら、下士官にひき渡して死にそうになるぐらいまで殴らせたり、せまい体験で全体を律するのは申しわけないが、どうも私は、学徒将校という連中にいい印象を持っていない。(佐藤 1975: 90-91)

佐藤がここで描き出しているのは、経験が豊富な部下からの軽蔑を恐れて、彼らに激昂し、暴力を振るうしかなかった学徒将校の虚勢である。『軍旗はためく下に』における後藤少尉の暴力は、明らかにこうした指摘に重なるものであった。学徒将兵をめぐるオーディエンスの予期を覆し、「わだつみ」的な学徒兵の神話を瓦解させるかのような描写が、この映画には盛り込まれていた。

「戦後」との齟齬

大橋は続けて、富樫らの処刑のいきさつについて語り始める。ポツダム宣言受諾を受けて、捕虜斬殺事件の露見を恐れた千田少佐は、隠蔽工作をたくらむ。富樫ら、後藤小隊の生き残りを上官殺害を理由に処刑したのも、そのゆえであった。その際、千田は以下の言葉を言い放つ——「日本は捲土重来を期し、30年後には必ず再起して鬼畜米英に復讐する。だが、上官を殺害するようなお前たち不忠不逞の輩を、祖国は必要としていない」。

高校の体育館の片隅で大橋の話を聞いていたサキエは、床に崩れ落ちてうなだれる。体育館のステージには日章旗が掲げられているが、サキエは、半ば恨めしい表情で、その日章旗を見つめながら、「父ちゃん、さぞ悔しかっただっぺなぁ」と呟く。そこには、日の丸に象徴される国家とサキエや富樫との不調和が浮かび上がる。それはすなわち、当初サキエが抱いていたような「名誉の戦死」の語りによって、当事者の怨念がしばしば覆い隠されることを示唆するものであった。

戦後という時代との齟齬も、そこには照らし出されている。高校生たちは、日の丸が掲げられたステージで、大橋とサキエに何の関心も示すことなく、何かの催しの準備にいそしんでいる。また、高校上空を飛び立つ米軍機の轟音に大橋が苛立ちを抱いたり、昼休みが終わって高校生たちが大橋とサキエをよそに教室に駆け込もうとするさまも描かれるが[7]、それも、寺島や秋葉、越智らと同様、戦後の政治や社会との相容れなさを指し示すものであった。

秩序の語りの快楽

しかしながら、こと千田少佐に関しては、戦後社会との調和が際立っていた。千田は戦後、「東南アジア開発公団」の役員に収まった。アジアに向けた往時の軍事侵出と戦後の経済進出の双方で、第一線を担ったことが暗示されるが、サキエが千田に会うころには、すでに引退して、孫を愛でながら悠々自適の暮らしを送っていた。寺島や秋葉、越智、大橋らニューギニア戦線の生き残りに比べれば、千田と戦後の調和は明らかだった。

サキエはそれまでに聞き取ったことをふまえながら、千田を詰問するが、千田は「誤解だなぁそれは。でないとすれば私に対する悪意の中傷か」「それはあくまで陸軍刑法に則った軍法会議の結果ですよ」と返す。

千田が重きを置くのは「秩序」であった。千田は「処刑したことに関しては間違ってなかったと思う。いまでもそう信じています。〔略〕破れたりと言えど、日本の名誉と誇りのために秩序を守らなければならん。そのためには軍法会議も処刑もやむを得ない処置だった」「いかなる場合にも秩序というものは必要なんだ。敗戦国日本が戦後ここまで復興繁栄して、再び世界列強の戦列に加われたのも、ひとえに国家の秩序が盤石に保たれたからこそではなかったのですか」と主張する。サキエは「そいじゃ、そいじゃ、父ちゃんはみせしめだったというだかね。生贄だったかね」と憤るが、千田にはまったく響かない。

そのとき、千田と連れ立っていた孫娘が、近くで摘んだ黄色の菊の花を、サキエに手渡そうとする。それを受け取るであろう予期がオーディエンスにはあったかもしれないが、サキエは憤りを含んだ視線を千田から離さず、孫娘に顔を向けようともしない。千田は代わりに花を受け取り、にこやかに孫の頭をなでる。

サキエが菊の花の受け取りを拒んだことは、「菊の御紋」に象徴される戦時や戦後の拒絶を暗示する。兵士たちは天皇の名のもとに戦地に動員され、戦後は天皇が出席する全国戦没者追悼式で死者が追悼される。しかし、千田のような軍上層部や後藤少尉のような学徒将校の暴力に喘いだ末端の兵士の姿は、そこには浮かび上がってこない。

継承の力学

同時に、この場面は「継承」の力学をも照らし出す。孫娘が差し出した花を千田が受け取ったことは、祖父ー孫間の「継承」や「相互理解」を暗示する。しかし、言葉にしがたい末端の兵士や遺族の怨念は、孫には伝わらない。それはすなわち、心地よい「継承」が忘却を生み出すことを物語る。こうした描写は、戦争体験論を多くものした安田武の以下の議論を思い起こさせる。

> 戦争体験に固執するかぎり、そこからは何ものも生まれないだろうし、それは次代に伝承されることも不可能であろうという批判は、耳の痛くなるほど聞かされている。しかし、戦争体験を放棄することによって単なる日常的な経験主義に陥り、その都度かぎりの状況のなかに溺れることだけは、ぼくはもうマッピラだ。
> 戦争体験の伝承ということ、これについては、ほとんど絶望的である。ぼくは、戦争体験に固執し、それについて、ブツクサといいつづるつもりであるが、それを次代の若者たちに、必ず伝えねばならぬとは考えていない。（安田 1963: 10）

1925年生まれの安田武は、上智大学在学中に徴兵され、ソ連軍が侵攻する朝鮮半島北端部で終戦を迎えた。安田は「猿のごとく猥雑で悪がしこく、惨虐なまでに非人間的な人々の群」であった軍隊への憤りを内包しつつ（同: 163）、恥辱や怨念、自責が入り混じった戦争体験の語り難さにこだわり、「抽象化され、一般化されることを、どうしても肯んじない部分、その部分の重みに圧倒されつづけて」いた（同: 92）。菊の花の受け取りを拒んだサキエの姿は、わかりやすく心地よい体験の「伝承」を肯じない点で、安田武の議論に通じるものがあった。

忘却と饒舌

それにひきかえ、千田の過去へのこだわりは稀薄であった。千田はサキエに同情を示しつつ、「忘れろということは、無理かもしれません。だが、人間生きていくためには忘れることが必要なんです。過去にこだわっていては、何事もできない」と語る。その姿勢は、サキエが富樫の怨念にこだわり、安田武が語りがたい体験の重みに固執することとは異質なものであった。千田は定年後の余暇を利用して、ニューギニア戦線の回顧録の出版を考えていたが、そこでは忘却こそが過剰な戦争の語りを生み出していることが浮かび上がる。

このことは、戦中派世代のあいだでも、しばしば感知されるものだった。

『シナリオ』(1968年9月号)では、終戦を陸軍青年将校として迎えた評論家・村上兵衛と元特攻隊員の脚本家・須崎勝彌との対談が組まれていた。このなかで戦争体験をめぐる饒舌と沈黙が、次のように議論されていた(村上・須崎 1968: 26-27)。

村上　この間、たまたま四、五人が集まりまして、話をしたのですが、いちばんひどい戦闘を、やって来た連中なんですが、もう彼らは戦争のことは思い出したくないといいますね。いやだという。そんなにひどくない、一歩手前の戦闘をやった連中は、それに対して「お前はいい体験をしたよ」といえるんですね。微妙な別れ目だと思います。

須崎　語りたくない、というのは本当のことばだと思いますね。ペラペラ喋る奴は、私も含めてたいした戦闘経験もしていない連中です。その人達の堅い沈黙にはいつもガーンと殴られる思いがします。正直言って〔シナリオを〕書く度にそのジレンマに振りまわされるんです。

須崎は、『太平洋奇跡の作戦 キスカ』(1965年)、『あゝ同期の桜』(1967年)、『連合艦隊司令長官 山本五十六』(1968年)の脚本を手掛けるなど、戦争映画シナリオの第一人者であった。しかし須崎は、戦争を饒舌に語ることへの引け目も感じていた。須崎はこの対談のなかで「ぼくがこうして戦争体験を何とか語れるということは、敵を殺さなかったし、敵を見ることもなかったからかもしれません」とも述べている(同: 31)。元特攻隊員であったとはいえ、実際の出撃を経験しなかった須崎にとって、特攻の死者と自分のあいだには大きな断絶があり、過酷な戦闘経験者の沈黙は重く感じられた。それは、「戦争のことは思い出したくない」者と「『お前はいい体験をしたよ』といえる」者との断絶を感じていた村上兵衛にも通じていた。

千田少佐の忘却へのためらいのなさや回顧録への欲望も、須崎や村上が指摘する「一歩手前の戦闘をやった連中」「たいした戦闘経験もしていない連中」の饒舌と重ねてみることができるだろう[8]。

4．予期の転覆と美の虚飾

美談の欲望

千田はさらに、サキエに対して「アメリカ兵の捕虜殺害は、後藤少尉の独断でやったことだ。私は関知してない。それを隠蔽するために関係者を処刑したなどとは、とんでもない言いがかりだ」と述べる。それは、「抑圧の移譲」「無責任の体系」（丸山眞男）を連想させる発言ではあったが、千田は続けてサキエにとって衝撃的な事実を語る。それは、寺島上等兵が上官殺害に関与したものの、直接手を下していなかったために処刑を免れたこと、そして、富樫を含む３名の犯行を自白したのも寺島であったことである。

先述のように寺島は富樫の「名誉の戦死」を語り、自らを救ってくれた美談をサキエに話したわけだが、それは富樫の最期のみならず寺島の裏切りを隠蔽するものであった。サキエは再び寺島のもとを訪れ、「そんであんな作り話をしただか。自分のしたことをごまかすために、おらに嘘ついただか」と詰問する。そのことは、美化が複雑な背景や当事者の情念を見えにくくするばかりではなく、語る者の責任や暴力をも不問に付す力学を浮き彫りにする。

それは、美談によって促される予期を覆す描写であったが、映画のなかではさらなる予期の転覆が続く。寺島は「でも、ほんとうの話はそれだけじゃないんです」としながら、終戦の報に接した際の部隊の様子を語り始める。

富樫らの部隊にポツダム宣言受諾の通知が届き、師団本部に集まるよう命じられたが、兵士たちは栄養失調と飢餓のために立ち上がることすらできず、終戦の知らせにも感情が動くこともなかった。これは、天皇による玉音放送に国民がむせび泣く「玉音写真」のイメージとは異質なものである。いうなれば、このシーンは終戦をめぐるオーディエンスの予期や予断を覆し、玉音放送による「涙の共同体」からこぼれ落ちる最末端の兵士たちの存在を映し出す。

だが、そこに、いきり立った小隊長・後藤少尉がやってきて、部下の兵士たちに総攻撃を命じようとする――「終戦というのはデマだ。神州は不滅、皇軍は不敗だ。俺たちはあくまで断乎として戦う。一人残らず奴らの首をブッた斬ってやる」。

富樫ら部下たちは、銃を取ろうともせず、怪訝な表情で小隊長を眺めるが、それに対して後藤は「なぜ銃をとらん」「貴様ら俺をなめてるんだな、学徒兵あがりだと思って」「俺は日本を愛してるんだ。貴様らの誰より愛してるんだ」とヒステリックに叫びながら、部下たちに暴力を振るう。後藤は、マラリアの発作で動けない寺島をも立たせて、殴りつけようとした。学徒将校の優等生意識とそのゆえの「なめられる」ことへの恐怖やコンプレックスが、ここでも描かれる。

映画『仁義なき戦い』（1972年）ポスター

後藤の言動はエスカレートし、「よぉし、貴様のような兵隊は……」と軍刀で兵士たちを叩き斬ろうとする。耐えられなくなった兵たちは、小銃や銃剣でもって逆襲する。怒り猛る後藤は、敵意をむき出しにして軍刀を振り回し、片腕を斬り飛ばされてもなお、小銃で部下を撃とうとする。最終的には殺害されるに至るが、それは後藤と部下との壮絶な「仁義なき戦い」であった。

人肉食のその後

富樫らは、「小隊長は終戦の知らせを聞いて発狂して自決した」ことに口裏を合わせようとする。後藤の遺骸を山中に埋めた彼らは、師団本部に集合すべく、その場を離れるが、マラリアで動けない寺島はその場に残された。サキエが「あんたを置き去りにしただか」と問うのに対し、寺島は「だれもが歩くのにやっとだったんです。動けない私が置き去りにされたのは当然です。本部へ着いたら迎えをよこすということでした」と答える。そのことは、誰かを見捨てたり裏切るなどして終戦や復員を迎えることができた、多数の日本軍兵士の存在を思い起こさせる。「終戦」という言葉だけでは予期できないものが、そこには透けて見える。

置き去りにされた寺島は孤独感に苛まれてむせび泣くが、その際の涙が口に垂れ、塩味を感じる。これは、「自分の体のなかにこんなうまいものが残っている」ことを寺島に実感させた。それから急に飢えを感じた寺島は、自らの腕を眺めながら「これが食えるだろうか」と考えたあげく、斬り飛ばされていた後藤少尉の腕の肉を焼いて食べることを思いつく。ためらいながらも人肉を食した寺島は、「俺は人を食った。だが世界は別に変わっちゃいない。人を食ったってそれがどうした。俺は生きてやる。生き抜いてやる」と惨めさに嗚咽しつつ、自らに向けて自己を正当化しようとする。

「私は喰っちまったんです。あなたのご主人が殺した人間の肉を。おかげで私は立って歩けるようになった」――寺島はサキエにそう語り、自らの足で赴いた師団本部で自白したときの状況を話し始める。寺島は師団参謀・千田らに「正直に言わねば銃殺だ」と脅され、「私はどうしても生きたかった」という思いとともに「それに、小隊長が狂っていたことを告げれば、富樫さんたちの罪も軽くなるんじゃないか」という期待もあって、自白に応じた。ただし、「人の肉を食ったこと」だけは語らなかった。

寺島は「人を食い、戦友を裏切った負い目」を抱きながら復員したが、終戦直後の混沌とした世相は、まだしも、その悔恨から目を背けることを可能にした。焼跡や闇市で人々が欲望を剥き出しにしながら生きているさまは、寺島の胸のつかえを軽くした。しかし、徐々に日本社会が復興を果たし、世の中が秩序を取り戻し始めると、「人を食い、戦友を裏切ったあの苦い思い出が始終私の心にのしかかり始」めた。「世の中に追われ」るように都心を離れた寺島は、廃棄物にまみれ、水はけの悪い埋立地の「朝鮮人部落」に落ち着いた。

だが、寺島の絶望感はそれで収束することはなかった。画面では、寺島の養豚場のバックに工場群と操業音を映し出し、1970年代初頭の経済成長と秩序を指し示す。「ここもおそらく、あとひと月とはもたないでしょう」「私の落ち着けるような土地は、あの焼跡のような気楽な世界は、もういまの日本には残っていないのかもしれません」という寺島の語りには、戦時・戦後の千田が力説する「秩序」への相容れなさが際立っていた。

「天皇陛下……」と末期の叫び

映画『銃殺』（1964 年）の新聞広告（読売新聞 1964 年 6 月 16 日夕刊）

寺島は続けて、富樫らの処刑の場面を語り始める。富樫は、処刑に立ち会う憲兵に日本の方角を尋ね、その方向に頭を垂れるかのように突っ伏す。そこでは、声を押し殺しながら、やりきれなさに耐えようとする姿が描かれる。処刑されることの恐怖のあまりに失禁する小針一等兵（寺田誠）も映し出されるが、これらの描写はおそらく、オーディエンスの予期とは異なるものであろう。

処刑の場面が大きく扱われる映画としては、主題は異なるが、二・二六事件を扱った『叛乱』（1951 年）や『銃殺』（1964 年）、『日本暗殺秘録』（1969 年）などが想起される。そこでは、怯えることも悪びれることもなく、堂々と処刑される青年将校たちが描かれていた。それに対し、正当防衛の要素が濃かった上官殺害であったにもかかわらず、捕虜殺害を隠蔽するための「生贄」にされた富樫らの処刑シーンには、さほどの傲岸不遜は見られず、むしろ恐怖とやるせなさに苛まれるさまが際立っていた。銃殺刑執行の間際に、目隠しをされた富樫が慌てふためくように、「堺、小森、手さ貸せ、手さ貸せ。手さ貸せ、手さ貸せ、手さ貸せ。いいか、いいか。俺たちは狩り出されたときも一緒だが、殺されるときも一緒だぞ。いいな、いいか。て、て、て、天皇陛下ぁ」と叫ぶシーンは、そのことを物語る。

これを聞いたサキエは、寺島に向けて「天皇陛下って言っただね。万歳と言うつもりだったっぺか」と漏らし、嘆息する。しかし、寺島は「いや、そうは聞こえなかった」と述べ、サキエの想像を否認する。サキエは、はっと怪訝そうな表情で寺島に顔を向けるが、おそらく予期が挫かれたのは、オーディエンスも同様であっただろう。寺島は続けて、「何か訴えかけるような、いやぁ、抗議するような、そんな叫び方でした」と語り、そこに富樫らの憤りが込められていたことを示唆する。それは「天皇陛下、万歳」という予定調和的な発話とは対照を成すものであった。さらにいえば、「て、て、て、天皇陛下ぁ」で途切れた富樫の叫びは、その後の発話を封じようとした刑執行の意図をも暗示する。

このシーンは、どことなく二・二六事件（1936年）で刑死した磯部浅一を想起させる。農村が昭和恐慌にあえぐなか、陸軍青年将校たちは「天皇新政」を掲げ、一部の政治家や軍閥、軍内部で青年将校たちに敵対する統制派といった「君側の奸」の排除を目指した。しかし、青年将校たちの決起は、彼らが崇拝する天皇のつよい意志でもって鎮圧された。決起将校の中心人物の一人であった磯部浅一は、天皇への呪詛を獄中日記に次のように綴っていた。

> 今の私は怒髪天をつくの怒りに燃えています。私は今、陛下を御叱り申上げるところに迄精神が高まりました。だから毎日朝から晩迄、陛下を御叱り申しております。天皇陛下、何と云う御失政でありますか。何と云うザマです。皇祖皇宗に御あやまりなされませ。（磯部 1936=1972: 301）

> 陛下の事、日本の事を思ひつめたあげくに、以上のことだけは申上げねば臣としての忠道が立ちませんから、少しもカザらないで陛下に申上げるのであります。〔略〕悪臣どもの上奏した事をそのまゝうけ入れ遊ばして、忠義の赤子を銃殺なされました所の、陛下は、不明であらせられると云ふことはまぬかれません。（同: 288-289）

富樫が置かれた状況は、むろん二・二六事件の青年将校とは異なる。だが、天皇を中心に据えた軍隊や社会への憤りの点で、そこには共通性を見出すこともできよう。

それは、「菊の御紋」を想起させる菊の受け取りを拒絶したサキエの心情にも通じるものであった。映画の末尾では、都会の喧騒を背景にしながら、サキエは「国が勝手におっぱじめた戦争だに、後始末は全部おらたちがひっかぶってるだねえ」「父ちゃん、あんたやっぱり天皇陛下に花ァあげてもらうわけにいかねえだねえ。もっとも何をどうされたところであんたは浮かばれもしめえがよう」と呟く。それは、「遺族への配慮」に調和することのない怒りの表出であるわけだが、逆にいえば、遺族や戦没者を心地よく抱きしめるかのような言説が何を覆い隠してきたのかを、暗示するものでもある。

5．記憶をめぐる「仁義なき戦い」

戦没兵士と顕彰の拒絶

冒頭でもふれたように、サキエはもともと「できれば天皇陛下と一緒に父ちゃんのために菊の花あげてやりたいですよ」と厚生省の担当官に語っていた。折しも、靖国神社国家護持運動が盛り上がりを見せていた時期でもあった。しかし、富樫の最期に迫っていくほど、美しい追悼や顕彰の言葉で覆い隠される軍の歪みや暴力が浮かび上がる。それは、サキエの、ひいてはオーディエンスの予期をことごとく覆すものであった。これら美しい予期によって、何が見えなくなるのか。『軍旗はためく下に』にこうした主題を読み込むことも可能であろう。

映画のラストは、上述のサキエの独白とともに、全国戦没者追悼式の写真を映し出し、バックには君が代が奏でられる。しかし、それは一般に耳にするオーケストラ演奏ではない。エレキギターによる単音主体の演奏で、聞く者の耳を切り裂くかのような不快さを伴う音律であった。観衆の予期に反する君が代の不協和は、戦没者やサキエのような遺族の情念が調和的な心地よさには決して安住し得ないことを物語る。

これは、橋川文三「靖国思想の成立と変容」(1974年) にも通じる。橋川は、靖国国家護持の動きを念頭に置きながら、靖国神社に祀られ、国家によって顕彰されることを拒むであろう死者の心情について、次のように論じている。

> たとえば特攻隊員として戦死した個人がいかにあの戦争を呪い、「自分は死が恐しいのではないのです。ただ、現在のような日本を見ながら死ぬことは犬死だとしか思えません。むしろ大臣とか大将だとかいってデタラメなことばかりしている奴どもに爆弾を叩きつけてやった方が、さっぱりして死ねるように思います」というような批判をいだいたまま戦死したとしても、国家は涼しい顔をしてその若い魂をも靖国の神に祀りこんでし

まうわけです。たんに彼が神道の神を信ぜす、たとえばキリスト教の信者であったというような場合だけではなく、あの戦争の不正にめざめていた魂までを含めるなら、靖国に祀られることを快く思わないはずの「英霊」の数はもっと多くなるはずです。（橋川 1974: 236）

靖国を国家で護持するのは国民総体の心理だという論法は、しばしば死に直面したときの個々の戦死者の心情、心理に対する思いやりを欠き、生者の御都合によって死者の魂の姿を勝手に描きあげ、規制してしまうという政治の傲慢さが見られるということです。歴史の中で死者のあらわしたあらゆる苦悶、懐疑は切りすてられ、封じこめられてしまいます。（同: 236-237）

ここでは、死者の遺念に寄り添う延長で、靖国国家護持への違和感が綴られている。死者を顕彰することが、彼らの苦悶や懐疑を削ぎ落としてしまう。橋川が見出していたのは、死者の美化が含み持つこれらの機能であった。『軍旗はためく下に』の主題も、同様の問題意識に連なっていた。

調和への嫌悪

このことはさらに、深作欣二監督の代表作である東映「仁義なき戦い」シリーズ（1972～74年）に重ねてみることもできよう。

1960年代から70年代初頭にかけて、東映は鶴田浩二や高倉健、藤純子らを主役に起用し、『日本侠客伝』『昭和残侠伝』『緋牡丹博徒』といった任侠やくざ映画を量産した。昔ながらの人情共同体のような弱い組に肩入れする主人公が、強大で悪徳な組に単身で殴り込み、必ず勝ちを収めるという定型的な義理人情物語ではあったが、軒並みヒットを重ねた。これに対し、『仁義なき戦い』は、目的のためには手段を選ばず、裏切りを躊躇することもない暴力団抗争の弱肉強食ぶりを描いたことで話題になった。人々は従来の任侠映画に定型的な陳腐さを嗅ぎ取るようになり、任侠ものは一気に衰退した。

それはすなわち、オーディエンスの予期に合わせた調和性を排除するものでもあった。脚本家の村尾昭は、映画館で任侠映画を観ていたときに、

「アンちゃん風の客が隣の連れに、『ヨォ、次はこうなると』と話」していると、実際に画面はそのとおりになり、その客が「(……だろう）と言ったように顔を見合わせ」ていたことを記している（村尾 1973: 93)。『仁義なき戦い』は、任俠映画につきまとうこの種の予期を覆す作品であった。

このことは、「戦争」や「死者」をめぐる予期を画面のなかで覆し続ける『軍旗はためく下に』にも重なる。映画評論家の瓜生忠夫は1974年の文章のなかで、『仁義なき戦い』を「続・軍旗はためく下に」と形容しながら、以下のように評している。

映画『昭和任俠伝　唐獅子仁義』(1969 年)
ポスター

〔「仁義なき戦い」の〕広能昌三（菅原文太）が「軍旗はためく下に」の富樫軍曹に他ならぬことに注目するならば、「仁義なき戦い」は「続・軍旗はためく下に」とでもいうべき作品であることが判る。「仁義なき戦い」は、仁義すなわちモラルを喪失した日本国の社会に、戦中の皇軍をホウフツとさせる形式と内容で発生した、モラル喪失の社会の実録というわけである。
（瓜生 1974: 51）

もっとも、『仁義なき戦い』に比べれば、『軍旗はためく下に』はいまやさほど顧みられることのない作品である。1972年度のキネマ旬報ベストテン第2位を獲得するなど、当時は高く評価されたが、日本国内向けのDVDは2015年秋まで制作されることはなかった[9]。また、それもあってか、研究や評論の対象として論じられることもごくまれであった。

深作欣二自身も、この映画を必ずしも評価していなかった。そのことは、深作がこの作品について、こう述べていることからもうかがえる——

「ヒューマニズム、センチメンタリズムでは反戦は描けないことを知りながら、そこに落ち込んだ。擬制民主主義が形骸化されていく過程でずっこけ続けた苦さのようなものに、ごちゃごちゃと振りまわされながら、なおかつ言わなければならない、そういうものを描きたかったのだが……。ヒューマニズム的反戦の残滓がぬぐい切れなかったのが痛恨だ」[10]。

しかしながら、映画『軍旗はためく下に』において「戦争の記憶」をめぐるさまざまな予期が覆されるプロセスは、公開から40年余を経過した今日もなお示唆深いものがある。死者に寄り添うかのような美化が、逆に死者の口を封じ、祖父から孫への調和的な「継承」が、当事者の語り難い怨念や背景の史実を後景化する。この映画は、オーディエンスの予期をずらしたり覆したりしながら、「戦争の語り」をめぐるこれらの逆説を照射する。

戦後70年余を経て、「記憶の継承」の切迫感は多く語られるが、懐疑を欠いた死者や体験者の称揚は、かえって忘却を後押しするものでしかない。それは、しばしば証言を抑制してきた「遺族への配慮」と変わるところはない。遺族の情念に焦点を当てながら、記憶をめぐる「仁義なき戦い」を描いたこの映画は、今日の「継承」をめぐる欲望をも映し出している。

《註記》

1 ――本文中に引用した台詞は、いずれも映画『軍旗はためく下に』より。シナリオ作家協会（1973）には同映画のシナリオが収められているが、実際の映画の台詞とは異なっている表現も散見されるので、本章では映画より適宜引用している。

2 ――『軍旗はためく下に』については、公開当時の映画評（佐藤 1972、岩崎 1972、進藤 1972など）のほか、深作欣二を特集した雑誌・書籍のなかで部分的な言及はあるが（キネマ旬報社 1974、渡辺 2003など）、人文・社会科学方面の研究対象として扱うものは少ない。そのうち、映画研究の観点からこの映画を扱ったものとして、峰尾和則（2009）「フラッシュバックから読み解く映画『軍旗はためく下に』」がある。同論文では、この映画におけるフラッシュバックのありようを考察しながら、深作の意図と当時の映画評のずれについて考察されている。それに対して本章は、安田武、鶴見俊輔、橋川文三らの議論とも対比しながら、戦後の戦争体験論史のなかにこの映画を位置づけたい。そのうえで、映画のなかで死者をめぐる予期が幾度も覆されるプロセスに着目し、そのことが戦後の「記憶」のありようをいかに問い返すのかを検討する。

3 ——直近に『トラ・トラ・トラ！』（20世紀フォックス、1970年）の演出を手掛けてまとまった収入が入り、映画化権の買い取りが可能になったという（深作・山根 2003: 210, 212）。

4 ——深作は、この映画を企画した意図として、「人肉を食ったりなんかの果てに、まともな人間だった漁師でも凶暴な兵隊に変化してしまう、その残酷さを描くんだ」と語っている。原作では、上官殺害は師団上層部のでっち上げで、捕虜殺害を隠蔽するためのものであったとされているが、深作は「庶民＝被害者という図式」には飽き足らず、上官殺害を無実の罪とするのではなく、「人殺しにまで追い込まれるから戦争ってのはヤバイんだという話」に改めている（深作・山根 2003: 211）。

5 ——この点については、福間（2009）参照。

6 ——引用は、早稲田大学在籍中に学徒出陣した木戸六郎の日記より。

7 ——なお、運動部活動と同じく高校紛争を楽しむかのような生徒たちも描かれるが、それも大橋と生徒たちの世代ギャップや、大橋の戦後への溶け込めなさを浮き彫りにしている。

8 ——前述のように、深作欣二は戦場での体験をもたない世代に属していたが、それだけに、「たいした戦闘経験もしていない連中」の饒舌さを苦々しく感じられたのかもしれない。

9 ——VHSビデオは1987年に発売されたが、DVD制作は『東宝・新東宝戦争映画DVDコレクション 軍旗はためく下に』（2015年9月29日号、ディアゴスティーニ）まで待たねばならなかった（なお、アメリカ版は2005年に制作・発売されている）。ただし、2015年より、Amazonプライムなどのネット映像配信サービスで視聴が可能になった。

10——斎藤正治（1974）「深作欣二　人と作品」より重引。また、2000年前後のインタビューのなかでも、「いわゆる反戦映画として括られやすい作り方になっちゃったのかなあという苛立ち」があったことを回想している（深作・山根 2003: 214）。

《引用・参考文献》

磯部浅一（1936）「獄中日記」（＝1972、河野司編『二・二六事件——獄中手記・遺書』河出書房新社収録）。

岩崎昶（1972）「今月の問題作批評1　深作欣二監督の『軍旗はためく下に』」『キネマ旬報』5月上旬号：92−93。

上山春平（1972）「解説」和田稔『わだつみのこえ消えることなく——回天特攻隊員の手記』角川文庫。

瓜生忠夫（1974）「高度経済成長と映画現況」『世界の映画作家22　深作欣二・熊井啓』キネマ旬報社。

岡本喜八（1963）「愚連隊小史・マジメとフマジメの間」『キネマ旬報』8月下旬号：42－43（＝2011、『マジメとフマジメの間』ちくま文庫収録）。
キネマ旬報社編（1974）『世界の映画作家22　深作欣二・熊井啓』キネマ旬報社。
斎藤正治（1974）「深作欣二　人と作品」『世界の映画作家22　深作欣二・熊井啓』キネマ旬報社。
佐藤忠男（1972）「軍旗はためく下に」『映画評論』4月号：24－26。
———（1975）「差別としての美」『ユリイカ』10月号：86－91。
シナリオ作家協会編（1973）『年代別代表シナリオ集　1972年版』ダヴィッド社。
進藤七生（1972）「今月の問題作批評1　深作欣二監督の『軍旗はためく下に』」『キネマ旬報』5月上旬号：93。
鶴見俊輔（1968）「戦争と日本人」『朝日ジャーナル』8月18日号：4－10。
東宝株式会社事業部編（1972）『軍旗はためく下に』（パンフレット）、東宝株式会社事業部。
橋川文三（1974）「靖国思想の成立と変容」『中央公論』10月号：227－244。
日本戦没学生記念会編（2003）『第二集 きけわだつみのこえ——日本戦没学生の手記』（新版）岩波文庫。
深作欣二・山根貞男（2003）『映画監督　深作欣二』ワイズ出版。
福間良明（2009）『「戦争体験」の戦後史——世代・教養・イデオロギー』中公新書。
峰尾和則（2009）「フラッシュバックから読み解く映画『軍旗はためく下に』」『バンダライ』（明治学院大学大学院文学研究科芸術学専攻）8号：171－184。
村尾昭（1973）「『死んで貰いますッ‼』この一言を書く為に」『シナリオ』2月号：93－95。
村上兵衛・須崎勝彌（1968）「対談 死と軍人の精神構造」『シナリオ』9月号：23－31。
安田武（1963）『戦争体験——1970年への遺書』未来社。
結城昌治（1970）『軍旗はためく下に』中央公論社（＝2006、中公文庫）。
———（1973）「ノート」『結城昌治作品集5　軍旗はためく下に・虫たちの墓』朝日新聞社。
吉田裕（2011）『兵士たちの戦後史』岩波書店。
渡辺武信（2003）「ノスタルジーに支えられたバイオレンス」『キネマ旬報』臨時増刊（「深作欣二の軌跡」）：136－152。

第5章

戦死とどう向き合うか？

自衛隊のリアルと特攻の社会的受容から考える

帝京大学　井上義和

1．古くて新しい問い

「戦死とどう向き合うか」という問いについて考えてみたい。ここでは戦死を「戦闘で死ぬこと」（広辞苑第六版）、「軍人・兵士が戦場で死ぬこと」（日本国語大辞典第二版）という一般的な意味で捉える。また「向き合う」についても、「霊を鎮める・慰める」「顕彰する」など文脈限定的な意味ではなく、「重んじるべき相手として遇する」という一般的な態度の意味で捉える[1]。

自国の戦死者だけでなく、相手側の戦死者や双方の民間人犠牲者とも向き合うべきであるが、本章ではそれは扱わない。戦争犠牲者一般にまで対象を広げてしまうと、かえって戦死と向き合うことができなくなるからだ。また、戦死の定義や範囲や表現をめぐっては、さまざまな議論があるが[2]、本章ではその問題にも立ち入らない。理由の第一は、戦死の具体的な定義は国や時代や制度によって異なるので、できるだけ普遍的な問題に接続可能なかたちで考えたいから。第二に、これまで「過去の戦死」ばかりが議論される一方で、「未来の戦死」については想像すらしてこなかったことを踏まえ、過去と未来を接続可能なかたちで考えたいからである。「霊を鎮める」という事後的な宗教行為ではなく、「向き合う」という時制に左右されない一般的態度で捉えるのも、同じ理由による。

各論に入る前に、この問いをめぐる議論の枠組みを設定したうえで、全体の見取り図を示しておこう。図1のように、過去の戦死（A）か未来の戦死

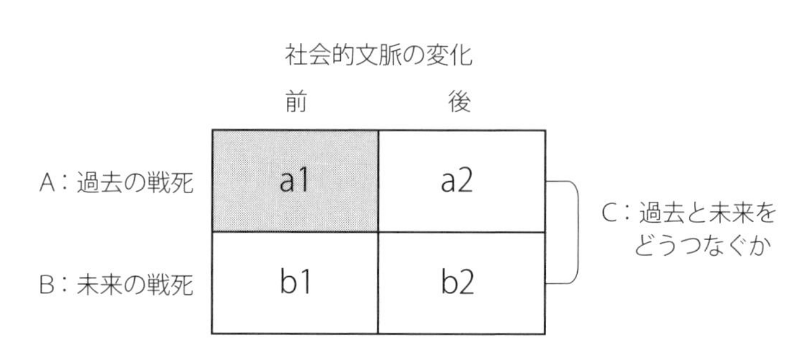

図１：議論の枠組みの拡張版

(B) か、また社会的文脈の変化の前か後か、という２つの軸を組み合わせた4類型で整理する。さらに過去の戦死と未来の戦死をどうつなぐか (C) というメタ的な問いを４類型の外に挿入した。

「戦死とどう向き合うか」という問いは、これまでずっと「過去の戦死とどう向き合うか」(A) を意味していた。私たちにとってもっとも近い過去の戦争は、70年以上前の太平洋戦争（大東亜戦争）である。あの戦争の死者との向き合い方については、政治的・文学的な議論が先行して積み重ねられ、それを意識しつつ、宗教社会学やメディア史などを含む学際的な実証研究も進められてきた。なかでも、この問いに真正面から向き合い、各方面に議論を巻き起こしながら持続的に取り組んでいるのが、文芸評論家の加藤典洋である。本章でも、A 領域の議論の射程を測るのにふさわしい論者のひとりとして、加藤を取り上げる。

その意味で、「過去の戦死とどう向き合うか」は古い問いということになるが、この類型が重要な問題提起の源泉であることに変わりはなく、これからも繰り返し問われ続けるだろう。ただし、この A 領域の議論は、戦争からの時間がたてばたつほど、さまざまな変化を被ることが予想される。むしろ「時間経過による諸条件の変化」をその都度繰り込んで議論が更新されてきた領域である。たとえば戦争を知らない世代の登場、世代間の対立、記憶の風化、社会意識の変化、戦争を知っている世代の退場など。

そしてその先には、これまでの議論の延長線上 (a1) からは逸脱する、いわば想定外の現実があらわれる。この「これまでの延長線上から逸脱する現実」を、とくにそれ以前と区別して社会的文脈の変化の後（a2）として位置づけることにする。先回りしていえば、その典型的な事例として、2000年代以降に顕著になっている自己啓発的な知覧巡礼現象や、2010年代の百田尚樹の特攻小説『永遠の0』ブームなどがある。

※

過去の戦死をめぐる議論の分厚さとは対照的に、想像することそのものが抑圧されてきた領域がある。それが「未来の戦死とどう向き合うか」（B）という問いである。

というと、戦後の反戦平和運動は、未来の戦死を阻止するためにこそ、行われてきたのではないか、という反論があるかもしれない。朝鮮戦争勃発による再軍備化の動きに対して日教組が「教え子を再び戦場に送るな」を訴えたように。しかし戦争を未然に食い止めることと、未来の戦死と向き合うことはまったく別物である（両立可能である）。

未来の戦死という場合、第一に想定されるのは自衛隊員の戦死である。自衛隊は1954年の創設から60年以上、一発の銃弾も撃たず、ひとりの戦死者も出さなかった。これは確かに誇るべきことだ。おかげで、事実として自衛隊員の戦死と向き合わずにすんできた。しかし同時にまた、私たち国民がそれと向き合うことを拒んできたのも事実である。戦死以前に、憲法解釈上、自衛隊の存在そのものと向き合うことを拒んできた[3]。現実の教育現場には自衛隊員の親をもつ教え子や、自衛隊に入隊していく教え子もいたはずであるが、彼らとの向き合い方に苦悩した教師は少なくないはずだ。

すなわち、「未来の戦死とどう向き合うか」（B）とは、これまで公的な言論において抑圧されてきたという意味で、新しい問いなのである。それは戦争の社会学を標榜する研究者たちにおいても例外ではない[4]。

A領域と同じように、このB領域でも社会的文脈の変化、つまり「これまでの延長線上」（b1）から逸脱する、想定外の現実（b2）に直面して、未来の戦死との向き合い方を考えざるを得なくなっている。そのきっかけとなったのは、2014年の集団的自衛権行使容認の閣議決定から2015年の安全保障法制の国会審議に至る過程で浮上した、自衛隊の任務拡大に伴う「戦死のリスク」問題である。これは「未来の戦死とどう向き合うか」を問う絶好の機会であったが、国会ではまたしても回避された。その一方で、自衛隊自身は1990年代の海外派遣以降、たびたび「戦死のリスク」に直面するなかで、必要に迫られて「未来の戦死」と向き合い始めていた。

すなわち、「未来の戦死」をめぐる政治家たちの無責任と自衛隊のリアルな問題意識のあいだの距離が、ごまかしきれないほど大きくなったのが、2015年であった。もはや「想定外」ではすまされない段階にきている。

※

本章では従来のa1に加えて、それを含む4類型へと議論の枠組みを拡張する。そのうえで「戦死とどう向き合うか」という古い問い（A）と新しい問い（B）のあいだを架橋するという問題（C）を提起したい。議論の手がかりのために、「これまでの延長線上から逸脱する現実」（a2／b2）をもとに、AとBを架橋するためのたたき台をつくる。

以下、第2節では、私たちにとって切実な問いとして唐突に浮上した「未来の戦死とどう向き合うか」（b2）を取り上げる。メディアを通じてさまざまな論者の反応を知ることができるが、それは同時に、以前（b1）の私たちがいかにその問いを避けてきたかという現実を浮き彫りにした。第3節では戦死に対する想像力を回復させるために「祖国のために命を捧げる」という準拠枠を設定することについて述べる。第4節では、現代の特攻の受容のされ方を取り上げて、従来とは異なる文脈（a2）で「過去の戦死とどう向き合うか」が実践されていることに着目する。第5節では、そこまでの議論を踏まえて、過去の戦死と未来の戦死を架橋するという問題を考えたい。

2.「未来の戦死とどう向き合うか」をめぐる新しい文脈

「戦死のリスク」論議で問われた政治の責任

2014年7月1日、安倍晋三内閣が集団的自衛権の行使容認を閣議決定した。その後の国会集中審議では、海外での自衛隊の任務拡大により隊員の生命の危険（戦死のリスク）が高まるのではないかと野党側が繰り返し追及したが、「首相が正面から語る場面はなかった」（朝日新聞2014年7月16日）。

たとえば、「自衛隊の皆さんのリスクが高まることを認め、総理自らが国民の前で説明すべきだ」との質問（7月14日衆院予算委員会・岡田克也民主党議員）に対しては「現に戦闘が行われているところではやらないわけだから、危険はないのは明確だ」と答弁。また「戦後初の戦死者を出すかもしれない。集団的自衛権を命の重さの観点から深く掘り下げなければならない」との質問（15日参院予算委員会・小池晃共産党議員）に対しては「めったにそういう判断はしないし、そうしなくてもいい状況をつくっていくことに、外交的に全力を尽くしていく」と答弁した。結局、議論は「リスクが高まるかどうか」に終始して、それ以上深まることはなかった。

ここで注目したいのは、「戦死のリスク」が実際に高まるかどうかではなく、またそれを認めようとしない首相や防衛相の不誠実な態度でもない。それを報じた新聞等のメディアも含めて、「未来の戦死とどう向き合うか」という本質的な問いを引き受けようとする者が誰もいない、という点である。自衛隊の最高指揮官である首相がその問いから逃げてはならないのはもちろんであるが[5]、追及する野党も報道する新聞もどこか他人事である。問いのボールをパスし合うだけで、誰もシュートを決めようとしない。

翌2015年の新安保法案をめぐる国会審議でも同じ光景が繰り返されたが、戦死のリスクが高まることを前提に、そろそろ「未来の戦死とどう向き合うか」を真剣に考えるべきではないか、という指摘が公的な言論に出始めた。3月、安全保障法制の基本方針について自民・公明両党が正式合意したのを受けて、朝日新聞は２人の安全保障の専門家へのインタビュー記事を掲載した（2015年3月21日「耕論」欄）。そこで立場の異なる２人が、ともに未来の戦死について語った（以下、傍点引用者）。

新安保法制に賛成の川上高司（拓殖大学大学院教授）は自衛隊の積極的な活用による「代償」は覚悟しなければならないという。「その時、指導者である首相がどう反応するか。そのスタート地点に立つことになります。とりわけ自衛隊員の死傷者が出た場合に、国としてどう対応するのかが大事なポイントです。国会で具体的な法案を議論する際に、しっかりと検討してもらいたい部分です」。反対派の柳沢協二（元内閣官房副長官補）も言う。「これまでの与党協議で決定的に欠けていることは、自衛隊に戦死者が出るというリスクを政治家がどこまで負うことができるか、という議論です。首相が自衛隊に『そこで死んできてくれ』と言えるかどうか。それだけの政治の覚悟が問われているのです」。

両者に共通するのは、「未来の戦死とどう向き合うか」という問いの筆頭名宛人としては首相が、また「国としてどう対応するのか」（川上）「政治家がどこまで負うことができるか」（柳沢）といった場合の政治の責任の担い手として、野党議員も含めた国民の代表たる政治家たちが、それぞれ想定されていることだ。これらは、安全保障の専門家にとって、立場を問わず常識的な注文ということなのだろう。なるほど正論ではあるが、問題の本質はもっと根深いところにある。

「自衛隊のリアル」が突きつける国民の覚悟

「戦死のリスク」問題を政治の責任と結びつけるだけなら、1991年以降の自衛隊の海外派遣のなかで、たびたび指摘されてきたことである。2015年の新安保法案をめぐる論議がそれ以前と異なるのは、おそらく初めて、自衛隊内部の視点から「隊員の戦死」に関する問題提起がなされ、そしてそこから発せられる「未来の戦死とどう向き合うか」の問いが、首相や政治家を飛び越えて、国民自身へと向けられたことである。政治の責任にとどめずに、ずばり国民の覚悟を問うているのだ。

たとえば陸上幕僚長としてイラク派遣の指揮にあたった先崎一（初代統合幕僚長）は言う。「派遣の直前、報道各社の世論調査では、自衛隊のイラク派遣についてすべて『反対』が上回っていました。焦りましたね。だから私は当時の小泉純一郎首相に、派遣の大義を直接隊員に話してもらおうと掛け合ったのです。〔略〕隊員の精神的な支えは、国民の良識と国民との信頼関係です」（朝日新聞2015年4月3日「耕論」）。また井筒高雄（元陸自レンジャー隊員）は言う。「国民にも強い覚悟が求められます。自衛隊任せでは済みません。国内勤務に比べ、はるかに強いストレスにさらされる海外派兵の結果、帰国後の自衛官には最悪の場合、自殺するなどの後遺症が見込まれます。社会全体が心のケアを引き受けなくてはなりません」（2015年7月16日「耕論」）。

そして、この問題に正面から取り組んだ本が、新安保法案が衆議院を通過したすぐあとの2015年8月に刊行された。瀧野隆浩『自衛隊のリアル』（河出書房新社）である。瀧野は防衛大学校出身の新聞記者という経歴を活かして、現役からOBまでの自衛隊関係者に取材を重ね、「未来の戦死とどう向き合うか」という問いを軸に自衛隊の変容を跡づけた。安保法制への国民的関心の高まりとあいまって話題になった。

『自衛隊のリアル』では自衛隊内部の率直な声が多く紹介されているが、これらは決して新聞やテレビ等のマスメディアには出てこない。しかし自衛隊創設以来、「現役、OB含めて、制服自衛官が公式の場で『戦死』について語ったのは、おそらくこれが初めてだったろう。覚悟の発言だった」（瀧野 2015: 186）として引用するのが、斎藤隆（第二代統合幕僚長）の日本記者クラブでの「日米安保を考える――現場の目から」と題する講演（2015年5月26日）[6] のなかでの次の発言である（同: 185-186）。レジュメにも「『戦死者』にどの様に向き合うか」の言葉があったというから、よくよく考えての発言である。

> 私は、**国家国民に対して**、戦死者にどのように向き合うか、というのをそろそろ考えておく必要があるんだろう、と。いずれにしても、（これから戦死者が）ゼロなんてことはありえない。いままでいろいろやってきたけど、本当に僥倖的に戦死者は出していない。でも、そのラッキーだったということに甘えてはいけない。

「未来の戦死とどう向き合うか」――瀧野がその問いを取り上げたのは本書が初めてではない。自衛隊関連の著書としては、それ以前に『自衛隊指揮官』（講談社、2002年）、『ドキュメント自衛隊と東日本大震災』（ポプラ社、2012年）、『出動せず――自衛隊60年の苦悩と集団的自衛権』（ポプラ社、2014年）を出していた。それらを通読してみると、瀧野の問題意識は最初から一貫していることがわかる。すなわち「政治的存在としての自衛隊と、命を賭けた隊員の集合体としての自衛隊の乖離」（瀧野 2002=2005: 5-6）、あるいは「法律と任務のギャップ、任務と国民意識の乖離」であり（同: 255）、その板挟みから生じる指揮官の苦悩である。「戦死」という言葉は、2002年の『自衛隊指揮官』の海外派遣を扱った章で、初めて取り上げられる。瀧野が懸念するのは、それらの「乖離」のなかで戦死が宙吊りになってしまうことである（同: 250）。

> あと五年後か、あるいは十年後か。私は戦死者が自衛隊から出ると思う。〔略〕自衛隊内外の環境が変わり、任務が変容し、派遣先が広範囲に

なった時、自衛官は必ず死ぬ。軍隊とはそういうものである。死ぬことを前提にしなければ、自衛隊は成り立たないし、指揮官は存在できない。自衛隊を「使う」ということは、畢竟そういうことなのである。この覚悟は国民の側に迫られる。

瀧野は、自衛官はこれから戦死することになるのか、と信頼する高級幹部にメールで尋ねた。やっと届いた返信にはこうあった。「〈「戦死」という話ですが、正直、今のこの国は自衛官が命を賭けて守るに足るとは思えないですね……寂しいですが、仮に「戦死者」が出ても、その意味を理解し悲しんでくれる国民が何割いるでしょうか。……あきらめております〉」（同: 255）。「未来の戦死とどう向き合うか」の問いは、首相や政治家はもちろんだが、誰よりも国民自身にこそ考えてほしい。これは13年後の『自衛隊のリアル』でも繰り返されているもっとも重要なメッセージである。

2015年7月に、国会の新安保法案を審議する特別委員会に提出された防衛省の『イラク復興支援活動行動史』が432頁にわたる報告の最後を〈本行動史の最後に「国家・国民の心の支えこそが我々隊員の士気の根源」であることを付け加え、まとめとする〉という文章で締めくくっている。瀧野はその引用とともに、次のように「未来の戦死」と向き合う覚悟を、私たち国民に求めている（瀧野 2015: 43-44）。

だから、これからの議論は、リスクの有無ではない、と私は思う。リスクはあっても、もっとはっきりいえば、隊員が死ぬことがあっても、社会がそれをやらせるかどうか、という根本的な問題なのである。

3.「祖国のために命を捧げる」というフィクショナルな準拠枠

「未来の戦死」をタブー視してきた戦後社会

本章は「自衛隊員のリスク対処のあり方」「殉職者の追悼行事、慰霊施設のあり方」「遺族への補償のあり方」といった、制度の問題には踏み込まない。それらはあくまでも「自衛隊は戦死とどう向き合うか」「国家は戦死とどう向き合うか」「遺族は戦死とどう向き合うか」である。それももちろん重要であるが、その前に「私たちは戦死とどう向き合うか」という問いとして、つまり私たち自身を主語にして考えなければならないのではないか。それが『自衛隊のリアル』が伝える教訓である。

2015年９月、新安保法案が可決・成立した。その日の日本経済新聞朝刊に、歴史学者の吉田裕（一橋大学大学院教授）がコメントを寄せている（「戦死どう向き合うか」2015年９月19日）。取材に対して吉田は「現実味を帯びる『戦死』に国民全体としてどう向き合うのか、議論すべきだ」と述べ、「戦後70年間前提としてこなかった『新たな戦死者』が出た時、確実に世論が混乱し、亀裂が入る」との懸念を示した。記事を読むかぎり、戦死との向き合い方として、靖国問題に象徴される戦死者の公的な慰霊のあり方が想定されているようだが、ここでは戦後の日本社会は「未来の戦死」をタブー視して考えようとしてこなかったという、戦争研究の第一人者による指摘そのものが貴重である。

10月、週刊読書人にリベラル系の論客である雨宮処凛（作家・社会運動家）による『自衛隊のリアル』の書評が掲載された。雨宮は「戦死者にどう向き合うか。安保法成立によって、その問いはよりリアルなものとなった。この国は、そして私たちはその死をどう受け止めるのか」（2015年10月23日）と著者の問題意識を正しく受け取ったものの、その先の言葉が続かない。翌月インターネット上の『マガジン９』に寄せた記事では、かろうじて言葉を継いでいる（「雨宮処凛がゆく！」連載第356回、11月18日）。

> もしその〔戦死者が出る〕時が来たら、私は口を閉ざすことなく、何かを言えるだろうか。というか、一体、何を言えばいいのだろうか。遺族や関係者などの気持ちを思うと、ただただ言葉を失うばかりではないだろうか。だけど、日本中が「戦死」という事実の前に思考停止したり、過剰な報道ムードに包まれたりした場合、微力でも、そんな空気に抗いたい。そのためには、どんな言葉を紡げばいいのだろう、と。この国の、多くの人が今まで想像すらしなかった「戦死者」との向き合い方。そんなことまで考えなければならないのが、安保関連法成立後の世界なのだ。

雨宮は、安保国会以前はその問いを考えたこともなかった（安保関連法さえなければ考えずにすんだのに)、と戸惑いも隠さず正直に告白している。ただ、これまで自衛隊に「戦死のリスク」を負わせながら、言論空間では「未来の戦死」への想像力が徹底的に抑圧されてきたことへの問題意識はない。また、これから自分が紡ごうとする言葉も、戦死者に向き合うためではなく(「ただただ言葉を失うばかり」)、日本中が思考停止したり美談がメディアを覆い尽くしたりする「空気」に抗うときにこそ雄弁となるのだろう。

「未来の戦死とどう向き合うか」の問いは、戦死を想定した「事前」の備えとしてこそ意味をもつはずである。にもかかわらず、戦死に思考停止する人々への「事後」的なリアクションを考えてしまう。このように後手に回る思考は、「未来の戦死」をめぐる想像力への抑圧の強さを物語っている。

『自衛隊のリアル』が投げかけた切実な問題提起は、国民には届かないまま、いまだ虚空をさまよっている。

同胞の戦死と向き合うための条件

ところで、「未来の戦死とどう向き合うか」を考える際に、集団的自衛権行使を前提とする安全保障法制に由来する「戦死のリスク」論議を根拠にすることに、違和感を抱いた読者がいるかもしれない。その理由は「集団的自衛権の行使は違憲であるから(他国の戦争に巻き込まれるから)」または「そもそも自衛隊の存在自体が違憲であるから(戦力は保持しないことになっているから)」のどちらかであろう。

2015年の安保国会ではもっぱら前者の集団的自衛権が問題になった。つまり本来の任務から大きく逸脱することで戦死のリスクも高まる、自衛隊員の命を軽視しているのではないか、と。後者の自衛隊違憲論は――おそらく護憲派グループの政治的配慮により――問題にされず[7]、「個別的自衛権の範囲なら合憲」という2014年以前の内閣法制局見解が追認され、逆説的に、自衛隊を「専守防衛の自衛戦力としてなら合憲」という暗黙裡の国民的合意をつくりだしたように思われる。

「戦死のリスク」論議のなかで集団的自衛権行使のための海外派兵と対比して、本来の任務の目的と範囲として想定されていたものは、専守防衛よりは「祖国防衛」と呼んだほうがよい。専守防衛が「どのように守るか」、すなわち先制攻撃も戦略攻撃も否定して敵の侵攻を自国領土周辺で撃退するという軍事戦略上の概念であるのに対して、祖国防衛は「何を守るか」、自衛隊の服務の宣誓にもある「わが国の平和と独立を守る自衛隊の使命」に対応しているからだ。祖国防衛のためにとり得る戦略として、日本は専守防衛という制約を自らに課している。

自衛隊の本来の任務からの逸脱とからめた「戦死のリスク」論議では、異なる条件での２つの戦死が、天秤にかけられていたことになる。祖国防衛のためならまだしも、他国が起こした戦争に巻き込まれて戦死するのでは自衛隊員も不本意ではないか、と[8]。このとき私たちは、護憲派も含めて、祖国防衛による「未来の戦死」を、事実上黙認していたことになる。集団的自衛権行使による戦死は受け入れがたいが、祖国防衛のための戦死なら（あってほしくはないが）、それが本来の任務を全うするものであるかぎり、かろうじて受け入れられる――ということではないのか。

だとすれば、これは国民にとって、後戻りできない態度変更を意味するのではないだろうか。すなわち、「集団的自衛権―海外派兵」の否定と引き換えに「個別的自衛権―専守防衛」を受容することは、論理的に、「他国の戦争に巻き込まれての戦死」の否定と引き換えに「祖国防衛のための戦死」を受容することを帰結する。もちろん、はっきり自覚されているわけではない。しかし未来の戦死と向き合うための心の外堀は、なし崩し的にではあるが、確実に埋められつつある。

「未来の戦死とどう向き合うか」を考えるための原点は、集団的自衛権行使による海外派兵ではなく、他国からの侵攻に対処する祖国防衛にある。他国のためではなく、祖国防衛のための戦死であるなら（あってほしくはないが）、国民として向き合う覚悟をもち得る。つまり「祖国のために命を捧げる」という想定は、戦死と向き合うためのフィクショナルな準拠枠（frame of reference）なのである[9]。それがフィクショナル（仮構的）であるのは、抑圧されたものを意識化するために、あえてする人為的な設定だからである。私たちはこれまで、事実として自衛隊員の戦死と向き合わずにすんできたが、同時にそれを想像することすら抑圧してきた。私たちの自然な意識の働きは、先に引用した雨宮処凛のように、「祖国のために命を捧げる」という想定の前で思考停止するのである。

しかしながら、集団的自衛権の行使に対する批判も、「戦死のリスク」ではなく、「祖国のために命を捧げる」＝祖国防衛による戦死と向き合ってこそ、筋が通るのではないだろうか。私たちは、祖国防衛を認める（自衛隊合憲論）。だから、祖国防衛による戦死にも向き合う（フィクショナルな準拠枠）。私たちは、そこでの同胞の戦死と向き合えないような戦争への自衛隊の参加を認めない。では、その戦争は、私たちが同胞の戦死と向き合える戦争だろうか——と。それが、この国が「自衛官が命を賭けて守るに足る」（瀧野 2002=2005: 255）といえるための必要条件であろう。

4.「過去の戦死とどう向き合うか」をめぐる新しい文脈

「祖国のために命を捧げる」純粋形態としての特攻

祖国防衛という想定は、「過去の戦死」と向き合う際にも準拠枠となる。

「過去の戦死」のなかでも、私たちの感情を激しく揺さぶるのが、太平洋戦争（大東亜戦争）末期の特攻作戦による戦死である。なぜ70年以上経てもなお、私たちの感情を揺さぶり続けるのか。そこには大きく2つの理由があると考えられる。

ひとつは、それが無謀な戦争の無謀な作戦の象徴であり、その無謀な作戦によって多くの10代後半から20代の前途有為な若者たちの命を奪ったからである。生への未練を断ち切って死地に赴いた彼らの気持ちを想像すると、これからやりたいことがたくさんあっただろうに……と胸が張り裂けそうになる。このような悲劇はもう二度と繰り返してはならない、と平和への誓いを新たにする。特攻は、まずその痛ましさにおいてどの時代、どの世代にも訴求力をもつ、平和学習の定番の教材なのである。

もうひとつは、たとえ無謀な戦争の無謀な作戦であったとしても、あるいは無謀さゆえに、特攻は「祖国のために命を捧げる」＝祖国防衛による戦死の、ひとつの純粋形態を体現しているからである。この「純粋」には2つの意味がある。第一に、この戦争は、所期の目的（自存自衛・アジア解放）にもかかわらず、結果としてアジアの無辜の民を傷つけ侵略の汚名を着せられることになったのに対して、戦争末期の特攻作戦は文字どおりの祖国防衛のために実施されたこと（侵略的要素がゼロ）。第二に、にもかかわらず、特攻作戦は命中精度と破壊力を上げるための合理的手段から離れて、敗北必至の祖国の未来のために「死ぬ」ことが自己目的化したことである。

それまでの作戦は中国大陸や東南アジア、太平洋諸島などへ展開するものであり、「日本の生命線」や「絶対国防圏」など、どう理屈づけようとも本土から遠く離れての海外派兵であり、結果として現地の人々を戦争に巻き込み、多大な被害をもたらすことになった。戦線が本土から離れるだけでなく、戦争目的や個別の作戦の意味も次第に曖昧になり、軍部自身にも戦争終結の具体的見通しがなかった。ここまでの戦争過程においては、祖国防衛の純度は相対的に低いといわざるを得ない。

それに対して、末期の特攻作戦は、敵の本土侵攻を阻止するための、そして講和の条件を少しでも有利にするための、最後の手段として採用された。それが軍事的な合理性からは逸脱する「統率の外道」であることは、「特攻の父」大西瀧治郎海軍中将も認めていた（神立 2011=2014: 227）。特攻作戦では敵艦への物理的ダメージだけでなく、敵の士気を喪失させる心理的ダメージが期待された。だから爆弾を目標に命中させることよりも、体当たりを試みて「死ぬ」ことが重要だった。

自らの命を、祖国再興の資源として未来の世代に託す

特攻は、確かに戦略上の必要性や戦術上の有効性という観点からはほとんど無意味な死だった、と評価されても仕方がなかった。しかし、それゆえにこそ無意味な死と引き換えに「民族の再興」あるいは「日本の新生」を図る、という観念を生み出しもした。前者は第一航空艦隊司令長官の大西中将が側近の参謀長・小田原俊彦大佐に語ったとされる「特攻の真意」であり[10]、後者は吉田満『戦艦大和ノ最期』が記録した哨戒長の臼淵大尉の言葉である[11]。

どちらも同時代の文脈では無意味となる死を、祖国再興の資源として未来の世代に託すというアクロバティックな論理である。同時代の軍事的センスからしても常軌を逸しており、目的（民族の再興／日本の新生）がどれほど正しくてもそれによって手段（無意味な特攻死）を正当化することはできない。後付けの、かろうじて自分を納得させるための論理といってよい。

特攻隊員自身を含む同時代の人々が、どれだけこの論理を共有していたかは疑わしいが、必ずしも一方通行的な論理だったわけではない。隊員と同じ「決死の世代」だった社会学者・森岡清美が「残された人たちが、特攻戦死

を犬死にさせないためには、何をなすべきか、また何ができるのだろうか」と述べたように（森岡 1995: 303）、生き残った同世代を含む「未来の世代」の側で、無意味な死を無意味なままで終わらせないために、戦後日本の復興と繁栄のために働いた人々は確実にいたのである。次項で述べるように、現代においても特攻の歴史にふれたり隊員の遺書を読んだりして「自分は彼らから何事かを託された」という感覚に襲われる人は少なくない。

私は特攻を美化や正当化したいのではない（その権利は特攻隊員に殉ずる人にのみ認められる）。あるいは作戦は愚劣だったが隊員は崇高だ、と特攻戦死者の尊厳を回復したいのでもない（大事な作業だが本章の趣旨ではない）。そのような特攻の（再）評価ではなくて、特攻の社会的受容のされ方に注目している。戦後社会は、「未来の戦死」への想像力を徹底的に抑圧する代償として、「過去の戦死」のなかでもより祖国防衛の純度の高い特攻死を繰り返し参照してきたのではないか。もっといえば、それによって「祖国のために命を捧げる」という準拠枠を（再）構築しようとしてきたのではないだろうか。

『永遠の0』ブームと知覧巡礼の勧め

特攻の社会的受容、ということを私が考えるようになったきっかけは、2つある。いずれも「これまでの延長線上から逸脱する現実」に突き当たる経験となった。

ひとつは百田尚樹の小説『永遠の0』（2006年）である。戦争ものとしては異例の数百万部を売り上げるベストセラーとなり、人気若手俳優を起用して映画化（2013年）やテレビドラマ化（2015年）されるなど、社会現象となった。特攻作戦に対しては批判的なスタンスを保ちながら、極限状況下での特攻隊員の人間ドラマを感動的に描いた作品として、その評価は分かれ、激しい毀誉褒貶にさらされた。

私自身の周辺では、文学的な凡庸さやオリジナリティの欠如を指摘したり、特攻の美化や社会の右傾化を憂えたりする感想はしばしば聞かれた。しかし学問的態度としては「美化」や「右傾化」という全否定のラベルを貼って安心するのではなく、この作品が社会的に受容された事実ときちんと向き合わなければならないのではないか、とも思った。

もうひとつは、陸軍特攻基地のあった鹿児島県の知覧をフィールドとした共同研究[12]に参加したことである。以下に述べる内容の詳細は、その成果のひとつである井上義和（2015）を参照されたい。私が着目したのは「知覧に行ってから人生が変わった」「生きる目的が見つかった」といった類の民間伝承（folklore）、いわば自己啓発の観点からの知覧巡礼の勧めであった。巡礼というのは宗教的な聖地への訪問を指す言葉であるが、知覧も、そこに訪れることが非日常的な特別な体験をもたらす場所とみなされている。

そうした言説は、戦争の社会学の関連文献ではまずお目にかからない。私自身、それをはっきりと認識するようになったのは、「"荒れた中学"変えた『特攻隊』、非行生徒らは明らかに変わった…　3年生210人が演じた『特攻劇』、教師も親も泣いた」という産経新聞の記事（2014年3月10日）を読んでからである。見出しからわかるように、これは荒れた中学校が特攻隊をテーマにした劇を契機に大きく変わったという美談である。

特攻が非行生徒を更生させた？——私には目から鱗だった。周囲にこの話をしてみると、「就活が上手くいかず悩んでいたが知覧に行ってから人生に前向きになれた」「離婚寸前だった母親が知覧に行ってから"いいお母さん"になった」などのエピソードが出てくる。非行生徒が特攻の歴史にふれて更生した、というのと同型である。もしかしたら、目から鱗なのは私だけで、草の根レベルでは広がりのある言説なのかもしれない。

命のタスキを託される被贈与感覚

そこで本格的な事例収集に着手した。事例収集に際しては、新聞記事データベースやインターネットの一般検索に加えて、AmazonとGoogleの書籍全文検索サービスに相当助けられた[13]。従来の文献調査では、分野別・テーマ別（たとえば「戦争」や「特攻」）といったくくりで網をかけたり、引用・参考文献を芋づる式にたどったりしていた。これだと既存の分類に入らないものや先行研究がふれなかった情報は、視野に入ってこない。それに対して書籍全文検索サービスは、少なくとも対象文献に関しては、検索語が含まれるページを機械的に抽出してくれる[14]。

本文に「知覧」の語を含む文献には、戦争や特攻を主題としたもの以外に、実はスポーツ・経営・自己啓発など従来の文献調査のやり方ではたどりつけないものが少なくない。そして後者で知覧が言及される文脈は、ことごとく、自己啓発の観点からの知覧巡礼の勧めなのである。

知覧巡礼の言説を見ると、2つの類型に分けることができる（同：375-380）。第一の類型は、特攻隊員と自分のあいだに断絶・対照関係を見るもの。戦争の時代を思えば平和な時代に生きている自分は幸せ、彼らのことを思えば今の自分の苦労など何でもない、彼らの勇敢さや家族愛を自分も見習おうと思う――など、戦争の時代の彼らと平和の時代の自分のあいだの落差に着目して、相対的に恵まれた現在の環境に感謝し、現在の持ち場で力を尽くすことを促す。苦境に立ち向かうスポーツ選手向けである。

第二の類型は、特攻隊員と自分のあいだに連続・継承関係を見るもの。大切な人の幸せを願って出撃した彼らの究極の利他性に心を打たれる、私たちが今あるのも祖国の未来を想って出撃した彼らのおかげ、彼らに恥じない生き方をしたい――など、大切な人の幸せと祖国の未来のために命を使った特攻隊員に感謝し、彼らから受け取った命のタスキを今後は自分たちが次世代につないでいく使命感を抱く。社会貢献志向の経営者向けである。

本章の議論において注目すべきは、第二の類型のほうである。「同時代の文脈では無意味となる死を、祖国再興の資源として未来の世代に託す」というアクロバティックな観念が戦争末期に生まれたことを、先に述べた。その当時をまったく知らない世代のなかから、特攻隊員の自己犠牲に究極の利他を見出し、その命がけの贈与を自分は受け取ってしまったと感じて、つまり「命のタスキを託された＝使命を与えられた」と感じて、自分自身も未来に向けた利他へと駆り立てられる人々が登場してきたのである。

「祖国のために命を捧げる」というのは、戦闘で敵味方に分かれての命のやりとり（殺す／殺される）だけでなく、命のタスキを託す（託される）ことによる共同体の歴史的連続性にも関わってくる。戦死と向き合うこと、そして、過去の戦死と未来の戦死を接続することは、この命のタスキリレーでつなぐ――"国家"ならぬ――"祖国"の想像力と向き合うことを要請する。

5．過去の戦死と未来の戦死をどうつなぐか？

ゴジラは今後もやってくる

加藤典洋は、「過去の戦死とどう向き合うか」という問いを自らに課して、そこから文学や社会の批評を組み立ててきた評論家としてユニークな存在である。冒頭の枠組みでいえば、A 領域（a1／a2）の代表的な論者といってよい。その問いをめぐり、さまざまな批判や論争のきっかけともなった問題の書といえば『敗戦後論』（1997 年）であるが、本章の関心から重要なのは、それから 12 年後に書かれた「さようなら、『ゴジラ』たち――文化象徴と戦後日本」である（加藤 2010）。前者が「過去の戦死とどう向き合うか」という問いへの答えだったのに対して、後者では映画『ゴジラ』のテクスト論的分析を通じて、戦後社会が「過去の戦死と正面から向き合ってこなかった」事実とその帰結を論じている。

ゴジラ＝戦死者の亡霊説を唱える論者は加藤以外にもいるが、加藤がユニークなのは、ゴジラを戦後社会が「戦死と向き合ってこなかった」ことの文化象徴と捉えた点にある。それは次のような構成をとる。①戦死者は「祖国防衛のための尊い犠牲者」であると同時に「侵略戦争の先兵」でもあった。②この両義性ゆえに、あるいは戦後社会にとっては戦前の価値に殉じた同胞を裏切ったという負い目ゆえに、戦死者と正面から向き合うことができない（ここまで『敗戦後論』と同じ）。③その結果、本来身内であるはずの戦死者は「行き場のないもの」として宙吊りにされ、「不気味なもの」となって再来する（フロイトのいう「抑圧されたものの回帰」）。これがゴジラである。④ゴジラが 1954 年から 50 年間 28 回も繰り返し再来したのは、他の怪獣と戦わせたりキャラクター化したりして、それがもつ「不気味さ」を無害化して、戦後社会に馴致させるためであった、とする。

日本製作のゴジラシリーズは、2004 年の『ゴジラ FINAL WARS』（第 28 作）で最終作となる、はずだった（加藤のゴジラ論もその前提で書かれていた）。ところがその後、米国ハリウッド版『GODZILLA』（2014 年）の興行的な成功を見て、配給元の東宝は「やはり愛されている」と再認識して新作製作を決意[15]、第 29 作『シン・ゴジラ』が 2016 年 7 月に公開された。私たちは、加藤説に従うなら、戦後 70 年を経てなお過去の戦死と向き合っていないことを、この新作で再確認すべきということになる。

したがって、「戦死とどう向き合うか」という本章の問いに対する答えは、ゴジラをも納得させるものでなければならない。

その 2016 年の新作とは別に、私は本章執筆のために加藤のゴジラ論を再読してみて確信した。このままでは、ゴジラは今後もやってくることになる。そしてゴジラは眠りから覚めつつあるのに、国民はそれに気づこうとしない、と。

それは過去の戦死ではなく、未来の戦死に由来するものである。上述した加藤ゴジラの成立条件①〜③は、そのまま現在の自衛隊が置かれた状況にも当てはまるからである。幸い、戦死者はまだ出ていない。しかし「未来の戦死とどう向き合うか」という問いを引き受ける主体のいない祖国のために、自衛隊員が命をかけなければならない、という状況はずっと続いている。自衛隊員は戦死する前から裏切られ「行き場のないもの」として宙吊りにされている（過去の戦死者が裏切られるのは戦後だ）。むしろ、ゴジラが1954年の日本に上陸したのは、同年創設される自衛隊が「行き場のないもの」として将来自分たちの二の舞になることを憂えたからでもあったのではないか。だとすれば、ゴジラを安らかに眠らせるためには、過去の戦死と未来の戦死の両方に向き合わねばならない。

同胞の戦死と向き合える戦争かどうか――戦争の抑制原理へ

加藤典洋はゴジラ論の最後に、「ゴジラにはまだ、し残していることがある」と書いた（加藤 2010: 173）。靖国神社を破壊するまでは、成仏できない、という。加藤の秀逸なゴジラ論のなかで、ここだけは勇み足だと思う。過去の戦死者の安心立命の拠りどころだった靖国神社を破壊することが、どうして彼らと正面から向き合うことになるのか。ゴジラシリーズの第一期（昭和シリーズ）の1954〜75年には歴代内閣総理大臣は毎年参拝し、また昭和天皇も数年おきに親拝していた。また島倉千代子の名曲「東京だョおっ母さん」（1957年）の2番に歌われたような[16]、靖国神社は田舎の老母を連れて戦死した兄に会いに訪れる場所だった。少なくとも昭和シリーズの時期において、靖国神社は、過去の戦死者が国家指導者や遺族との紐帯を確認する場として立派に機能していた。にもかかわらず、ゴジラはやってきた。ゴジラは――加藤が正しく指摘したとおり――戦死者を「行き場のないもの」に追いやって平和と繁栄を謳歌する戦後社会の象徴として、東京の市街地を目指して上陸したのである。

つまりゴジラに靖国神社を破壊させても何の解決にもならない。それは加藤の意図に反して、過去の戦死と向き合うどころか、完全な訣別を意味する。それは戦死者への負い目感情の完全な消去でもある。帰るべき祖国を失ったゴジラは、もはや日本に向かうことはないかもしれない。そうなれば、未来の戦死に由来するゴジラもやってこないだろうが、同時に「国民の自衛隊」もなくなる。もし私たちが、そうした社会を望まず、ゴジラには安らかに眠ってほしいと考えるのであれば、やはり過去の戦死と未来の戦死の両方に向き合わねばならない。

そのためには、「祖国のために命を捧げる」戦死者に正面から向き合う（＝重んじるべき相手として遇する）ための場所を、確保することである。場所といっても、その本質は、物理的な施設や宗教的な儀礼といった制度のあり方ではなく、私たち国民を主語とした、フィクショナルな準拠枠としての思考の拠りどころにある。その場所から、過去の戦争を反省し、未来の戦争を牽制すること。その場所から、「祖国のために命を捧げる」価値があるかどうかを、繰り返し自問すること。私たちは、祖国防衛を認める。だから、「祖国のために命を捧げる」＝祖国防衛による戦死とも向き合う。では、過去の指導者たちは、「祖国のために命を捧げる」に値する戦争指導を遂行できたかどうか。また私たちは、そこでの**同胞の戦死と向き合えないような**戦争への自衛隊の参加を認めない。では、その来るべき戦争は、私たちが**同胞の戦死と向き合える**戦争だろうか——と。

「戦死とどう向き合うか」という問いは、同胞の戦死と向き合うための条件（どのような戦死なら向き合えるか）をきちんと考えるという作業を要請する。その辛くて面倒な作業を政治の責任として国会や内閣にだけ押し付けるのではなく、私たち自身が国民の覚悟とともに引き受けること。そうすれば、それは過去の戦争の批判原理になるだけでなく、未来の戦争の抑制原理にもなるはずだ。文民統制（civilian control of the military）ならぬ、戦死者統制である。諸刃の剣かもしれないが、ポスト戦後70年に「戦争と向き合う社会学」が向き合うべきテーマのひとつとして、ともに考えていきたい。

《註記》

1 ——加藤（2010: 12-13）を参照。「『死者の霊を鎮める』ことと『死者を弔う』ことの違いは、わたしの中で、いまたとえば戦後に生まれたわたしを含む戦後の日本人が戦争の死者を『弔う』ことは、けっして儀礼めいた行為を意味していない点です。それは端的に戦後の日本人の一人ひとりが、これらの戦争の死者とどう向き合えるか、これらの死者をどのように考えられるか、ということを意味しています」（傍点引用者）。肯定や否定といった価値判断の手前の態度である。

2 ――たとえば川村（2003）、西村（2006）、また野上・福間（2012）の「戦死者のゆくえ」の項（川村邦光）などを参照。

3 ――こうした事態について、法哲学者の井上達夫（2015: 44）は「自衛隊員たちは、いわば『認知』を拒まれ続けながら、『認知』を拒み続ける父親に生命を賭して奉仕することを要求される『私生児』と同様な地位に置かれている」と厳しく批判している。

4 ――たとえば『戦争社会学ブックガイド』（2012年）は、編者の野上元・福間良明を含め44名の研究者が132冊の「戦争に関する社会学的探究の数々を列挙し、〔略〕いわば戦争という現象を探究するためのアイデアのネットワークを作り上げる」ことを目的に編まれているが、「未来の戦死」に向き合うものはない。編者が排除したのではなく、そのような研究がもともとなかったのである。

5 ――政府の公式見解は、未来に関して「戦死」はおろか「戦争」という概念を（定義上）認めていない。岡本充功民主党議員（現・民進党）が2016年3月23日の衆議院厚生労働委員会での政府答弁を不服として、あらためて3月31日付で質問主意書を提出した。そこに「1政府における戦死者、戦没者の定義について見解を求める。2今後安全保障法制で海外に派遣された自衛隊員が死亡した場合、それらの人々を戦死者、戦没者と呼ぶのか、呼ばないのか政府の認識と見解を求める」との質問がある。それに対する内閣総理大臣名の4月8日付答弁書では以下のような見解が示された。現実問題として国際的な武力紛争が発生することはあり得るが、国連憲章により「伝統的な意味での戦争というものは認められなくなっている」ので、「今日においてはあえて「戦争」との用語を用いる国際法上の必要性は失われていると考えている」。そのうえで「お尋ねの「戦死者、戦没者」との用語について確立された定義があるとは承知していないが、自衛隊員が公務上死亡した場合、当該自衛隊員は、公務上の災害を受けた職員ということとなり、防衛省の職員の給与等に関する法律（昭和27年法律第266号）第27条第1項において準用する国家公務員災害補償法（昭和26年法律第191号）の規定が適用される」（傍線引用者）。

6 ――日本記者クラブのHPのリンクを参照のこと（http://www.jnpc.or.jp/activities/news/report/2015/05/r00030911/）。「戦死者」への言及は53分過ぎから。

7 ――2015年の憲法論議における護憲派の動向については、井上達夫（2016）を参照。

8 ――言い換えれば、「そのとき〔他国からの侵攻対処のとき〕、防衛の先頭に立つ隊員の死は国民の共感を間違いなく得られる。ところが〔略〕外国での死は国民にとって「非日常の死」になる可能性がある。自衛隊さん、なぜ死んだの？　私たちにはわからない。で、意味あるの？　国民の無理解、無関心が怖いのである」(瀧野 2015: 26)。前段の「国民の共感」については自衛隊の士気を支える切実な願望であろう。ただし戦後の公的な言論は――戦死の美談化に抗う言葉はともかく――戦死と向き合う言葉をもってこなかった。

9 ――この考え方は、戦争の正義論においては、正当な戦争原因を侵略に対する自衛に限定する「消極的正戦論」に対応する（井上達夫 2012: 286)。井上達夫は消極的正戦論に立ったうえで、自衛戦力保有に対する条件づけ制約として、それがもたらす便益だけを享受するフリーライディングを排除するために、徴兵制と、厳しい代替役務を伴う良心的兵役拒否権のセットを要請している。これは本稿の文脈でいえば、「祖国防衛による戦死」に国民自身が向き合うための条件として「戦死のリスク」の公平な負担を要請するということである。

10――「いかなる形の講和になろうとも、日本民族が将に亡びんとする時に当って、身をもってこれを防いだ若者たちがいた、という事実と、これをお聞きになって陛下御自らの御仁心によって戦を止めさせられたという歴史の残る限り、五百年後、千年後の世に、必ずや日本民族は再興するであろう、ということである」(神立 2010: 272-273)。

11――「進歩ノナイ者ハ決シテ勝タナイ　負ケテ目ザメルコトガ最上ノ道ダ〔略〕今目覚メズシテイツ救ハレルカ　俺タチハソノ先導ニナルノダ　日本ノ新生ニサキガケテ散ル　マサニ本望ヂヤナイカ」(吉田・保阪 2005: 56)

12――2012～14年度科学研究費補助金基盤研究（B)「戦跡の歴史社会学――地域の記憶とツーリズムの相互作用をめぐる比較メディア史的研究」(研究代表者：福間良明)。

13――2000年代半ばから整備が進んでいる。Amazon「なか見！検索」は2005年からサービス開始（米国は2003年から)。出版社が許可した書籍に限られる。検索対象は全文だが、表示できるのは一部（検索語を含む頁と前後2頁の計5頁)。Google ブックスは2007年からサービス開始（米国は2004年から)。著作権が失効したか、または出版社が許可した書籍に限られ、一部または全部表示。

14――サービスの対象書籍は書籍全体を何ら代表しておらず、採録の組織性や網羅性に限界はある。そのうえでなお、分野横断的な探索を可能にすることの価値は大きい。

15――映画.com ニュース 2014年12月8日（http://eiga.com/news/20141208/2/)。

16――作詞：野村俊夫、作曲：船村徹。2番の歌詞は「やさしかった兄さんが／田舎の話をききたいと／桜の下でさぞかし待つだろ／おっ母さん　あれが　あれが九段坂／逢ったら泣くでしょ　兄さんも」。この2番の歌詞に関する考察としては、江藤淳(1987)、山折哲雄（2003）も参照のこと。

《引用・参考文献》

井上達夫（2012）『世界正義論』筑摩書房。

――――（2015）「九条問題再説――『戦争の正義』と立憲民主主義の観点から」『法の理論33』成文堂。

――――（2016）『憲法の涙――リベラルのことは嫌いでも、リベラリズムは嫌いにならないでください2』毎日新聞出版。

井上義和（2015）「記憶の継承から遺志の継承へ――知覧巡礼の活入れ効果に着目して」福間良明・山口誠編『「知覧」の誕生――特攻の記憶はいかに創られてきたのか』柏書房。

江藤淳（1987）『同時代への視線』PHP研究所。

加藤典洋（1997）『敗戦後論』講談社（＝2015、ちくま学芸文庫）。

――――（2010）『さようなら、ゴジラたち――戦後から遠く離れて』岩波書店。

川村邦光編著（2003）『戦死者のゆくえ――語りと表象から』青弓社。

神立尚紀（2011）『特攻の真意――大西瀧治郎はなぜ「特攻」を命じたのか』文藝春秋（＝2014、文春文庫）。

瀧野隆浩（2002）『自衛隊指揮官』講談社（＝2005、講談社+α文庫）。

――――（2014）『出動せず――自衛隊60年の苦悩と集団的自衛権』ポプラ社。

――――（2015）『自衛隊のリアル』河出書房新社。

西村明（2006）『戦後日本と戦争死者慰霊――シズメとフルイのダイナミズム』有志舎。

野上元・福間良明編（2012）『戦争社会学ブックガイド――現代世界を読み解く132冊』創元社。

森岡清美（1993）『決死の世代と遺書――太平洋戦争末期の若者の生と死・補訂版』吉川弘文館。

――――（1995）『若き特攻隊員と太平洋戦争――その手記と群像』吉川弘文館（＝2011に復刻版）。

山折哲雄（2003）「歌と墓と戦死者――日本・アメリカ合衆国・ロシアから」川村邦光編著『戦死者のゆくえ――語りと表象から』青弓社。

吉田満著・保阪正康編（2005）『「戦艦大和」と戦後――吉田満文集』ちくま学芸文庫。

第6章

証言・トラウマ・芸術

戦争と戦後の語りの集合的な分析

タウソン大学　エリック・ロパーズ

訳／目黒　茜

記憶は、その重要性や関係性、利便性という点において永続的である。なぜなら記憶におけるそれらの特徴は特異または感情的でありながら、物語を通して再演するものだからだ。[1]

1. はじめに

オーストラリアの歴史家であるアリスター・トムソンは、自身の著書『ムービング・ストーリーズ（*Moving Stories*）』において、英国出身の4人の移民女性が1960年代から70年代にかけてオーストラリアに至るまでの過程を追跡調査した。この研究が注目したのは4人の「普通の」女性だが、彼の研究は、若者の成長や、個々の人生における精神や志向にもたらす移民の影響という、より広い歴史とも共鳴している。トムソンの議論は日本の歴史とはあまり関係ないが、彼の研究と本章は、ともに、人間の移動のさまざまな側面、そして数十年後におけるその記憶の分節化（articulation）を扱っている。「物語ること（storytelling）」によって、根強く残る記憶が再演され、生き続けるというのが彼の観察だが、これは満州からの引揚者という主題にアプローチする本論にとっても非常に興味深いものだと思われる。物語ることにはさまざまな形態がある。もっとも一般的なものは書かれた物語であろう。それはフィクションの小説であるかもしれないし、オーラルヒストリーを書き取ってまとめた、ノンフィクション小説かもしれない。他にも、テレビでのドキュメンタリー番組や映画など、映像を通した物語の方法がある。そしてまた、ヘイドン・ホワイトや歴史理論家らの脱構築主義的転回を参照することで、歴史家たちは、過去を物語る行為への貢献に関わることができるようになった[2]。今なお残っているアーカイブを見てみると、満州引揚者の人生経験や記憶が広い範囲で記録されていることがわかる。引揚者の回想録、「引揚げもの」と呼ばれるフィクション（小林正樹の『人間の条件』や大島渚の『儀式』をはじめとする映画）、学術的なものまで、引揚者の証言がまとめられたものはさまざまだ。引揚者の経験と記憶に関して大きく欠落しているのが、漫画による記録である[3]。

本章では、歴史家たちが引揚げ漫画の物語と絵画（この章の文脈では引揚げ漫画によって描かれたイメージのことだが）を検討し解釈する方法について考察する。アンドレアス・ハイセンをはじめ複数の論者たちが、過去はある形態によって分節されることで記憶になるだろうことを指摘した[4]。以下では、芸術家たちが個人の経験を集団で物語ることと、集合的経験を物語るために合作（collaborate）した方法、そしてそこにおいてどのように視覚芸術（visual art）を用い、中国本土と満州での生活の記憶を形作っていったのかを考えていきたい。本章は、芸術家たちの仕事を比較分析し、引揚者に関する既存の一次資料や二次資料の比較による再コレクション化を行うものではなく、むしろ、芸術家たち自身の分節化された経験の前景を描き出すことを目的としている。姜尚中も示唆するように、それぞれのライフストーリーを単に補完的なデータとして扱うのではなく、個人の生きられた経験をそれぞれの価値に従って理解し、今なお残る、文字化されたアーカイブとして扱うべきだろう[5]。

漫画は生産された物語と再生産された物語のネットワークに作用し、一般的な歴史認識を形作り、影響を与え、過去を理解することにおいて非常に重要な役割をもつ。

引揚げ芸術家たちによる合作もまた、これから本章で見ていくように、さまざまな刊行物や公共展示物といった形式で可能となっている。過去を反復する方法としての物語ることの重要性についてトムソンが行った洞察は、本章の理論的出発点をもたらしてくれる。それによってわれわれは、幼年期の経験を絵画と証言において再演する（ハイセンの言葉でいう「分節された」）引揚げ漫画家たちの方法に着目することができる。本章では、「中国引揚げ漫画家の会」（以下では「会」と呼ぶ）が2002年に出版した『少年たちの記憶——中国からの引揚げ』におけるイメージと文字化されたナラティブに注目していく。トラウマ概念や証言に関するいくつかの共通認識を考察する前に、まずは「会」の起源とそのメンバーシップについて簡単に紹介する。以下では、絵画が、人生の重要な経験や記憶を再演し概括するうえで重要な役割を果たしうることを見ていくとしよう。歴史小説のみが「過去と現在とのあいだで共感できるつながりという新たな形態を創造する」可能性をもつのではなく、本論で注目するようなイメージも、このような可能をもつのではないだろうか[6]。こうした漫画作品の公共的な場への展示と、その後の出版・再版は、これらの記憶の再演と分節化、そして物語ることを重要なものとして信頼している。そうした視覚的なメディアにおいて引揚者自身のライフストーリーと体験の記述が大きく欠如しているにもかかわらず、それは帰還者自身に信頼され、より幅広い受け手にも信頼されているのである。

2．引揚者の歴史／「会」の起源

大日本帝国によるアジア大陸侵略の記録は多く残されている。その包括的な歴史を説明するよりも、ここでは、大日本帝国が植民地化した満州での主要な事件を簡単に説明する。1931年に勃発した満州事変では、関東軍が満州から約33万人の張学良軍兵を追い出し、中国北方の急激な侵略が進んだ[7]。現地の有力な第三者の協力を得ることで、関東軍はルイーズ・ヤングが「満州人のための満州（Manchuria for Manchurians）」と呼んだ運動を組織し、満州国という傀儡国家を打ち立てた[8]。満州国建国からの5年間で、総額12億円の投資と産業開発資金がこの地域に流れ込んだ。そして、大日本帝国政府は1936年、今後20年の間に、500万人の農民を満州へ大規模移民させる計画を立てた[9]。大日本帝国が敗れるまで、市民と軍人を含むおよそ220万人の日本人が満州で暮らしていた。

論者のなかには、敗戦後の引揚げに注意を払ってこなかったことに対して批判的な立場をとる者もいる。たとえば、ジョン・ダワーは、「第二次世界大戦の無数にある大規模な悲劇のなかでも、こうした日本人たちの運命は、これまで見落とされてきた部分である」と指摘する[10]。さらにいえば、集合的想起の実践は、原子爆弾に関する帰還者の物語や記憶という被害のナラティブによって補われた。そこでは、市民による軍事国家の不当さへの訴えが、公共的な記憶と議論の中心となった[11]。もちろん、ローリー・ワットが指摘するように、戦時中を海外で過ごした日本人たちの苦難はこうした国家の物語の一部として採用されておらず、1960年代になって地域史や県史、帰還者たちの伝記の数が増加することによって次第にそれに組み込まれ始めていったのだった[12]。

戦時期と占領期の歴史に対する国家の物語は、ジャンルや媒体を超えて見受けられた。被爆者である永井隆の随筆『長崎の鐘』(1949年)(1950年に大庭秀雄によって映画化)や、丸木位里・俊の10年以上をかけた長大なプロジェクト(1950年に始まった『原爆の図』)、証言集、詩撰などによって、公的な記憶と集合的な国民のトラウマが徹底的に誘発された。やがてそれは中沢啓治の漫画へと続いていく。戦時中の日本や、太平洋戦域の兵士たち、沖縄戦、その他戦時期の重要なトピックも類似した見取り図でたどることができ、この過程は最終的には漫画という表現形態にも現れる。しかし、「会」が創られるまで、中国本土と満州からの日本人引揚者たちが同じことをするのは事実上不可能であった。「会」の発端は、漫画家の森田拳次と漫画家仲間のあいだで1995年初頭に交わされた会話に遡る。森田の驚きを漫画家仲間に語り、それに対する驚きを仲間たちが森田に語り、彼らは満州と中国本土からの引揚者として共通のつながりがあることを知った。

お互いへの「カミングアウト」が終わると、森田らは自分たちの中国での幼少体験の詳細を合作にするプロジェクトを立ち上げることにした。そしてその年の後半には、「会」初の合作集である『ボクの満州——漫画家たちの敗戦体験』を出版することとなった[13]。のちの基本形を作ったともいえるこの作品は、多くの証言集の一般的なスタイルと構成を引き継ぎ、章ごとに芸術家個人のライフストーリーを詳細に描くというものだ。「会」の顔ぶれを考えれば当然のことだが、漫画家たちのそれぞれの証言には、モノクロの描画がちりばめられている。それは、彼らの文字化された証言や少年期の回想をイラスト化し補足しているのである。これらの初期の作品は、京都府の舞鶴引揚記念館での展示会と、その後に国内で開催されることになった個人と

「会」の展示会へとつながっていった（たとえば、日本中国友好協会宮城県支部連合会や、ピースおおさかなど）[14]。国外では、2009年に南京大虐殺記念館にて展示会が開催された。さらに、2002年には作品をフルカラーでまとめた大判の本が出版され、同年の第19回文化庁メディア芸術祭にて特別賞を受賞した。芸術祭の主催者は、「子どもの心に深く刻まれることは必ずしも悲惨な事柄だけではない。その事実にもあらためて気づかされる」と語った[15]。「会」の設立において重要な役割を果たした森田は、「八月十五日の会」（のちに八月会と称される）を創設するにあたり指揮的立場をとることとなる。この「八月十五日の会」は、1945年8月15日の芸術家たちの戦争と敗戦経験の記憶をより広い範囲で記録に残すことを目的としている。

「中国引揚げ漫画家の会」と同じように、「八月会」も、占領末期と日本降伏直後における子どもや青年の経験を描写するという目的を公に宣言した。より大きくなったプロジェクトは、100人以上の漫画家たちを動員した。「八月会」の作品集は、2005年に日本漫画家協会賞にて大賞を受賞し、「中国引揚げ漫画家の会」による展示会と同じように、「八月会」のメンバーの作品も日本国内の地域の美術館にて展示が行われた[16]。

森田拳次と仲間たちがこれらのプロジェクトを推進した動機を、『少年たちの記憶――中国からの引揚げ』の著者であり、同プロジェクトの一員である石子順は次のように指摘している。

> それぞれのきざみつけてきた体験、記憶が数えきれないほどの手記、記録、小説、詩、散文などとして自費出版とか、出版社企画として出版されてきました。そうしたなかで、この画集は希有の一冊だといえるでしょう。漫画家たちが、その記憶によって漫画に描いた作品を集めた画集だからです。[17]

さらに石子は「引揚げ画集というのを見た思いがそれほどないのです」と続け、高碕達之助による『満洲の終焉』（1953年）に見られる描写を唯一の例外とした[18]。森田はこれに答え、「満州からの引揚者たちの経験と存在をより多くの人びとに知ってもらいたい」と強調し、石子によって言及された作品は、彼と仲間が想定したようなかたちでは人々の注目を集め、想像力をかき立てていないことを示唆した[19]。日本人満州移住者が「1945年以前も日本本土の人々にとって、歓迎と非難という魅力の源泉であった」ということを考えれば、石子によって指摘された引揚げ画集の不在は、本章の手始めとして参照すべき重要なことに見える[20]。写真集ではない視覚的な証言の珍しさをこの両者が明確にしていたことは、「会」のプロジェクトを追究するうえで鍵となる要因であった[21]。

『少年たちの記憶——中国からの引揚げ』(2002年)では、左側のページにイメージと個人の作品とタイトルが並置され、右側のページには短い証言または説明文が記載されている。この本には、71ページのフルカラー印刷で、寄稿者たちのプロフィールと「会」設立に関する小論、満州と中国本土からの引揚者について調べた小論、地図、日本の満州に対する介入についての年表が掲載されている。2004年の作品集である『私の八月十五日——昭和二十年の絵手紙』は、全体的に歴史的・地理的範囲が広がり、レイアウトはこれまでのものとほぼ同じだった[22]。森田と石子によって提示されたそれぞれの狙いは、戦時期を学んでいる、あるいは興味をもっている子どもたちがターゲットであることがそれぞれの本のまえがきとあとがきでわかる。また、全文にわたって振り仮名を振ってあるのもこれまでの作品と異なる点だ[23]。

3. 歴史、証言、トラウマ

「会」のメンバーの作品が人々の歴史認識の形成にいかに寄与しこれを形作っているかを考え、彼らの個々の作品およびそれら作品全体を歴史的証言と経験の形態として考えていく前に、証言とトラウマに関してより幅広く考えておく必要がある。トラウマに関連するものに注目する重要性については、ドミニク・ラカプラの議論を参照する。

> 注目すべき例外を除いては、歴史家たちが広く流布している出来事や過程を記述する際に個人的トラウマと集合的トラウマの重要性をほぼ理解していないということに驚く。〔略〕しかし、証拠のなかにはトラウマ的な体験に言及するものもあり、このような体験を明確な方法として言及する論者もいる。[24]

トラウマ的な体験を採用するという方法論的な前進は、アジア太平洋に位置する大陸やその他地域からの日本人引揚者の経験に関してほぼ用いられておらず、子どもの引揚者による漫画などの視覚的媒体の影響を問う研究はいまだ確認できない[25]。

池田安里が指摘するように、博物館における日本人の詳細な戦争記憶に関する芸術展示会は、『少年たちの記憶――中国からの引揚げ』と関連する公共的な展示会の重要性をより分節化するのに有効だ。池田は、芸術が集合的なトラウマに関する議論に刺激を与えることを示し、以下のように指摘する。

> 特定の芸術作品がどのように用いられてきたか、そして特に誰によって用いられたかという政治の歴史は、一般の人々をして既存の社会秩序を再考し国家の歴史を認識するよう導く批判的な議論や論争の生成につながるのではないだろうか[26]。

芸術への反応が歴史と政治についての議論を生じさせることに注目するよりも、本論ではむしろ、『少年たちの記憶――中国からの引揚げ』に関連する者たちがなぜこれらの議論を作り出していく必要性があったのかに注目していきたい。漫画表現における引揚者の経験の欠如が、このプロジェクトの背景にある要因のひとつであることはすでに確認した。もうひとつの理由――それは引揚者による作品の生々しさに見て取れるものだが――は、満州での生活に終わりを告げるトラウマ的な状況に関係している。そこで描かれているものは、戦時期の強烈な日常経験と、突然の故郷喪失とそれに伴うノスタルジア、日本引揚げという試練、そして多くの者にとって不慣れであったものへの適応などだ[27]。「会」の作品の多くから、キャシー・カルースの「トラウマ化する背景には、イメージや出来事の存在が明確である」という指摘が理解できよう[28]。メンバーたちが描くものは、「子どもの記憶ではありません。昨日のことのように、しっかりとおとなの頭にきざみこまれた記憶を描いたものなのです」と石子は指摘する[29]。消すことができないという記憶の本質は、中沢啓治や水木しげる（「八月会」のメンバー）といった漫画家の存在でも証明される。この２人の漫画家の作品は、戦時期のトラウマに関する例としてよく引用され、一般の読み物において歴史意識が啓発される力があることを明らかにする。森田拳次など「会」のメンバーたちの作品が満州と中国本土で成長する子どもとして自分自身の人生と経験を関連づけるのに対し、水木しげるは、太平洋での兵役に関する自伝風の物語で一番有名かもしれない。中沢や水木の作品がタイプとしては半自伝的であるとされる一方、「会」のメンバーによる小作品は真に自伝的であるといえよう[30]。

読者に対する漫画による歴史意識啓発の重要性は、メンバーたち自身が敏感に感じ取っていった。「会」が戦後50年という節目に設立されたのは偶然ではなく、1995年に出版された『ボクの満州——漫画家たちの敗戦体験』とそれに続く作品において初めて「会」の歴史意識のテーマが明確に表現されたといえる。ここで、作家であり、評論家、そして「八月十五日の会」のメンバーである石川好に言及しておこう。石川は、これらのプロジェクトの今日の日本における重要性を以下のように強調した。

> わたしは、本書において、漫画家の活動を通して見えた日中の「歴史認識」の深い溝について書いてきた。改憲論が急浮上したいま、日本人は改めて、日中の「歴史認識」の暗い闇と向き合わなければならない時を迎えているのである。[31]

石川は近年の政治的な展開に対して強く批判的な態度を示しているが、石川の歴史認識に関するコメントは芸術家たちの言説にも繰り返し用いられている主題である。もちろん、歴史記録のために経験を記録に残すという衝動は、さまざまな歴史をめぐって漫画家たち（他の者たちもそうだが）が着手していると読み取れるものである[32]。水木しげるがもっとも大切にしている作品ともいえる『総員玉砕せよ！』を見てみると、「ラバウルでの体験をもとに描いた戦記ものだが、勇ましい話ではない。誰に看取られることもなく、誰に語ることもできずに死んでいき、そして忘れられていった若者たちの物語だ」というフレーズから始まっている[33]。死者を語る必要性に対して漫画が有効であり、漫画家が集合的記憶の形成に寄与していることに水木は重きを置いている。加えて、忘れ去られていた戦死者たちの記録と証言を確保するにあたり、水木が物語ることを通して死を経験した者の代表として語ることの必要性は、戦争を直接経験したことのない若い世代への歴史意識啓発と強く関連している[34]。

水木しげるの証言は、自分を含め戦争経験者が戦争の恐怖を記録に残すことの必要性と原動力を証拠づけた。もちろん、水木が行った分節化の方法、「会」の漫画家たちがその幼少期の戦争の記憶を分節化する方法はどちらも、インタビューや文章とは少し違った新しい試みなのである。この背景のひとつとして、漫画家たちの視覚とテクストによる人生の物語の描き方・表現方法が挙げられる。ジョルジョ・アガンベンは、「アルシーブの構成は、主体が単なる機能、あるいは空虚な位置へと還元され、排除されること、言表されるものの匿名のざわつきのうちに主体が単なる機能、あるいは空虚な位置へと還元されたのにたいして、証言においては、主体の空虚な場所が決定的な問題となる」と指摘する[35]。アガンベンは、自らの関心の本質をホロコーストに見出している。とはいえ、生き残った者たちが出来事をどのように証言するかというアガンベンの本質的な問いは、引揚者たちの人生経験を考察するうえでも有益なものである。「会」のメンバーにおける子どものころの記憶と印象を手がかりにした証言は、人生経験を通してフィルターがかかっている。数十年後、多くの者が幼少期の記憶やその他の記憶の直接性とその生々しさについて証言した。これらの証言は、『少年たちの記憶——中国からの引揚げ』や他の戦時期の記憶に関する証言集にはっきりと見られる。加えて、ベレル・ラングの指摘も提示しておくべきだろう。ラングは、証言がいかなる形態をとろうとも、証言自体はしばしば「信憑性と正確さ、明確さを示し、話者や書き手が、出来事やその光景があたかも実際に生じたかのように描くことを可能にしている」ことを強調する[36]。英語における“testimony”は、“witness”（証言）を意味するラテン語 *testis* から派生している。同様に、日本語における証言の「証」は、正しいことを明らかに言うことを意味する。「会」のメンバーの証言の本質をさらに考察するにあたり、芸術における証言の実践と他の証言の形態と文脈から、その区別を見ていく必要がある。たとえば、旧ユーゴスラビア国際戦争犯罪法廷や女性国際戦犯法廷などの民間団体の国際裁判では、目撃と証言に対して司法委員会を設けている。司法委員会は集団暴行を起訴する責務を委託され（女性国際戦犯法廷の場合は、国の許可を得た法的な組織の後ろ盾なしに）、裁判は証拠に関する規定と法によって施行される。司法委員会は「個人的な記憶と集合的な記憶の一般に周知するための余地を設け」、「被害者と加害者の両者に発言権を与え、有罪判決と責任帰属、被害者の真実を明らかにすることで一般の人々の想像力をつかむべきだ」とされる[37]。集団暴行または残虐行為から生き残った者たちは、何を見たか、何に耐えなければならなかったのかを、法的な誓約のもとで発言するために召集されることもある。このような生き残った者たちの証言は、専門家からなる陪審団と、前もって提出された証拠とともに検討され、判決が下される。

他の証言のかたちは、暴行や残虐行為などを扱った歴史的な分析や調査に見出すことができる。上述の状況とは異なる方法（実際の法的な刑罰を伴う宣誓、法廷のセットはない）であるが、研究者たちは裁判での方法に似たかたちで証言を検討する。たとえば、証言集と口述インタビューは、現代社会において一般的な証言形態だ。学術界では、学者たちが証拠における特定の規定や専門的な行動規範によって証言がどのような働きをもつのか（絶対的なものではないが）を研究する。もちろん、歴史家やジャーナリスト、市民社会では、法的な現場と異なる領域の方法論が採用される。別の相違点としては、歴史家たちは法的な裁決にしばしば見られる「事実」または「真実」への関心を超え、その意味・目的・感情に関心を寄せる。この点に注目したアレッサンドロ・ポルテッリは、以下のように指摘している。

> 記憶において何が重要かというと、記憶は事実の受動的な保管ではなく、創造と意味の能動的なプロセスであるということだ。それゆえに、歴史家たちにとってオーラルヒストリーにおける特定の有効性は、過去を保存できるというだけでなく、記憶による変動作用という点において密接に関係する。それらの変化は、話者が過去を理解するうえで効果的に表れ、人生への意味づけを与え、インタビューやナラティブを歴史的な文脈に位置付ける。[38]

ポルテッリの仕事は、1970年代後半から1980年代前半にオーラルヒストリーを採用可能なデータと方法論として立証することに寄与した。ポルッテリは、法学者や歴史家たちが依拠する生き残った者たちの証言が直面する課題への問いをより明確なものにした。すなわち、言語と記憶の変容性への問いである。また、以下で見ていく漫画などの描写を読み解く際にも指針となる問いを提示してくれた。記憶とは、意味が創造され、時間と文脈、聴衆によって多様なものとなる能動的なプロセスである。生き残った者たちが証言で伝えようとする内容は、場面によって多様であるが、すべてが伝えるための特定の原動力を共有し、現代と次世代に自分たちの経験を「記録」しようとしているわけではない。生き残った者たちが証言で伝えようとする内容における相違を考慮し、その相違がメッセージや証言の信頼性にどう影響を与えるのかを念頭に置く必要があるだろう。しかし、物語ることの内容は、能動的な社会的・文化的・歴史的なプロセスであることも忘れてはならない。

それでは、法における証言と、歴史的な場面での証言の相違の重要なポイントはどこにあるのか。裁判所での生き残った者たちの証言は、過去の個人的な経験に基づく確実性や最終的な状況が、判決を言い渡される背景に対して意味をもつが、歴史家の場合、説得的でもっともらしい過去の表象を示そうとすることによって、よりオープンエンドな方法で問題に向き合っているという点に意味をもつ。検討され、吟味され、しまいには法的な場で受け入れられたり拒否されたりする、個人の経験に根差した確からしさを確実にしてゆくようにすることよりも、「歴史は、疑念の余地を残す。証言とは、動的な物語であり、告発された過去の脱構築に努力し、理解し、それゆえに、現在と未来までをも変えるという流動的なプロジェクトなのだ」[39]。このように２つの証言形態を対比してみると、視覚的なものから文字化されたものや音声まで多様な形態を持つ芸術は、異なる規準をもつ。先に確認したように、能動的な記憶創造と想起の能動的な本質というポルッテリの指摘は、「会」のメンバーによって直接引用されている。彼らは、自身の作品と証言と幼少期の経験を人生の価値ある経験を通して反映したものと見ている。学者のあいだでは、芸術における証言の伝達手段としての重要性が一般的な認識になっている（しかし過ぎ去っているともいえるが）にもかかわらず、このことはあまり学術的な考察の対象になってこなかった。アーネスティン・シュラントは、文学を芸術の一形態として注目するときに生じる問題として、その伝達能力にもかかわらず「人々の夢や悪夢、希望、不安」が「ほぼ考察されてこなかった」ことを指摘する[40]。証言と記憶をめぐる芸術的形態への学術的考察の欠如をより吟味していくならば、ケネス・ウォルツァーの挑発的な指摘を考えていかなくてはなるまい。ウォルツァーは「どれくらい広い範囲で証言を考え、何とみなすべきなのか。証言はどこから始まり、どこで終わるのか。生き残った者の記憶は、真実として、より広くインフォーマルな方法でアクセスされ、共有されているのか」という問いを提示した[41]。

4．ナラティブと表象的戦略

ウォルツァーの最初の2つの問いはここでは留保するが、本論では3つ目の問いに賛同し、注目していく。ウォルツァーの3つ目の問いは、芸術は歴史経験における重要な要素を異なる視点から見ることを可能にするのではないかというものであった。少し前に提示した「証言においては、主体の空虚な場所が決定的な問題となる」というアガンベンの議論に立ち戻ってみると、本論では「会」のメンバーたちが漫画家としてもつ専門性と画集の特性を、メンバーたちが共有する言語として言説分析の方法と戦略として適用する[42]。本論において引揚者の回想記やフィクション、文字化された証言、書かれたものの意味を分析するにあたり、芸術家たちの視覚的な作品において何が描かれ、何が描かれていないかに注目していく[43]。以下で検討していくが、森田が「会」の作品において注目した読者たちへの強烈な感情の想起は、歴史経験よりも文字化された資料やアーカイブを掘り下げていくことでより明らかで実を結ぶものとなるだろう。もし、暴行や残虐行為を経験した生還者が主張するように、彼らの戦時期の経験とトラウマに関する意義深い説明が「われわれの哲学的な問い・目的への問い、真偽・正義への問いの全て」に触れなければならないのだとしたら、漫画は、視覚的に表象し提示することで、書き言葉や話し言葉だけでは逃れたり、避けたり、または表現したりすることが難しい問題や感情を、視覚的に表象し表現することに役立つ位置にあるといえる[44]。

歴史家たちは芸術をあまり研究対象としてこなかったというシュラントの議論には大いに賛成する一方で、日本に関しては、ヒロシマ・ナガサキにおける原爆の視覚的芸術作品という反例がある。一般大衆への感情的な影響を表す典型的なイメージの事例として、1975年8月に開催されたNHK広島支局監督による被爆者芸術作品展示会「劫火を見た」が挙げられる。この展示会のカタログでは、「約30年後となった今もなお、記憶の生々しさを描いたこれらの絵のすさまじい力に恐れを感じた。原爆の経験が書かれた物語を読むことで得られるものとは違っていた」と書かれていた[45]。被爆者の芸術作品に関する著書を書いたジョン・ダワーなどの歴史家たちによって、芸術が記憶を生き返らせ、文字化されたテクストでは見られないテーマとアイディア、感情のコミュニケーションであることが強調された。

> 技術的に雑なものから洗練されたものまで、そこにはいつも個人の物語がある。それらは無限に多様であり、非常に私的なものだ。被爆者の絵には声がある。見る者を引き込む力を持っている。死と悲痛な感情、身体的な痛みはそれぞれ個々のものとなり、人間の特徴はわれわれの戦争に関する回顧とその前兆の状態に戻す。それ以上に、生き残った者たちの絵画は、核戦争の特異な本質を、簡潔に記憶に残る方法で明らかにする。[46]

ダワーは以下の点も強調した。

> われわれは、より大きな経験を包含するイメージや瞬間を心に留めることにより個人的な出来事を選択的、かつ象徴的に記憶している。これらの個人的で象徴的な瞬間というのは、他の人々と共有することができる。〔略〕ではなぜこれらの原爆の絵が、写真や映像より迫力をもつのであろうか？　それは、戦争を自分のものとして描いているからである。[47]

これらの考察は、被爆者によって描かれた限りない数の絵に関する、短いが代表的な言い方を提示している。ダワーの考察、すなわち私たちはより大きな歴史経験をイメージに具体化させて固定しているという考察は、この文脈をはじめ他の文脈でも当を得ている。

5. 読むこと、見ること、分析すること

満州引揚者たちの経験が、被爆者とは大いに異なっていることは明白である。しかし、ダワーをはじめとする論者が示唆するように、歴史経験の詳細

を伝え、生き返らせる特徴的で象徴的な芸術の方法は、きわめて重要な論点である。この考察は、被爆者の集合的な作品を考えるのと同様に、引揚げ漫画家を考える際にも有効である。キョウ・マクレアは、視覚的な証言はしばしば分裂し、不完全である場合があり、絵画を読み込む際に「イメージから得られる即自的かつ確実な情報に慣れていることからギアチェンジを要求される」ことを指摘したが、この指摘は（意図的ではないと思うが）視覚的な証言と芸術とは、意識的であってもなくても、文字化されたものもしくは口述と近い形式としばしば比較されることを示唆しているといえよう[48]。

しかし、このような比較をすることは、より「伝統的な」形態のみと比較することで視覚的な証言を吟味するというリスクを孕んでいる。どのような違いがあるか、何を付け足し、何を付け足すことに失敗したかをテクスト資料と比較するというよりも、芸術の資料としての特有の性格を考慮すべきだ。芸術を歴史的な資料として用いる難しさがあるなかで、実際それらの多くは他の一次資料とともに利用される。そしてそれらは、口述資料やテクスト資料における利点の本質的な困難性や不完全性、言葉にならない表現、著者によるバイアス、アーカイブの沈黙性を補うものとして用いられている。マクレアは、芸術を用いるうえで歴史家と研究者には追加的な仕事と考慮が必要であることも指摘する。「芸術の非経験的な証言は、これまで果たされなかったことに対する将来への誓いを有している。その誓いは、現存する記憶とその構築により積極的に参加し、構築するというアクティブな参加を必要とする」と[49]。関連するテクストそれぞれの部分に関しても、イメージそれ自体との重要なつながりをもたらし、視覚的なイメージと文字化された証言のあいだの差を埋めることを可能にする。このような視覚的なナラティブと文字化されたナラティブを関係づけることは、専門家でない一般大衆が「会」の作品を国内巡業における博物館での展示を見る際や、満州と中国本土へ移民した日本人に関して学ぶ子どもたちにとってより重要な意味をもつ。

『少年たちの記憶――中国からの引揚げ』は子どもの生活の説明的な記録を提示する。そこで描かれるのは、満州の広範囲にわたる移民家族というマジョリティではなく、専門職をもつ中産階級の家族の子どもたちである。この作品のなかでは、日本人の取り締まりや地元の人々への圧力、コミュニティでの異人種間対立という、戦時期における日本による政策の不道徳さへの批判が示されている。証言と記憶に関しては、引揚げという行動は、「テーマと設定の比較を避けることで、強力なインパクトを持ち、記憶を明確化することを可能にする」といえる[50]。満州への移民のパターンと、満州からの日本への引揚げは、中国大陸での生活に関する日本人の証言を構成し促進する働きをもつ一連の出来事である。『少年たちの記憶——中国からの引揚げ』の構成を説明しておきたい。まず、広い歴史的な文脈から戦争以前の満州における生活の詳細を追ったもっとも長いセクションから始まる（この「中国に暮らしていたボクら」は58ページあり、2番目に長いセクション〈24ページ〉の2倍以上の内容量がある）。続いて、「暮らしの中の戦争」、「敗戦8月15日からの暮らし」、「引揚げの旅がはじまった」、「海を渡って日本へ」、そしてイメージがひとつのみの短いセクション「満州再訪」という流れで物語が構成されている。上田トシコの「兵隊靴をはいて働いた」や山内ジョージの「満州の豚の色は黒、内地では白いのでビックリ」といったごくわずかの例はあるが、日本引揚げ後に日本の生活に慣れていく過程を示したセクションが著しく欠如している。もっとも強く残る記憶が、新しい「故郷」を日本で築いていくことよりも、「故郷」から引き離される経験であることは明白だ。すべての巻をまとめて読んでみると、満鉄に関する作品が繰り返し確認でき、とくに1934年から1943年まで大連からハルビンまで運行していたあじあ号に注目したものがよく見られる。あじあ号は、そのスポーティーな流線型の車体や、空気力学的に最新のエンジン、複数の車両に冷暖房空調設備があり、当時の日本の特急列車よりも速いスピードをもつという点で、アメリカやヨーロッパ特急列車のスピードと豪華さに等しいものであった。満鉄を象徴的に捉えるものは、新聞や雑誌、旅行パンフレット、子ども向け文学作品でよく見られた。ヤングは、あじあ号が「日本で製作されるもののなによりも発展していることの表象」として中国の後進性との対比で示されていることを的確に指摘する。これと満州国の発展が「日本の未来を表象」するものとして捉えられていた[51]。そう考えると、森田拳次の作品をはじめ「会」の複数のメンバーにおけるアジア号に注目した描写には、少し疑問な点もある（図1）。森田は、あじあ号をめぐる過度な成長と使用されていない線路の関係を「心の故郷」喪失の象徴として捉えている。それらすべては、今日の満州における景観に遺されているものだ[52]。加えて、ヤングの考察を踏ま

図１（中国引揚げ漫画家の会 2002: 46-47　©森田拳次）

図２（中国引揚げ漫画家の会 2002: 115-116　©ちばてつや

えると、あじあ号が日本のプロジェクトとして中国北東においていかに表象されるようになったか、なぜほぼすべての絵において日の丸が列車に描かれているのかが疑問点として挙げられる。このような回想は森田に特有のものではなく、他の漫画家にも見られる。バロン吉元は、森田と同じく説明的なナラティブにおいて、日本引揚げという試練と恐怖が、あじあ号と満鉄の物語に密接に関連していることを強調することでノスタルジックな切望を和らげている[53]。

満鉄に関する回想は、引揚げに関するナラティブにおいてポジティブなものもある。満州内陸の都市から大連や葫蘆島など重要港湾までの満鉄のインフラは、日本人移民たちにおいて避難の中心的な役割を果たした。森田のように、有蓋車によって港町まで列車で移動したものたちもいれば、ちばてつやのように100キロ以上もの道のりを、徒歩で線路をたどり南方へ向かったものもいる。故郷や「日本の未来の表象」としての満州国のプライドというノスタルジックな切望として満鉄に関連するイメージを集合的に見ることは非常に興味深い。しかし、巻の後半ではその表象が一変する[54]。引揚げの悲痛な経験には、「急な強制退去による」トラウマが影響している。「故郷を離れ、新しい土地に足を踏み入れることは破壊的な感情をもたらしうる」もので、そこには故郷の喪失と疎外の感情が付随する[55]。「会」のメンバーたちは、直接的にこのようなトラウマを経験しなかった。ちばの「歩けなくなった人たちもいた」（図2）では、ちば自身、人間に対して通行料が課せられことは明らかにされているが、疲れ果てた男や女、子どもたちが道端で死んでいるような光景を証言することは一度もなかった。ここでの描写は、ちば自身の経験を描くというものではなく、引揚者たちが直面した恐怖に対する意識を日本人の読者たちに高めてもらうためのものであった。ちばは「けっして忘れまい」において、受け売りの物語と証拠を描くことで読者を駆り立てた。ちばは「これは痛恨の思いのこもった一枚である。冷雨が痛い。勇気をもって見つめなければならない一枚である」という言葉で自身の作品を締めくくった[56]。

図3（中国引揚げ漫画家の会 2002: 76-77　©横山孝雄）

多くの者たちが満鉄の重要性をいち早く認識し、なぜ満鉄が作品集全体を通して繰り返し描写されているのかを理解する。しかし、その他のイメージの場合は、全体像をより詳しく理解してもらうために、イメージと付随して、文字化された証言に言及することが効果的あるいは必要であった。たとえば、横山孝雄による「南通では日中少年泥合戦をやった」（図3）では、地元の子どもたちとの小競り合いが想起されている。文字どおり、この泥合戦は幼い子どもたちのものであるが、読者自身が自分と関連づけて読むこともできるだろう。どちらの側も泥団子で武装しているものの、この幼少期における小競り合いは戦争の縮図としてこの巻の戦時期の記憶として位置づけられている（セクション「暮らしの中の戦争」）木製のパドルと5人の日本人少年たちが乗るボートを深い赤色の水が囲んでいる。このような色使いは他のどこにも見られない。より大きなボートに乗る5人の中国人少年たちに日本人少年たちが横に並ぶ光景を、地元の中国人町人たちが下流の橋から眺めてい

図4（中国引揚げ漫画家の会 2002: 10-11 ©赤塚不二夫

る。このような描写は、満州移民をめぐる歴史的な文脈をよく知る人たちにとって、日本人と地元の人々との間にある葛藤を表す縮図として描かれていると解釈することができるだろう。横山はこの証言に対して、文字化された証言を加えた[57]。しかし、この単純な解釈に対して、『ボクの満州――漫画家たちの敗戦体験』に見られる同じ描写を引用し、横山の描写とは異なる論点から本論の分析と理解を調整していきたい。このような調整は、オーラルインタビューによく見られるもので、ポルッテリや他の論者が指摘するように記憶の変容性への警戒が必要だ[58]。たとえば、同書における横山の描写では、橋から見ている中国人傍観者たちの表情には、暴行への激怒の感情が現れ、横山や他の少年たちに対して暴言を浴びせている。2つのボートの距離は非常に近く、川が狭くなっていく。ボートは岸にある建物によって取り囲まれ、中国人傍観者が家のなかからその光景を見ている描写が付け加えられている。他にも、橋から警察官が日本人の子どもたちに向けて発砲（横山は空砲と書いている）していることが明確に見て取れる[59]。『少年たちの記憶――中国からの引揚げ』における、説明的な方法として磨き上げられた構成を再区分する以外に、これらの違いの背後にある2つの主要な理由を提示したい。ひとつは、文字化されたナラティブが有する余地についてである。先に紹介した『ボクの満州――漫画家たちの敗戦体験』からの発言は、より複雑で刺激的な問いを投げかけている。なぜ警察官が発砲しているのか。なぜその警察官は子どもたちを撃つのか。なぜその女性は窓から心配そうに見ているのか、そしてどちらの側を心配しているのか。

横山の作品が幼少期の経験に特化した作品であれば、赤塚不二夫の「オレンジ色に染まった空にまっ黒なカラスの大群が飛んでいく」は、書かれた言葉では明確な表現が難しい不可視の感情と心理的な影響に考慮した作品といえるだろう（図4）[60]。ここでの記憶は、言語的・文章的なコミュニケーションによる影響が大いに避けられている。赤塚による告白は、視覚的に理解するのが一番ということだ。赤塚は、大日本帝国敗戦前夜と自身の満州での数年にわたる生活との強いつながりを強調した。オレンジ色に染まった空にまっ黒なカラスの大群が飛んでいく生々しい記憶を、自身の幼少期の満州と大日本帝国敗戦を表象するものとして描いている。10歳のころに母と妹たちとともに日本に引き揚げた後も、赤塚の人生においてこの幼少期の記憶は屈折した記憶として残ることになる。赤塚は「いまにして思うと、それがぼくの原風景となった。大人になってからも何かの拍子に、赤と黒の光景を思い浮かべる」と述べている[61]。

2008年に赤塚が亡くなった後、赤塚の娘である赤塚りえ子は、父の伝記『バカボンのパパよりバカなパパ』において、オレンジ色に染まった空にまっ黒なカラスの大群が飛んでいく描写の影響に言及している。

> 存命の場合は本人が、故人の場合はその遺族が朗読する。私は赤塚不二夫の遺族代表として「赤い空とカラス」を朗読することになった。録音する日の数日前から朗読の練習をした。終末感に襲われるほどの光景の中にたたずむ一〇歳の赤塚少年に近づこうと、何度も何度も声に出して読んだ。すると、以前は素通りしていった父の言葉が心にしみ込んできた。なんとなく自分の眼と文字の間に赤と黒の世界がみえたような気がした。[62]

赤塚が描いてきた無数のカラスの大群は、満州国民としての経験が心に刻み込まれていることを想起させる役割をもつ[63]。上記のイメージに関する分析は、特定の記憶に関しては、視覚的なイメージが文字化された証言よりも引揚者たちの経験を明確に表現するのに適している可能性を提示する。

6．結論

玉野井麻利子は、引揚者たちの記憶に関する分析において、引揚者たちが人生における特定の物語のみを明らかにすることで何を伝えたかったのかという問いを投げかけた[64]。「会」のメンバーたちは、数十年後になっても強く影響を与えている記憶を、出来事の文脈のなかで簡潔なスナップショットとして表現したと考えられる。「会」のプロジェクトが提示しない非常に重要な限界は――ほぼすべての参加漫画家にいえることだが年齢的に無理があった――、すなわち、まず最初にどのような思いや決意が家族を中国へと導いたのかということに関して詳細で包括的なナラティブが欠如しているという点だ。「会」のメンバーたちもそれをよくわかっていた。森田拳次と石子順の最近の会話からも指摘できるように、より古い世代の漫画家たちが満州での生活を引揚げ直後に記録していた場合、「もっときつい内容のものになっていたのではないかと思います。深い想いはきっとあったでしょうが、それは描いていません」[65]。石子の指摘は、第二次世界大戦末期の中国での日本人の生活と引揚げを記録することにおいて、関係者一人ひとりの自己再帰性を強調する。

同様に、本章では研究者たちが芸術とイメージを歴史資料として扱う際に生じる困難性と不確実性を考えてきた。マクレアや他の論者たちは、意識的であるにしてもないにしても、形式に対する注意を欠いた証言を、しばしば断片的で不完全、ときには矛盾を孕むものと見ている。アーカイブ的な資料は過去に対して明確で一義的な窓である必要はなく、とくに問いの主題が物議を醸す場合はなおさらである[66]。本論では、それを引揚者たちによる芸術で考えてきたわけだが、この挑戦はまだ達成されたとはとてもいえない。その理由のひとつは、彼らの作品は、書かれた言葉が不在のイメージではないが、イメージのそれぞれは書かれた証言との共依存的な関係において存在しているという点だ。それぞれの絵がもたらす想像力をかき立てる視覚的インパクトのために、従来の証言集や回想記と比較したとき、「会」のメンバーが彼らの経験や記憶を伝えようとして描く際の手段や方法は際立っている。石川好がインタビューにて言及した「中国引揚げ漫画家の会の本を見たとき、雷が落ちたような気持ちになった。直感的に日本人の戦争経験を用いて中国の人びととコミュニケーションできるのではないかと感じた」という発言に注目すればそれはよくわかる[67]。このプロジェクトは、2009年に南京大虐殺記念館にて展示会（8月15日にスタート）を行い、より広い一般大衆に対し、これらの作品集が到達し、今後達成しようとしていることを提示した。

本論を通して考えてきた内容を踏まえ、引揚者たちの人生のテクストと芸術における「確からしさへの単純な問い」を避けるという玉野井の慎重な指摘に則り、それらが子どもの眼に映った満州と中国本土での生活にどのように光を当て、われわれの理解を深めるのに寄与したかを考えていくべきだろう[68]。

《註記》

1 ――Thomson (2011: 301).

2 ――White (1973).

3 ――石子順「あとがきにかえて」(中国引揚げ漫画家の会 1995: 213)。中国引揚げ漫画家の会（2014: 27）も参照。

4 ――Huyssen (1995: 2-3).

5 ――姜尚中「はじめに」(小熊・姜 2008: 5- 6)。

6――Tessa Morris-Suzuki, *The Past Within Us: Media, Memory, History* (New York: Verso, 2005), 49.［テッサ・モーリス-スズキ『過去は死なない――メディア・記憶・歴史』田代泰子訳、岩波書店、2004年］

7 ――Young (1998: 40).

8 ――Ibid, 40.

9 ――Ibid, 44.

10――Dower (1999: 50=2001: 44-45).

11――Orr (2001) を参照。

12――Watt (2009: 178-179).

13――石川（2013: 107)。森田の他に、上田トシコ、赤塚不二夫、ちばてつや、北見けんいち、古谷三敏、山内ジョージ、高井研一郎、横山孝雄．石子順（長春／新京から引き揚げてきた）も加わった。

14――より包括的なリストは http://www.ima-gr.co.jp/815/history.html を参照。

15――「中国からの引揚げ 少年たちの記憶｜功労賞｜第6回 2002年｜文化庁メディア芸術祭 歴代受賞作品」(available online, http://archive.j-mediaarts.jp/festival/2002/achievement/06sp_Recollections_of_Boyhood/、2016年3月11日閲覧）。

16――町田（2005: 150)。

17――石子順「少年たちの『引揚げ』」(中国引揚げ漫画家の会 2002: 177)。

18――同書: 179。

19――石子・ちば・森田（2012: 119)。

20――Watt (2009: 15).

21――引揚者たちの経験に関する写真集の例は以下の通り。飯山（1979)。

22――イメージの大半は、証言集にて1ページごとに掲載されているが、いくつかのものは左側のページにイメージ、右側のページにテクストという『少年たちの記憶――中国からの引揚げ』のフォーマットを採用している。以下を参照。私の八月十五日の会(2004)。

23――増刷版の帯の言葉でも同様に、引揚げの物語を自分たちが死ぬ前に子どもたちに伝えたいという思いが強調されている。中国引揚げ漫画家の会（2014)。

24――LaCapra (2014: ix-x). 最近は、太平洋戦争でのトラウマと経験に注目が払われている。そのなかでもとくに、被爆者（たとえば、丸木位里と丸木俊の『原爆の図』や中沢啓治の『はだしのゲン』）や文学作品である大岡昇平の『野火』、世代間のトラウマを証拠づけた村上春樹と目取真俊などの作家の作品が挙げられる。

25――ヒラリー・チュートによる漫画における西洋の伝統に注目した仕事では、多くの場合、漫画においてトラウマは避けられ、ファインアートや写真、映画などでは取り上げられる傾向にある。詳しくは以下を参照。Chute (2016: 270).

26――Asato Ikeda, "Japan's Haunting War Art: Contested War Memories and Art Museums," *disClosure: A Journal of Social Theory* 18. インターネット上で閲覧可能（http://uknowledge.uky.edu/disclosure/vol18/iss1/2, 25)。

27――先の註記でも紹介した、「会」のメンバーである上田トシコは、満州日日新聞で働くために満州に移民した。他のメンバーたちは、満州か中国本土で生まれたか、幼少期に家族と移民したかのどちらかだ。

28――Cathy Caruth, *Unclaimed Experience: Trauma, Narrative, and History* (Baltimore: The Johns Hopkins University Press, 1996) 4-5.［キャシー・カルース『トラウマ・歴史・物語――持ち主なき出来事』下河辺美智子訳、みすず書房、2005年］

29――石子順「少年たちの『引揚げ』」(中国引揚げ漫画家の会 2002: 181)。

30――中沢の初期の作品である『おれは見た』は、『はだしのゲン』で知られる半自叙伝的なものではなく、自叙伝そのものであることを指摘しておきたい。

31――石川（2013: 231)。

32――アメリカでもっとも知られている、戦時期におけるトラウマ的な経験を描いた漫画に、スピーゲルマンの『マウス』がある。ホロコーストの生き残りとしての彼の父の経験をインタビューした内容を描いたこの作品は、1992年にピューリッツァー賞を受賞した。マルジャン・サトラピの『ペルセポリス（Persepolis)』もイラン革命後の自身の経験を自叙伝的に描いたものだ。漫画に描写され刻み込まれている経験の形態は、戦争を越え、葛藤とトラウマを日常生活という別の側面で捉えており、価値のあるものといえるだろう。加えて、どのように人生経験が漫画において記録されるかという点だと、Chaney (2011) が事例として挙げられる。

33――桜井（2015: 12)。強調は著者による。

34——石子・ちば・森田（2012: 118, 119）。
35——Agamben (2002: 161=2001: 196).
36——Greenspan, Horowitz, Kovács et al. (2014: 197-198).
37——Karstedt (2011: 2).
38——ポルッテリの「何がオーラルヒストリーを異なるものとするのか」(37-38）という主張が Thomson (2011: 296) に引用されている。日本語だと、ポルッテリのオーラルヒストリーに関する議論とその方法論は、1991年の *The Death of Luigi Trastulli*（朴沙羅による翻訳『オーラルヒストリーとは何か』水声社、2016年）がもっともわかりやすく知る手段といえよう。同時期に日本で生じた議論としては、歴史学研究会編『オーラル・ヒストリーと体験史』（青木書店、1988年）がある。
39——Arbour (2002: 35).
40——Schlant & Rimer (1991) に以下が引用されている。David C. Stahl and Mark B. Williams, "Introduction," in David Stahl and Mark Williams, eds., *Imag(in)ing the War in Japan: Representing and Responding to Trauma in Postwar Literature and Fil*m (Leiden: Brill, 2010), 1.［＝アーネスティン・シュラント ＆ J・トーマス ライマー編『文学にみる二つの戦後——日本とドイツ』大社淑子ほか訳、朝日新聞社、1995年］
41——Greenspan, Horowitz, Kovács et al. (2014: 200).
42——Agamben (2002: 161).
43——ここではミシェル・フーコーの言説へのアイディアを視覚的イメージに応用する。以下の文献を参照。Pollock (1994: passim).
44——Greenspan, Horowitz, Kovács et al. (2014: 194). 強調は著者による。
45——Japan Broadcasting Corporation (1977: 105).
46——Dower (1993: 243).
47——ダワー（2007: 167, 168）。強調は著者による。
48——Maclear (1999: 11).
49——Ibid, 77.
50——Thomson (2011: 299) に引用されている。
51——Young (1998: 247=2001: 145).
52——中国引揚げ漫画家の会（2002: 46）。
53——同書 : 48。
54——Young (1998: 247=2001: 145).
55——Egreteau (2014: 167).
56——中国引揚げ漫画家の会（2002: 116）。
57——同書: 76。
58——中国引揚げ漫画家の会（1995: 179）。

59——同書: 180。

60——私の八月十五日の会（2004）では、「赤い空とカラス」という別のタイトルがついている。

61——私の八月十五日の会編（2004: 42）。

62——中国引揚げ漫画家の会（2014: 44）に引用されている。

63——「そのスケールの大きさは、日本では見ることができないものだった」（中国引揚げ漫画家の会 2002: 10）。

64——Tamanoi (2009: 82).

65——石子・ちば・森田（2012: 118）。

66——他にも、朝鮮人強制連行における矛盾した歴史に対して、同様に証言的な証拠を利用し、このような歴史的な書き物を調整する著者の試みとして、以下のようなものがある。Erik Ropers, "Testimonies as Evidence in the History of kyōsei renkō," *Japanese Studies* 30(2), 2008: 263-282.

67——インターネットで閲覧可能（英語：http://apjjf.org/-Ishikawa-Yoshimi/3315/article.html、日本語：http://jbpress.ismedia.jp/articles/-/1950）。

68——Tamanoi (2009: 83).

《引用・参考文献》

飯山達雄（1979）『敗戦・引揚げの慟哭』（遥かなる中国大陸写真集 3）国書刊行会。

石川好（2013）『漫画家たちの「8・15」——中国で日本人の戦争体験を語る』潮出版社。

石子順・ちばてつや・森田拳次（2012）『ぼくらが出合った戦争——漫画家の中国引揚げ行』新日本出版社。

中国引揚げ漫画家の会編（1995）『ボクの満州——漫画家たちの敗戦体験』亜紀書房。

姜尚中（2008）「はじめに」小熊英二・姜尚中編『在日一世の記憶』集英社新書。

桜井哲夫（2015）『廃墟の残響——戦後漫画の原像』NTT 出版。

ダワー、ジョン・W（2007）「歴史、記憶、そして『原爆の絵』という遺産」広島平和記念資料館編『原爆の絵——ヒロシマを伝える』岩波書店。

中国引揚げ漫画家の会編（2002）『少年たちの記憶——中国からの引揚げ』ミナトレナトス。

中国引揚げ漫画家の会編（2014）『もう 10 年もすれば…——消えゆく戦争の記憶——漫画家たちの証言』今人舎。

町田典子（2005）『遙かなる満州』文芸社。

私の八月十五日の会編（2004）『私の八月十五日——昭和二十年の絵手紙——百十一名の漫画家・作家達の作品集』私の八月十五日の会、A・セーリング（発売）。

私の八月十五日の会編（2015）『私の八月十五日 3』今人舎。

Agamben, Giorgio (2002) *Remnants of Auschwitz: The Witness and the Archive*, trans. Daniel Heller-Roazen, New York: Zone Books.［ジョルジョ・アガンベン／上村忠男・廣石正和訳（2001）『アウシュヴィッツの残りのもの――アルシーヴと証人』月曜社］

Arbour, Louise (2002) *War Crimes and the Culture of Peace*, Toronto: University of Toronto Press.

Caruth, Cathy (1996) *Unclaimed Experience: Trauma, Narrative, and History*, Baltimore: The Johns Hopkins University Press.［キャシー・カルース／下河辺美知子訳（2005）『トラウマ・歴史・物語――持ち主なき出来事』みすず書房］

Chaney, Michael A. ed. (2011) *Graphic Subjects: Critical Essays on Autobiography and Graphic Novels*, Madison: University of Wisconsin Press.

Chute, Hillary L. (2016) *Disaster Drawn: Visual Witness, Comics, and Documentary Form*, Cambridge, MA: The Belknap Press.

Dower, John (1993) "Japanese Artists and the Atomic Bomb," in John Dower, ed., *Japan in War & Peace: Selected Essays*, New York: The New Press.

———— (1999) *Embracing Defeat: Japan in the Wake of World War II*, New York: W.W. Norton & Company.［ジョン・ダワー／三浦陽一・高杉忠明訳（2001）『敗北を抱きしめて――第二次大戦後の日本人　上』岩波書店］

Egreteau, Renaud (2014) "The Idealization of a Lost Paradise: Narratives of Nostalgia and Traumatic Return Migration among Indian Repatriates from Burma since the 1960s," *Journal of Burma Studies* 18 (1): 137-180.

Greenspan, Henry, Sara R. Horowitz, Éva Kovács et al. (2014) "Engaging Survivors: Assessing 'Testimony' and 'Trauma' as Foundational Concepts," *Dapim: Studies on the Holocaust* 28: 197-198.

Huyssen, Andreas (1995) *Twilight Memories: Marking Time in a Culture of Amnesia*, New York: Routledge.

Ikeda, Asato (2009) "Japan's Haunting War Art: Contested War Memories and Art Museums," *disClosure: A Journal of Social Theory* 18: 5-32.

Japan Broadcasting Corporation, ed. (1977) *Unforgettable Fire: Pictures Drawn by Atomic Bomb Survivors*, trans. World Friendship Center in Hiroshima, New York: Pantheon Books.

Karstedt, Susanne (2011) *Legal Institutions and Collective Memories*, Oxford/Portland: Hart Publishing, cited in Nicola Henry, *War and Rape: Law, Memory and Justice*, London: Routledge.

LaCapra, Dominick (2014) *Writing History, Writing Trauma*, reprint edition, Baltimore: The Johns Hopkins University Press.

Maclear, Kyo (1999) *Beclouded Visions: Hiroshima-Nagasaki and the Art of Witness*, Albany: State

University of New York Press.
Morris-Suzuki, Tessa (2005) *The Past Within Us: Media, Memory, History*, New York: Verso.［テッサ・モーリス-スズキ／田代泰子訳（2004）『過去は死なない――メディア・記憶・歴史』岩波書店］
Orr, James J. (2001) *The Victim as Hero: Ideologies of Peace and National Identity in Postwar Japan*, Honolulu: University of Hawaii Press.
Pollock, Griselda (1994) "Feminism/Foucault—Surveillance/Sexuality," in Norman Bryson, Michael Ann Holly, and Keith Moxey, eds., *Visual Culture: Images and Interpretations,* Hanover: Wesleyan University Press, passim.
Ropers, Erik (2010) "Testimonies as Evidence in the History of kyōsei renkō," *Japanese Studies* 30 (2): 263-282.
Schlant, Ernestine and Thomas J. Rimer, eds. (1991) *Legacies and Ambiguities: Postwar Fiction and Culture in West Germany and Japan,* Washington D.C. and Baltimore: The Woodrow Wilson Center Press and The Johns Hopkins University Press.
Stahl, David C. and Mark B. Williams (2010) "Introduction," in David Stahl and Mark Williams, eds., *Imag(in)ing the War in Japan: Representing and Responding to Trauma in Postwar Literature and Film*, Leiden: Brill.［アーネスティン・シュラント ＆ J・トーマス・ライマー編／大社淑子ほか訳（1995）『文学にみる二つの戦後――日本とドイツ』朝日新聞社］
Tamanoi, Mariko Asano (2009) *Memory Maps: The State and Manchuria in Postwar Japan*, Honolulu: University of Hawai'i Press.
Thomson, Alistair (2011) *Moving Stories: An Intimate History of Four Women Across Two Countries*, Sydney: UNSW Press.
Watt, Lori (2009) *When Empire Comes Home: Repatriation and Reintegration in Postwar Japan*, Cambridge, MA: Harvard University Press.
White, Hayden (1973) *Metahistory: the Historical Imagination in Nineteenth Century Europe*, Baltimore: The Johns Hopkins University Press.
Young, Louise (1998) *Japan's Total Empire: Manchuria and the Culture of Wartime Imperialism*, Berkeley: University of California Press.［ルイーズ・ヤング／加藤陽子ほか訳（2001）『総動員帝国――満州と戦時帝国主義の文化』岩波書店］

第７章

戦後台湾における日本統治期官営移民村の文化遺産化

戦前・戦後の記憶の表象をめぐって

関西学院大学先端社会研究所　村島健司

1．はじめに

台湾東部花蓮県花蓮市に南接する吉安郷に、慶修院という文化遺産がある。現在約７万人の人口を擁する吉安郷は、日本統治期台湾において、当地に居住する先住民族を武力制圧した後、官営移民吉野村として開拓が始められた移民村であり[1]、慶修院とは1917年吉野村に開設された真言宗高野山派吉野布教所（以下、吉野布教所）がその起源である。その後、吉野布教所として終戦を迎えたこの寺院は、戦後は名称を現在の慶修院へと改められ、さらに1997年には三級古蹟として、政府による文化遺産認定を受けるに至る。

世界中で文化遺産への関心が高まっている昨今、台湾もその例にもれず多くの歴史的建造物や遺跡等が文化遺産として政府の認定を受け、保存の対象となっている。文化遺産を認定する台湾政府文化部文化遺産局によると[2]、1982年に「文化資産保存法」が制定・公布されたのを契機に、これまで853の古蹟、1263の歴史的建築物、13の集落、44の遺蹟、57の文化的景観、306の伝統芸術、186の民俗的文化財、1538の古物が文化遺産に認定されている。古蹟としては、89の一級・国指定古蹟、156の二級・直轄市（台北市や高雄市など）指定古蹟、608の三級・県／市指定古蹟が認定されている[3]。

台湾における文化遺産の大きな特徴として、その多くが過去に台湾を統治した外来政権の手によって建設されたものであるとことが挙げられる[4]。そ

写真１：慶修院正門（筆者撮影）。

写真２：観光客で賑わう慶修院の境内。右側の木造建築物が文化遺産認定の直接的な要因となった、日本の伝統的建築様式による本堂（筆者撮影）。

れぞれの時代に建設されたモノは、政権の交代に伴いその担い手の交代が行われる。異なる担い手、またときとして異なる意味づけにより管理・運営されてきたモノが、今日の政府による認定を受けることで文化遺産となるとき、そこに表象される記憶とは、どの担い手による、どのような記憶となるのだろうか[5]。

本章では以上のような問題を、冒頭の日本統治期に建設され、現在は台湾において文化遺産として認定されている慶修院を事例として考察していきたい。日本統治期台湾の吉野村において建設され、日本人の手によって担われてきた吉野布教所は、日本人が去った戦後、慶修院と改名され台湾人によって担われてきた。そして、それが台湾政府によって文化遺産として認定される際、そこにはいかなる記憶が表象されることになるのかを明らかにすることを目指す。またそれは同時に、そこに表象されない記憶をも明らかにする試みでもある。

以下、まずは日本移民村に吉野布教所が建設される過程、そして終戦後、台湾人に接収され慶修院となって管理・運営が行われる過程を概観する。次に、記憶の表象という観点から、文化遺産となった慶修院によって、何が表象されているのかを明らかにし、続けて何が表象されていないのかを明らかにすることを目指す。

2．吉野布教所から慶修院へ

吉野布教所

日本統治時代の台湾では、台湾総督府主導で官営移民事業が行われ、内地人による台湾移民が督励された。吉野村は豊田村や林田村とともに、そのなかでもっとも早い時期にあたる明治末期から大正初期にかけて現在の花蓮県に建設された官営移民村である[6]。ではなぜ、この地に慶修院の前身である真言宗高野山派吉野布教所が建設されることになったのか。以下では、1919年に出版された『臺灣總督府官營移民事業報告書』をもとに簡単に振り返ってみたい。

明治44（1911）年の開村当初、吉野村へと移住した移民の出身地については、「收容移民ノ大部分ハ德島縣下ノ農民ニシテ六十一戸中五十ヲ占メ其他ハ北海道五戸、新潟四戸、秋田千葉各一戸ナリ」（臺灣總督府 1919: 121）とあり、大半が徳島県出身者であった。その理由として、移民募集の段階で以下のような意図があったことが報告されている。

移民ノ選擇ハ移民事業ノ成敗ニ關スル最重要ナル案件タルヲ以テ特ニ茲ニ留意シ先北海道移民ノ成績ヲ考査シ及其原籍地ノ狀況ヲ考察シ德島縣民比較的良好ナルヲ認メ第一著試驗的ニ之ヲ招致シタリシカ更ニ海外移民ノ

表１：大正５年度末における在住移民の本籍

県別	徳島	広島	福岡	香川	佐賀	山口	熊本	愛媛	北海道	新潟	群馬	他	計
戸数	74	54	44	33	30	29	27	7	6	6	5	12	327

出典：臺灣總督府（1919: 130-131）より作成。

成績ヲ調査シ且本島風土ト比較的懸隔甚シカラサル九州、中國、四國地方ノ農民ヲ移植スルヲ以テ最適切ナリトシ主トシテ該地方ニ對シ本島ニ於ケル官營移民事業ノ内容ヲ知悉セシムルノ目的ヲ以テ移住民案内ナル印刷物ヲ調製シ之ヲ頒布セリ。（同: 92）

先に開拓が進められた北海道における成果をもとに、評判のよかった徳島県下の農民がまずは募集の対象となったこと。また、それに引き続いて、台湾の気候に適応しやすいと考えられる九州・中国・四国地方の農民が続けて募集の対象となったことをうかがうことができる。

こうして数度にわたる移民の受け入れを経た大正5年（1916年）度末における吉野村在住者の本籍地は表1のとおりである。計327人のうちもっとも多い74人が徳島県を本籍地とし、全体の4分の1近くを占めていた。また、隣県の香川県と合わせるとその数は3分の1にのぼる。

徳島県出身者が当初より多数を占めていたことは、その村名にも反映されている。吉野村が建設された地域は、それ以前は先住民族の居住地であり、七脚川部落と呼ばれていた。しかし開村に際して、明治44年2月21日に開催された移民事務委員会にて、村名を移住者に親しみやすい名称を主とすることを参酌し討議の結果、各移民村の村名が決定されるに至った。

吉野村の命名に関しては、「七脚川ヲ吉野村ト改稱セルハ此七脚川ノ原野ニハ最初徳島縣吉野川沿岸ヨリ招致セル移住者多キト其字義又佳良ニテ母國人ノ耳ニ熟セルモノナルニ依ル」（同: 60）という理由であり、多くの移住者の出身地である吉野川が村名の由来となった[7]。

表2は移民者の信教を示すものである。これによると、仏教が圧倒的に多く、なかでも真宗が最大の信徒を有していたことがわかる。『報告書』には、「移住者ノ中信者ノ最モ多キハ佛教ニシテ就中眞宗主位ヲ占ム其ノ布教狀況ヲ記スレハ眞宗本願寺派出員岡本泰道布教師ノ職ニアリ說教、佛教青年會、

表２：移民者の信教

仏教							キリスト教	神道	天理教	計
真言	天台	禅	日蓮	浄土	真宗	計				
72	6	26	8	2	192	317	2	5	3	327

出典：臺灣總督府（1919: 154）より作成。

婦人會等ニ依リ布教ニ努ム」（同: 154）と記されており、全327戸中、192戸ともっとも多くの信徒を擁する真宗は、すでに本願寺派の派出員の手によってその組織的な布教が進められていることがわかる。

一方、真言宗は、吉野村において真宗に次ぐ72戸の信徒を擁しているにもかかわらず、『報告書』が書かれた大正５年の時点では、その布教の拠点を有してはいなかった。慶修院の文化遺産認定を政府に働きかけ、2010年までは文化遺産となった慶修院の運営にも携わっていた翁純敏によると、その後、信徒のひとりである川端満二氏の要請によって、高野山総本山から釈智猛法師が派遣され、法師を中心に1917年から村の中心地に、真言宗高野山派吉野布教所の建設が始められる。そして1922年には、現在の慶修院の建造物の基礎となった真言宗高野山派の寺院形式が建築された（翁 2006: 120）。また同時に、本堂には弘法大師像が祀られ、布教所内には百度石や「光明真言百万遍」石碑のほか、四国八十八ヶ所の霊場を再現した88体の石仏などが設置されるに至る（花蓮縣政府 1999）。

「吉野村の約80戸が布教所の檀家となっており毎年布教所への捧物あり、また村内において葬儀があると、父親だけでなく母親までもが念仏を唱えに行かなければならなかった」（翁 2006: 124-126）とする当時の住職子息による回想があり、また日本統治期における吉野村の日本人の戸数は大正６（1917）年がもっとも多く327戸であったことから[8]、少なくとも吉野村における日本人の４分の１近くの家庭がこの吉野布教所の檀家となっていたことがわかる。吉野布教所は、多くの信仰者がありながらも、それまでは寺院や布教所が存在しなかった吉野村における真言宗徒にとっての宗教的拠点となる機能を果たし、さらには布教所内に設置された88体の石仏などから、とりわけ当時の移民者の中心であった徳島県（および香川県）出身者にとっては、遠く離れた故郷に思いをはせることができる場としても機能していたと考えることができるであろう。

慶修院

官営移民村吉野村の中心に位置し、移民者たちの精神的支柱でもあった吉野布教所は、移民者が日本へと引き揚げた戦後、いかなる道をたどったのか。ここでは、まず吉野村の戦後を振り返り、そのうえで、吉野布教所が慶修院へと改名され、文化遺産認定を受けるに至るまでの道程を明らかにすることを目指す。

終戦後、日本人は台湾から引き揚げることになる。しかし、吉野村の移民者は故郷である日本の土地を捨て台湾へと渡ってきたため、引き揚げるにしても帰るところが存在しない。そのため吉野村住民会会長である清水半平らが２度にわたり、当時の行政長官・陳儀に対し、台湾への滞留願いの陳情を行う。陳儀からは農業発展への功績を理由に、しばらくのあいだ滞留が認められるが、1946（昭和21）年２月末、ついに軍部からの退去命令が下され、日本へと帰国することとなった（翁 2006: 102-103）。吉野布教所は住職のほか、すべての檀家が吉野村を去り、その担い手を失うこととなる。

『吉安郷志』によると、その吉野布教所を引き継ぎ管理運営にあたったのは、当時台湾北西部苗栗県の大湖観音山法雲禅寺で修行をしていた「菜姑」こと、居士の呉添妹（1926年生まれ）であった。呉添妹の義理の兄が吉野村にて日本人からの土地の引き継ぎ作業に通訳として従事していたことから、宗教施設のために引き受け手が現れない吉野布教所を仏教徒であった呉添妹に紹介され、彼女が吉野布教所を管理することとなったのである[9]。呉添妹は正堂に祀られていた不動明王像を側室に移奉し、代わりに釈迦像、そして台湾の民間において広く信仰されていた観音菩薩像を正堂に祀る。また1948年には、吉野布教所を慶修院へと改名する（中華綜合發展研究院應用史學研究所 2002: 618）。慶修院という名称は、呉添妹の師である慈航法師が住職を務めていた台北の静修院という寺院に由来する[10]。またこの改名は、同年、日本時代の名称である吉野村の地名が、中華民国政府により吉安郷へと改められたことに呼応するものであったと思われる。

このような戦後の引き継ぎを経て、呉添妹は慶修院の管理を担うに至った。しかし、かつての官営移民村の土地自体は、その後遅れて台湾へとやってきた中華民国政府によって正式に接収されたため、慶修院の所有権についても政府に帰属することになる。そのため、呉添妹は毎年地代を県政府に支

写真３：1980 年代の正門前。管理者を失い内部が雑木林となっている（翁純敏氏提供）。

払いながら、甥である呉仕端一家とともに寺院の住居部分である庫裏で生活を送る。そして、台湾仏教の寺院としての慶修院における宗教活動を展開していくのであった。

呉添妹は 1982 年に他界するまで慶修院の運営を担い、その後は甥であり養子となっていた呉仕端に引き継がれる。しかし、呉仕端もそのすぐ後に交通事故で急逝してしまう。呉仕端の妻であるＢ氏にとって、７人の子どもをひとりで養育しながら、慶修院の活動を維持することは不可能であった。また県政府から要求される慶修院の地代も年々高騰するため、ついには慶修院を手放す決断に至る。

それ以降、慶修院は管理者を失う。敷地内は徐々に荒れていき、廃墟のような状態が 10 年以上続く（写真 3）。しかし 1997 年、文化遺産政策を推し進める中央政府へ吉安郷役場が慶修院の存在を報告。審査の結果、第三級古蹟の指定を獲得し、修復に向けた調査が開始される（花蓮縣政府 1999）。2002 年に着工された修復工事は 2003 年秋に終了し、ようやく現在の文化遺産としての慶修院が姿を現すこととなったのである。

3．文化遺産化によって表象される記憶

廃墟も同然であった慶修院は政府による文化遺産の認定を受けたことにより、再び日の目を見ることになる。慶修院修復工事の着工にあたり、花蓮県政府は、「花蓮県と吉安郷の郷土の歴史を認識し、コミュニティを創出するために、慶修院を修復することが必要である」（花蓮縣政府 1999）との調査結果をまとめている。郷土の歴史を認識するということは、すなわち文化遺産として認定された慶修院に表象される記憶を認識するということであろう。では、文化遺産となった慶修院にはいったい、いかなる記憶が表象されてい

るのであろうか。

ここでは、まず戦後台湾における文化遺産認定をめぐる動きをまとめることで、慶修院が文化遺産として認定されるに至った背景を明らかにし、現在の慶修院において表象されている記憶について考察していきたい。

戦後台湾における文化遺産認定

1982年に「文化資産保存法」が施行されたのを契機に、台湾では文化遺産の認定や保存が本格的に始められた[11]。しかし、その認定対象については、当初から一貫した方針があったわけではなく、時代によって認定される対象は異なったものであった。

台北市における文化遺産の指定状況を調査した上水流久彦によると、「文化遺産保存法」が施行された当初、保存の対象となった建築物の多くは清朝時代に建築されたものであった。一方、日本統治期の建築物が文化遺産として指定されるのは、9割以上が1995年以降のことである（上水流 2007: 93-94）。その台湾全土の様子をまとめたのが、表3である。建築時期が不明である36古蹟を除くと、現在文化遺産に認定されている清代までに建築された古蹟400のうち、半分以上の218古蹟が1990年以前に文化遺産として認定されていることがわかる。一方、日本時代に建築された古蹟については、1995年までに認定されたのはわずか15古蹟にすぎず、そのほとんどが台湾の本土化が進む1990年代後半以降に認定を受けている。

戦後の台湾は、中国大陸に正統性を求める国民党の独裁的な国家である中華民国が、徐々に台湾化していくプロセスであり（若林 2008）、戒厳令が解除され民主化が進んでいく1990年以降は、台湾化が急速に進む時代と重なる。上水流はそのプロセスを、「本土化（中国全体ではなく台湾にアイデンティティを持ち、台湾に基盤をおいて政治、文化の制度を作り替えていく一連の運動や流れ）」（上水流 2007: 88-89）と捉え[12]、本土化反対派と推進派のあいだで、日本統治期に対する評価が異なり、それが文化遺産の認定についても影響を与えていることを指摘し、以下のように述べる。

> 反対グループは、植民地支配をあくまでも抵抗すべき過去として捉えており、当時の建築物もそのなかにある。「日本」は否定されるべき過去で

表３：文化遺産とその認定時期

		認定時期				
		1982～90	1991～1995	1996～2000	2001～	合計
建築時期	清代まで	218	16	57	109	400
	日本統治期	6	9	107	260	382
	戦後			3	34	37
	不明					36

出典：「文化資産個案導覧」[13] より筆者整理。

> しかない。他方、推進グループにおいては、植民地支配を中国本土とは異なる台湾独自の経験と捉え、台湾の歴史と独自性を構成する重要な要素として「日本」をみなしており、当時の建築物はその「見証」[14] であった。
>
> （上水流 2007: 103）

「文化資産保存法」が施行された当初、文化遺産としての価値を有すると考えられていたのは清朝期の建築物であり、日本時代の建築物は否定されるべき過去であった。ところが本土化が進む 1990 年代以降になると、日本時代の建築物に対する評価が見直され、そこに肯定的な価値が見出されるようになり、多くの建築物が文化遺産として認定されていったのである。

本章で論じている、日本統治期の建築物である慶修院も、まさに本土化が進む 1997 年に文化遺産として認定された。慶修院が文化遺産へと認定された理由は、「日本の伝統的建築様式により建てられており、方形造り銅葺きで向拝、木造の欄干を持つ仏教建築である」[15] ためである。ここで示されるのは、建築物として、すなわちモノとしての価値であり、記憶など、他の意味づけは行われていない。しかし、その認定へ向けた運動に深く関わった翁純敏は以下のように述べている。

> 花蓮は台湾で最も開発の遅れた地域であり、若者の多くは台北などの都市へ出て地元に帰ってこない。誇るべき郷土文化があれば状況は好転すると考え、郷土の歴史を調べる過程で日本移民村のことを知り、誰にも管理されていない慶修院のことも知り、保存に向けて政府に働きかけることになった。[16]

本節冒頭に引用した報告書において、慶修院の保存理由が「花蓮県と吉安郷の郷土の歴史を認識し、コミュニティを創出するため」とあるのも、そのためである。本土化が進む台湾社会のなかで、「我等の土地」である郷土の歴史を、上水流が述べるように「見証」するために、かつては価値をもたず廃墟として埋没していた慶修院が発掘され、文化遺産として注目されることになったのである。

記憶の表象

こうして文化遺産の認定を受けることになった慶修院は、花蓮県文化局から翁が幹事を務める非営利団体へと管理が委託され、2010年まではこの団体を中心にモノが保存され、観光客に向けて一般公開されてきた[17]。

モノとして保存されているのは、文化遺産認定の直接的な要因となった日本の伝統的建築様式による建築物としての慶修院だけでなく、88体の石仏（写真4）や不動明王像、弘法大師像（写真5）など、当時の様子を再現したさまざまなレプリカも同時に展示されている。これらのレプリカは、慶修院が文化遺産として認定されたことを契機に、花蓮県と日本統治期の吉野布教所の担い手であった真言宗の住職一家との交流が始まり、当時の様子をもとに再現されたものである。とくに弘法大師像については、住職一家との交流の結果として、真言宗の本山である高野山から特別に寄贈されることになった。その交流は現在まで続いており、慶修院では、定期的に当時の住職の子孫をはじめとする、吉野村生まれの日本人引揚者を招いて、現在の吉安郷との交流や、観光客に向けた護摩法要などのイベントが行われている。

慶修院内では観光客に向けて、その木造建築様式や88体の石仏など、展示されているそれぞれのモノについて、中国語・日本語・英語で解説が添えられている。また慶修院自体の歴史的背景として、案内解説板には、日本が台湾へと入植してきた経緯。七脚川事件で原住民族を武力で鎮圧してから、官営移民村である吉野村が建設されたこと。移民者によってこの辺り一帯が開拓され農業の発展に貢献したこと。移民者の生活、および慶修院の前身である吉野布教所がこの地に建設された経緯。移民者の多くが徳島県吉野川周辺の出身であったため、吉野村と名付けられ、またそのために四国ゆかりのものが慶修院にも多いこと。戦後、日本人が去り慶修院という名前に改めら

写真４：88 体の石仏（筆者撮影）。

写真５：弘法大師像（筆者撮影）。

れたが、三級古蹟となり修復が行われた後、日本との交流を通して弘法大師像が日本の高野山から送られてきたことなどが記されている。

つまり、慶修院への訪問によって表象される記憶の大半は日本統治期吉野村の生活に関する記憶なのである。唯一の例外は吉野村建設前に発生した日本政府による先住民族鎮圧事件である七脚川事件の記憶が表象されることであろう。そこには吉野移民村の正の側面の記憶だけではなく、負なる側面の記憶も同時に表象するように場面設定が行われているのである。

もっとも、当時の吉野布教所をめぐる生活実態が、そのまま文化遺産慶修院によって記憶として表象されるわけではない。たとえば林初梅は、日本統治期に創設された学校を事例に、M・アルヴァックスの集合的記憶論を用いて、現在の台湾社会がもつ日本統治期の記憶について論じており、日本時代の記憶の表象は当時の実態のままのものではなく、むしろ郷土意識が高まる1990年代以降の台湾社会において、台湾社会と日本人引揚者との関わりのなかで、再構築されていることを明らかにしている（林 2016）。文化遺産となった慶修院に表象される記憶も同様に、吉野村の生活に関する記憶であるが、それは当時のままの記憶ではなく、住職や吉野村生まれの引揚者と翁をはじめとする花蓮県や吉安郷の台湾社会とのあいだで、今日において構築された吉野移民村の記憶なのである。

では終戦後、日本人移民者が引き揚げにより当地を去った後、吉野布教所から慶修院へと引き継ぎ、三級古蹟となるまで導いた人々の記憶はいったいどこへ表象されることになるのか。あるいは、そもそも戦後の慶修院をめぐって、いかなる記憶も産出されなかったのであろうか。次節では、慶修院が文化遺産化されてもなお表象されることのない記憶について、現地での聞き取り調査を中心に探っていきたい。

4. 文化遺産化によって表象されない記憶

終戦後、吉野布教所を引き継ぎ、慶修院と改名した寺院の管理を任されることになった呉添妹は、住職や檀家を中心とした寺院の担い手としての日本人が去った後、どのように慶修院の運営にあたったのであろうか。ここでは、戦後の慶修院をめぐる人々の営みを振り返ることで、文化遺産となった今日の慶修院には表象されない記憶について、とくに地域の記憶や家族の記憶といった観点から読み取っていく。

慶修院と地域の記憶

吉野村在住の日本人が引き揚げた後、吉野布教所を引き継いだ呉添妹は正式に出家を果たした。彼女は釈迦像と観音菩薩像を本尊として本堂に祀り、さらに境内に設置されていた88体の石仏を外壁の外に並べるなど、日本時代とは異なる方法で仏像を配したうえで寺院の運営を開始する。台湾仏教は、日本仏教のように檀家制度を通じて地域社会と深く関わることはないが、月々の法会、釈迦や観音の生誕を祝う祭、そして盆など、さまざまな行事の際にはたくさんの信徒が寺院を訪れる。呉添妹の管理する慶修院も、そうした行事を執り行うことを通して、徐々に人々が集まるようになる。

写真6：1957年における慶修院の様子（翁純敏氏提供）。

写真6は、1957年における慶修院の様子である。多くの人々が集まり慶修院の40周年を祝っており、非常に盛況な様子をうかがうことができる。呉添妹の甥であり養子であった呉仕端の妻として、慶修院で長く生活を送ってきたB氏は、法会の準備の様子を以下のように振り返る。

法会などの際にはたくさんの信徒が慶修院にやってくるので、われわれは前日の夜から、近所に住む家族も泊まり込みでやってきて、家族みんなで、参拝する信徒に提供する食事の用意でいつも大変でした。[18]

大きなイベントの際には、呉添妹や同居する呉仕端家族だけで対応することはできず、近隣に居住する呉添妹の家族総出で[19]、助け合いながら準備にあたっていたようだ。A氏も以下のように述べるように、当時は多くの人々が慶修院に詰めかける様子を想像することができるだろう。

法師も、姑婆〔おばさん：呉添妹〕一人では足りないので、法会などの際には花蓮市内の大きな寺院から、臨時で2、3人応援に来てもらっていた。逆に、向こうの人手が足りないときは、姑婆も手伝いに行っていた。

真言宗の寺院として建設され、日本人移民者における信仰の中心となった吉野布教所は、戦後その担い手としての日本人を失った。それは住職だけでなく檀家も含まれる。しかし、呉添妹に引き継がれた後、吉野布教所は台湾仏教寺院慶修院として再び地域社会における信仰の中心へと成長していった。では、当時の慶修院に対して、地域社会はどのような反応を示していたのだろうか。

翁の調査によると、当時の慶修院に対して、客家人は「斉堂」と呼び、福佬人は「菜堂」と呼ぶことはあったものの、大部分は依然として「日本廟」と呼び、またなかには日本語で「ジンジャ（神社)」と呼ぶ者さえもいた（翁 2006: 130)。この故事から、日本人が去った後においてもなお、地域住民の生活のなかにかつての吉野布教所の記憶と当時の慶修院の存在が混在していたことをうかがうことができるだろう。

日本統治期末に吉野村へと家族で移住し、戦後の吉安郷で青少年期を過ごしたＣ氏は、慶修院への人々の往来について、次のように語る。

> 自分は慶修院の中に入ったことはないが、たくさん人が出入りしていた記憶がある。知らない人が多かったような記憶がある。自分の父親も出入りしていたと思う。ただ信仰が理由ではないのではないか。我々の家族は五穀宮へと行っていたから。[20]

五穀宮とは同じ吉安郷に位置し、主に客家の人々が信仰の対象としていた道教の廟である（邱 2006)。吉安郷だけでなく、当時の台湾では居住区ごとに信仰対象の棲み分けが行われていることが一般的であった（林美容 2008)。しかし、筆者による聞き取りのかぎりでは、当時の慶修院は仏教徒にとっての信仰の中心であっただけでなく、信仰にかかわらず人が集まる場所であったと語る人が多い。たとえば、次のＤ氏はキリスト教を信仰し、現在も毎週近所の教会へと通っているが、慶修院における呉添妹との思い出を以下のように語ってくれた。

> 毎日のように慶修院に行って呉添妹とおしゃべりしてたよ。彼女は文字が読めなかったから、私が代わりに彼女のもとに届いた手紙を読んであげ

ていた。[21]

また、E氏は日常時ではなく災害時における、慶修院との関わりについて述べる。

> 地震が発生した時があったような気がする。随分前で、正確な年は覚えていないが、子どものころであったことは間違いない。日本廟にはたくさん石仏があったから、付近の住民が皆、それを片付けに行っていたと思う。[22]

信仰の中心であるかどうかにかかわらず、慶修院という場をめぐって、周辺地域住民たちによる生活が営まれていたことはまぎれもない。以下、少し長いがある噂話を引用しよう。

> 慶修院のとなりに住んでいた沈富豪（1951年生まれ）が言うところによると、子どものころの彼らは皆、慶修院を「日本和尚の埋葬場所」や「日本幽霊の住処」と呼んでいた。とても多くの怪異な伝説があったため、子どものころに良い子にしなければ、両親が脅かして「あなたを日本の幽霊の住処に閉じこめるよ！」と言われたものであるそうだ。怪奇伝説の内容は他にもあり、例えば、付近の牛飼いの子供が夜、慶修院の中に火の玉を見たことや、ある日の夜中に日本廟に入ると白い日本服を着た人が石碑の上を歩いていたが、母親が来た時にはその人は見えなくなったそうだ。また彼の父親が言うには、戦後日本人が去った後、多くの人々が日本人の家屋や土地を自らの物にしようとしたにもかかわらず、日本廟は幽霊が出るので、誰も占有に向かうことはなかったそうだ。　（翁 2006: 130-131）

これらは筆者が聞き取りを行った人たちの多くが、どれかひとつは聞いたことがあるというエピソードであった。とりわけ、当時の住居が慶修院に近ければ近いほど、また年齢が高ければ高いほど、多くのエピソードが聞き取りのなかで表出された。これらのエピソード以外にも、「女性の幽霊」や「女の子の幽霊」という新たなエピソードも得られた。また、吉安郷への移住が、慶修院の閉鎖後であるにもかかわらず、火の玉のエピソードを知り、そしてそれを戦後すぐではなく、無人となっていた時代の慶修院に投影させている人もいた。

以上のように、資料に乏しい戦後における慶修院の様子を、聞き取りによって得た情報で補いながら、わずかではあるが描くことを試みた。それにより、戦後の吉安郷では、慶修院をめぐって、人々の生活が営まれてきたことを確認することができた。そこには、法会などに参加することを通して、信仰の中心としての慶修院と関わる者はもちろん、地域社会の中心として慶修院や呉添妹と関わる人々も含まれる。また、日本人の幽霊や火の玉といった言説に代表されるように、当時の慶修院に吉野布教所の記憶を混在させている様子についても確認することができた。

しかしながら、ここで描き出した戦後の慶修院をめぐる近隣社会の記憶は、現在の三級古蹟慶修院において集合的記憶として表象されることはない。さらに以下では、家族にまつわる記憶を掘り起こすことで、それらが今日の慶修院において表象されないだけでなく、今日の慶修院において表象されている記憶と対立することを示したい。

慶修院と家族の記憶

呉添妹は慶修院で甥の家族とともに暮らしており、またその他の家族も同じ吉安郷内に居住していた。先に述べたように、盆や法会などの行事の際には、近隣に住む他の家族も総出で慶修院に集まり、夜を徹してその準備にあたっていたが、日常的にもさまざまな関わりがあったようだ。A 氏は以下のように述べる。

> 私は学校から帰ってくるとよく慶修院に行って、当時は庭園があったのでそこで遊んだり、本堂につながる廊下で本を読んだりしていた。おじさん〔呉仕端〕が兵役や出稼ぎで外に働きに行っていたので、私が姑婆に付き添って、手伝いをしていた。姑婆に付き添っていろいろなところに行ったことをよく覚えている。よく花蓮市内の寺院まで半日かけて歩いて行って、法会に必要な蠟燭を買いに行った。[23]

呉添妹の長兄の孫にあたるA氏は、孫世代でも年長で、小さいころから慶修院で多くの時間を過ごしており、現在も慶修院から徒歩1分のところにある官舎で暮らしている。彼によると、当時の慶修院はすでにたくさんの信徒が訪れる寺院であり、遠く台北から来る人もいたようだ。

たくさんの信徒が来ていた。商売の成功であったり、特に結婚や出産を祈願しにやってくる人も多かった。それが、信徒が増えた理由でもあった。あるとき、高齢での子授け祈願のためにやってきた人がいた。後日、この夫婦には男子ができたので、お礼にやってきて、「佛光普照」と書かれた立派な額を寄贈して帰った。

一方で当時の慶修院の建物は、すでに建築後40年以上が経過しており、至るところに損傷が見られた。そのため、本堂や家屋を修繕するのも家族の役割のひとつであった。

木造の古い建物や石でできた物もたくさんあったので、維持をするのが大変だった。台風や大雨が来るのでそれに備えるのも。毎年一度は家族をあげて大がかりな修繕作業を行っていたし、その費用も自分たちで出していた。特に、阿添姑の三番目の兄の息子のところが建築関係の仕事をしていたので、定期的に修繕に来ていた。

法会の準備や建物の修繕は大変な作業であった一方で、それは同時に家族が一堂に会する機会でもあった。修繕作業の際や法会の際、さらに旧正月は家族がみんなで集まり呉添妹を囲みながら食事をする機会でもあったのである。

正月のことはよく思い出される。みんなが慶修院に集い、毎年のように姑婆と一緒に新しい年を迎えていた。姑婆以外の家族は必ずしも仏教徒ではなかったが、慶修院ではみんな菜食であった。

呉添妹が、戦後の混乱したなかで半ば偶然に吉野布教所を引き継ぎ、彼女やその後継者であった呉仕端が他界しその管理を手放すことになる1980年代前半まで、慶修院は約35年間にわたって、呉添妹をはじめとする呉氏家族によって管理されてきた。そこでは、台湾仏教寺院としての慶修院をめぐって、さまざまな家族の生活が営まれてきたのである。しかし、このような家族の営みに関わる記憶は、文化遺産化された現在の慶修院において表象されることはない。A氏は、憤りながら以下のように述べる。

日本人が去った後35年間、われわれ家族が慶修院を管理してきたのだ。われわれが心をこめて管理してきたからこそ、50年以上も維持でき、現在の姿があるのだ。それなのに、政府による観光案内などでは日本時代の歴史ばかりが示され、慶修院が戦後は廃墟になっていたと紹介される。これは、本当に悲しい。

また、慶修院で呉添妹と同居していたB氏も、呉氏家族が慶修院を手放した経緯について以下のように述べている。

私たちは県政府に土地代を払いながら慶修院を管理し、生活してきた。夫の死後、7人の子どもを抱えながら年々高くなる土地代を支払い続け慶修院を管理する余裕などとてもなかった。だから、仕方なしに慶修院を手放した。それを、まるで管理を放棄して、廃墟とさせた張本人のように言われるのはとても心が痛い。[24]

彼らは、台風などで損傷を受け、徐々に劣化していく日本時代の建築物や文化財を、ときには地域社会の力を借りながら、家族総出で維持管理してきた。結果的には、呉添妹の死後、慶修院の管理を放棄せざるを得なくなるが、それまで呉添妹を中心とする家族による、費用の捻出や維持管理があったからこそ、1997年に文化遺産申請への機運が盛り上がった際に、有力候補として取り上げられることが可能となったのである。かつて同じく吉野村に存在し、より規模が大きかったにもかかわらず、戦後に引き継ぎ手が現れず、現在では跡形もなくなってしまった浄土真宗の寺院とは対照的である。

A氏やB氏は現在も慶修院の近くで生活をしているが、慶修院に立ち寄ることはほとんどないという。その姿が、かつて頻繁に通っていた姿と大きく異なっているからだ。A 氏は言う。

門や建物の様子なんかもわれわれが過ごした慶修院とは全然違う。政府も文化遺産認定にあたっても誰もわれわれのところに聞きに来なかった。「佛光普照」の額が今も本堂に飾られているが、誰もその由来を知らないだろう。県政府の文化局には何度も抗議したけど、彼らは意図的にこちらの言うことを聞こうとしない。意図的にわれわれが管理していた時期のことを抹消しているのだ。

戦後の慶修院を中心に、呉添妹をはじめとした呉氏による家族の記憶が、現在の文化遺産慶修院において表象されることはない。それらは、日本時代の吉野村を表象する記憶とは担い手が異なり、日本時代を記憶する文化遺産にとっては相容れない記憶であり、不都合な記憶であるからだ。最後に、鰹のたたきを例に本節をまとめてみたい。A 氏は言う。

われわれ家族は、今の慶修院に入る気がしない。私は、見るたびに本当に心が痛む。特に最近は商業化が進みすぎている。文化などないただの商業施設だ。たとえば、われわれは慶修院では必ず菜食に徹していた。それなのに昨年などは、正門のところで鰹のたたきが振る舞われているのを見た。本当に心が痛んだ。

鰹のたたきというのは、現在慶修院を管理する団体が、慶修院を通して吉野移民村の故郷の料理にふれることを目的に、観光客に対して提供したものである。吉野村の多くが四国出身であったことにちなんだ料理として、鰹のたたきが選ばれたようだ。第３節で示した、文化遺産としての慶修院を通して、現在における営みから、吉野移民村の記憶が表象されるひとつの例であろう。しかし、菜食を厳格に守る台湾仏教寺院としての慶修院を記憶する A 氏からすると、それは受け入れられることではなかったのである。

5. おわりに

本章では、台湾における日本統治期官営移民村吉野布教所、および戦後の吉安慶修院を事例に、文化遺産化によって表象される記憶、あるいは表象されない記憶を明らかにすることを目指してきた。

政府による認定を受け文化遺産となった三級古蹟慶修院に表象されるのは、戦後の慶修院における記憶ではなく、移民村時代の吉野布教所における記憶にまで遡る。本土化が進む今日の台湾社会では、日本統治期の建築物に対する評価が見直されており、それらは台湾の歴史を「見証」する肯定的な価値をもつ古蹟として、政府によって文化遺産へと認定される。管理者不在の慶修院が文化遺産として認定された理由も同様であり、そこには日本統治期の官営移民村における真言宗寺院の吉野布教所をめぐる記憶が表象されていた。

もっとも、そこで表象される記憶は、当時の吉野移民村の実態そのものではなく、住職一家を中心とした吉野村生まれの引揚者と、花蓮県や吉安郷で生活しながら郷土の文化を創出しようとする人々とのあいだで、現在において再構築されたものである。また、文化遺産に表象される記憶としてふさわしいように、日本側からの視点だけでなく、先住民族に関わる七脚川事件までをも含めた、網羅的で洗練された記憶となっている。

一方、文化遺産に表象されなかった記憶として、戦後の吉安郷で生活を営んできた人々のあいだで、慶修院を中心として共有されてきた記憶を挙げることができる。戦後の慶修院は地域社会の中心として、そして家族の集まる場所として、文化遺産慶修院において表象されている記憶とは異なる記憶が存在していた。

地域社会の中心としての慶修院は、呉添妹を中心に、信仰の有無にかかわらずたくさんの人々が集まる場所であった。また慶修院を通して、日本人の火の玉や幽霊など、吉安郷に遺された吉野村時代の日本人像を確認することができた。これらは現在の文化遺産には表象されない日本統治期の記憶であるにもかかわらず、戦後の慶修院周辺の地域社会に広く浸透しているものであった。

家族の集まる場所としての慶修院においても、出家者である呉添妹を支えるかたちで人々が慶修院に集まり、生活が営まれていた様子を、A氏やB氏の語りを中心に確認してきた。呉氏家族は慶修院の戦後の歴史において、その重要な担い手であったにもかかわらず、慶修院をめぐる家族の記憶は文化遺産としての慶修院には表象されない。それればかりか、文化遺産としての慶修院からは、彼らが有しているものとは異なり、さらには対立する記憶が表象されていたのである。

日本統治期の吉野村において吉野布教所が存在した期間はわずか30年に満たない。一方、戦後に改名され、台湾人の手によって運営されてきた慶修院は、それ以上の年月にわたり吉安郷に存在している。すなわち、文化遺産としての慶修院に表象される吉野布教所としての記憶よりも、より多くの記憶が戦後の慶修院をめぐって営まれているはずである。本土化が進む今日の台湾社会において、台湾の歴史を「見証」する重要な要素として、日本統治期の記憶を表象することを重視するのであれば、同じように台湾社会の歴史の一部を構成する戦後の記憶についても文化遺産に表象させる必要があるのではないだろうか。本章では、台湾における戦前期にあたる日本統治期の記憶が肯定的な評価を受けるなかで、相対的に重要視されなくなりつつある戦後期の記憶について、フィールドワークを通して掘り起こすことによって、戦争に向き合う社会学の姿を示してきたつもりである。

付記：本章は、村島（2009）をもとに、2016年2～3月に再調査を行い、加筆・修正したものである。

《註記》

1 ――ただし、当時の吉野移民村は現在の吉野郷のうち、慶豊村（宮前）、福興村（清水）および永興・稲香村の一部分（草分）に限られる（翁 2006: 14）。

2 ――文化部文化資産局 HP（http://www.boch.gov.tw/boch/、2016年5月28日閲覧）。

3 ――1982年から1997年5月までは、中央政府が古蹟を認定する権限を握っており、三等級によってランク付けがなされていたが、1997年5月における法改正により、それ以降は国指定、直轄市指定、県／市指定古蹟と、管理する行政単位による分類方法に変更された（上水流 2007: 91）。

4 ――台湾はオーストロネシア語族系の各先住民族を基盤としながらも、住民の大半は異なる時代に異なる地域から移り住んできた人々により構成される移民社会である。人口の9割以上を占めるのは漢族であるものの、同じ漢族でも移住時期や出身地域によって、それぞれ異なるエスニックグループを形成してきたと考えられている。具体的には、日本統治期以前に台湾に移住してきたいわゆる「本省人」、戦後に移住してきたいわゆる「外省人」に分けることができ、「本省人」も「福佬」系と「客家」系に分けられる。もっとも、今日では相互理解や通婚も進み、また東南アジアを中心に新たな移住者も増加しているため、こうしたカテゴライズの妥当性については議論の余地があるだろう（村島 2015: 112-113）。

5 ――小川伸彦によると、文化遺産が文化遺産である理由は、それが保存され公開されることにあり、保存・公開されるのはモノだけではなく記憶にまで及ぶ（小川 2002: 34-70）。

6 ――台湾東部官営移民村に関しては、台湾および日本の研究者により豊富な研究が蓄積されおり、本章では以下の研究を参考とした。当時の移民政策を論じた鍾淑敏(1998)、あらゆる資料から移民村の生活構造の詳細を明らかにした張素玢（2001)、移民村による水利開発が台湾社会に果たした役割を論じた陳鴻圖（2002)、日本人の移民動機や移民後の生活状況を扱った卞鳳奎（2006)、張氏の研究成果に検討を加えた大平洋一（2004)、戸籍史料に着目し非内地人の流入による移民村周辺の人口構成の変化を明らかにした大平洋一（2006)、移民の出身地に注目した荒武達朗（2007）である。

7 ――他にも、鯉魚尾地区に開村された豊田村は、「水田多ク土地亦豊穣ナルカ為メ」であり、鳳林地区に開村された林田村は、「附近ニ大ナル平地林アルト土地水田ニ適スル見込地多キニ依ル」ことが、それぞれの村名の由来となっている（臺灣總督府 1919: 60)。

8 ――日本統治期における吉野村の内地人（日本人）人口は大正11（1922）年の1752人で頭打ちとなり、その後は逐次減少していく。反面、本島人（台湾人）人口は大正11年にはわずか8名であったのが、その後毎年のように増加し、昭和7年（1932）には1675人を記録し、内地人人口を上回ることとなる（中華綜合發展研究院應用史學研究所 2002: 463-474)。

9 ――一方、浄土真宗の吉野布教所は、日本人が去った後、引き継ぎ手が現れず、管理者不在の状態が長く続いた。結果として建物は徐々に破損していき、1984年には完全に撤去され（翁 2006: 114)、現在はその跡形もない。

10――呉添妹の兄の孫であるA氏（1958年生まれ）への聞き取り（2016年3月）より。

11――1982年以前にも「古物保存法」という、中華民国政府がまだ中国本土にあった1930年に公布された法律が存在したが、有効に機能していなかった（林会承 2011: 67)。

12――若林によると、Taiwanizationは中国語で「台湾化」といえるにもかかわらず、台湾では「本土化」といわれることのほうが多い。それは、「本」という中国語が、「この」や「我等の」を含意し、「本土化」は「我等がそうあるべきだと考えるように化する」という主体的欲求と課題の意識をまとう言葉であるからである（若林 2008: 417）。

13――文化部文化資産局 HP「文化資産個案導覧」(http://www.boch.gov.tw/boch/frontsite/cultureassets/caseHeritageAction.do?method=doFindAllCaseHeritage&all=true&menuId=302、2016年5月28日閲覧)。

14――ここでいう「見証」とは、中国語で「見ることができる証」という意味で使われている（上水流 2007: 92)。

15――文化部文化資産局 HP「文化資産個案導覧：吉安慶修院」(http://www.boch.gov.tw/boch/frontsite/cultureassets/caseBasicInfoAction.do?method=doViewCaseBasicInfo&caseId=UA09602000277&version=1&assetsClassifyId=1.1&menuId=310&iscancel=true、2016 年 5 月28日閲覧)。

16――筆者による聞き取り（2016年2月）による。

17――2010年からは、観光開発を推進する県政府の意向もあり、当初の理念を継承しつつも、より商業志向の強い団体へと管理が委託されている。

18――筆者による聞き取り（2016年3月）より。

19――呉添妹には3人の兄と1人の姉がおり、それぞれ吉安郷に居住していた。A氏は長兄の孫にあたり、現在も吉安郷で生活している。また、呉仕端は次兄の息子で、妻のB氏も現在吉安郷に暮らしている。本章における慶修院の戦後の歴史については、主に筆者によるA氏とB氏への聞き取り（2016年3月）に基づいている。

20――男性、1929年生まれ。筆者による聞き取り（2008年2月）より。

21――女性、1936年生まれ。筆者による聞き取り（2016年3月）より。

22――男性、1958年生まれ。筆者による聞き取り（2008年2月）より。

23――以下、A氏に対しては、筆者による聞き取り（2016年3月）より。

24――筆者による聞き取り（2016年3月）より。

《引用・参考文献》

荒武達朗（2007)「日本統治時代台湾東部への移民と送出地」『徳島大学総合科学部人間社会研究』14号：91－104。

アルヴァックス、モーリス（1989)『集合的記憶』小関藤一郎訳、行路社。

大平洋一（2004)「日本統治時代台湾における日本人移民事業に関する研究動向――張素玢『台湾的日本農業移民――以官営移民為中心』の研究成果の検討を中心に」『東アジア地域研究』11号：67－77。

――――（2006)「台湾東部花蓮港庁における内地人移民村の発展と変化――豊田村内および周辺地域におけるエスニックグループ構成の変化を中心に」『現代中国』80号：

195－204。
小川伸彦（2002）「モノと記憶の保存」荻野昌弘編『文化遺産の社会学』新曜社。
翁純敏（2006）『吉野移民村與慶修院』花蓮縣青少年公益組織協會。
上水流久彦（2007）「台湾の古蹟指定にみる歴史認識に関する一考察」『アジア社会文化研究』8号：84－109。
――――（2011）「台北市古蹟指定にみる日本、中華、中国のせめぎ合い」植野弘子・三尾裕子編『台湾における〈植民地〉経験――日本認識の生成・変容・断絶』風響社。
花蓮縣政府（1999）『花蓮縣第三級古蹟吉安慶修院調査研究』中國工商専校。
邱秀英（2006）『花蓮地區客家信仰的轉變』蘭臺出版。
鍾淑敏（1998）「日據時期的官營移民――以吉野村為例」『史聯雜誌』8号：74－85。
臺灣總督府篇（1919）『臺灣總督府官營移民事業報告書』臺灣總督府。
中華綜合發展研究院應用史學研究所總編（2002）『吉安鄉志』吉安鄉公所。
張素玢（2001）『台灣的日本農業移民――以官營移民為例』國史館。
陳鴻圖（2002）「官營移民村與東台灣的水利開發」『東台灣研究』7号：135－163。
卞鳳奎（2006）「日本統治時代台湾の日本人移民情況――花蓮県の吉野村を中心にして」『南島史学』68号：139－162。
村島健司（2009）「表象される記憶、表象されない記憶――台湾における日本統治期の文化遺産を例に」荻野昌弘編『二十世紀における「負」の遺産の総合的研究――太平洋戦争の社会学　平成17年～19年度科学研究費補助金基盤研究（B）研究成果報告書』
――――（2015）「台湾の宗教」櫻井義秀・平藤喜久子編『よくわかる宗教学』ミネルヴァ書房。
林会承（2011）『臺灣文化資產保存史綱』遠流。
林初梅（2016）「湾生日本人同窓会とその台湾母校――日本人引揚者の故郷の念と台湾人の共同意識が織りなす学校記憶」所澤潤・林初梅編『台湾のなかの日本記憶――戦後の「再会」による新たなイメージの構築』三元社。
林美容（2008）『祭祀圈與地方社會』博揚文化事業。
若林正丈（2008）『台湾の政治――中華民国台湾化の政治史』東京大学出版会。

第8章

「豚」がプロデュースする「みんなの戦後史」

グローバルな社会と沖縄戦後史再編

立教大学 関　礼子

1．他人事でない戦後史の来歴

2016年3月19日から4月17日、沖縄県立博物館・美術館で、琉球朝日放送開局20周年記念「パブロ・ピカソ　ゲルニカ（タピスリ）沖縄特別展」が開催された。「ゲルニカ」は、言わずと知れた反戦の象徴である。そこには、空爆に逃げまどい崩れ落ちる人々と、馬や牛といった家畜が描かれている。家畜の悲鳴は、人々の生活が壊れていく悲鳴でもあるが、人々の命の悲鳴にかき消されてしまいがちである。

かつて、沖縄戦の終わり間近に姿なき家畜の悲鳴を聞いた人がいた。ハワイに移民した沖縄県系人（ウチナーンチュ）二世の比嘉太郎だ。沖縄戦に通訳兵として従軍した比嘉は島に人影なくフールに豚なしとレポートした。フールとは豚小屋（豚便所）のことである。報告を聞きつけ、沖縄の人々が生活を取り戻すために生きた豚を送ろうと発案した人がいた[1]。嘉数亀助をはじめとする「ハワイ連合沖縄救済会」の人々である。彼らは募金活動を展開し、アメリカ本土で550頭の豚を買い付け、7人を豚の付添人にして沖縄に豚を送り届けた。戦前に黒かった沖縄の豚が、戦後に白くなったのは、このときからだという。

ハワイからやってきた豚の話は、沖縄戦後史のなかに、ひっそりと埋もれていた。新聞に連載があり、連載をもとに本も書かれたが[2]、「いま、ここ」を生きる人々にとって親しい戦後史になるには、2003年初演のミュージカル「海から豚がやってきた!!」を待たねばならなかった。ミュージカルは、

表：「海から豚がやってきた!!」から「海はしる、豚物語」への軌跡

2003 年	具志川市民芸術劇場で「海から豚がやってきた!!」公演（3 月 9 日、8 月 24 日）。
2004 年	名護市民会館で「海から豚がやってきた!!」公演（3 月 13 日）。 具志川市民芸術劇場でハワイ公演壮行事業として「海から豚がやってきた!!」公演（4 月 11 日）。 ハワイで「The Pigs crossed the Ocean in a ship（海から豚がやってきた!!）」謝恩公演（4 月 30 日）。 那覇市民会館で「海から豚がやってきた!!」ハワイ公演凱旋公演（7 月 3 日）。
2005 年	＊うるま市誕生（具志川市・石川市・与那城町・勝連町が合併）。 ロサンゼルスで「The Pigs crossed the Ocean in a ship（海から豚がやってきた!!）」公演（6 月 26 日）。 宜野湾市民会館で「海から豚がやってきた!!」公演（8 月 6－7 日）。
2006 年	第 4 回世界のウチナーンチュ大会公式事業として「海から豚がやってきた!!」公演（10 月 14 日）。 ＊以後休演するも、小学校の学芸会で台本を独自制作して演じる動きが出てくる。
2013 年	＊「BEGIN 豚の音がえしコンサート―奇跡は巡る―」がうるま市民芸術劇場で開催される（3 月 17 日）。 ＊東京書籍 2013 年度高校英語教科書にハワイから贈られた豚の実話が取り上げられる。
2015 年	＊沖縄県とハワイ州の姉妹都市 30 周年、「海から豚がやってきた」記念碑建立実行委員会結成、募金開始。
2016 年	＊うるま市で「海から豚がやってきた」記念碑除幕式（3 月 5 日）。 うるま市民芸術劇場で、うるま市合併 10 周年記念行事の一環として、「海はしる、豚物語」公演（3 月 5－6 日）。

県内のみならず、ハワイやロサンゼルスで公演された。小学校の学芸会の演目になった。そして 2016 年には、うるま市合併 10 周年を記念し、新たに音楽劇「海はしる、豚物語」としてリニューアルされた（表参照）。

本章では、ミュージカルと音楽劇の仕掛け人である浜端良光にフォーカスしながら、他人（ひと）事でない「みんなの戦後史」が生成される経緯を見ていく。「みんなの戦後史」は、異なる他者と異なる視点が排除されない複眼的な戦後史を意味する。老若男女を問わず、移民か否かを問わず、立場を超えて受け入れることができる近しい戦後史のことを指す。そのうえで、2016 年の音楽劇「海はしる、豚物語」が、沖縄県系二世の戦争経験を細やかに書き加えていった点に注目する。また、日本のなかの沖縄の差別構造が移民社会のなかに投射されていたこと、侮蔑の対象にもなってきた沖縄文化＝養豚がその克服の礎になったこと、戦争が移民社会にもたらした対立にふれながら、音楽劇が豚に寄せた愛郷心の背景を掘り下げるものになったことを論じる。

最後に、グローバルに移動する社会のなかで「みんなの戦後史」が果たす役割、すなわち戦後史を共有し、ネットワーク化する意味について考える。

2．愛郷心と無関心とが引き合って「海から豚がやってきた!!」

浜端良光は「海から豚がやってきた!!」の企画・製作者である。「海はしる、豚物語」では総合プロデューサーを務めた。彼はどのようにしてハワイから贈られた550頭の豚の逸話をテーマ化していったのだろうか。

故郷を想う気持ち――純粋贈与の行為論

浜端は1960年に沖縄本島中部の与那城村屋慶名（やけな）で生まれ、具志川市で育った[3]。アメリカの沖縄統治下で、米軍が製造・配給していた戦闘食Cレーションを食べ、ピーナッツバターや、缶詰に入ったビスケットやチョコレートなど、アメリカの味に親しんできた世代である。両親や兄姉は与那城村の離島・平安座（へんざ）島で生まれ育った。年離れて末に生まれた浜端だけが平安座に住んだことがない。だが、浜端は、本籍をずっと平安座島に置いている。平安座人（へんざンチュ）というアイデンティティがある。それだけに、「島生まれ、島育ちと言えないもどかしさ」もある。

浜端の平安座島の実家は「キジムナーと浜端（はんばた）ウスメー」の民話が残る家である（遠藤 1989: 277-280）。海好きなおじい（ウスメー）さんがキジムナー[4]と友達になって、一緒に海に行く。大漁になるが、魚や蛸の左目がとられる。子どもや孫が気味悪がるので、キジムナーが来たときに一番鳥の鳴きまねをしたら、友達でいられないと逃げていったという民話である。海好きの浜端ウスメーの血筋か、浜端は子どものころに平安座島で、離れ島の魚影の濃い海に親しんだ。イカや魚をタライいっぱいに釣った。沖縄が日本に復帰したのが1972年、その前年に平安座島は海中道路で本島と陸続きになったが[5]、海中道路以前、「離れ島に実家があるというのは感慨深く、船に乗って対岸に着いてしまったら、もう戻れない、という、あの感慨は特別のものだった」。

平安座人は進取の気性（メーナラナラ）に富み、話好きで座を盛り上げる（ザームチャー）といわれるが、浜端も例外ではない。浜端は郷友会で、平安座の島おこしに関心をもってきた。平安座は琉球古典音楽の功労者である世禮國男（せれいくにお）（1897～1950）を生んだ

「音楽の島」である。2012年に開催された「平安座芸能音楽祭」は、それを大々的に示したイベントだった。表だって示されていないが、「すべては世禮のためであり、平安座人のためである」との趣旨で企画した音楽祭の開催に郷友会メンバーが果たした役割は大きい[6]。島おこしは、島に住んでいる人より「郷友会のほうが熱心」な面があるが、それは「愛郷心」や島出身者の「誇り」からくると浜端は考えている。

郷友会は一歩退いて目立たずに動く。その行為は、愛郷心ゆえに返礼を求めない純粋贈与のかたちと見ることができる。純粋贈与は返礼を期待しないし、贈与と意識したり、意識させたりしない。「贈与が純粋に返礼なき贈与であるならば、贈与する当事者も贈与される当事者もそれが贈与であると気付いてはならない」からである（今村 2000: 114）。

骨になっても帰りたい場所——異国にある身体の故郷論

移民した人の愛郷心もたいへん強い。もともと、沖縄県は日本一の移民県で、県単位だけでなく、字（集落）単位で郷友会をつくってきた。平安座島は与那城村内で移民をもっとも多く輩出していた[7]。ハワイ、フィリピン、シンガポール、ブラジル、アルゼンチン、ペルーなど、世界各国に平安座人の足跡が残っている（平安座自治会 1985: 345-386）。

故郷に送金して経済を支えた移民は、移民先の構成員ではなく「故郷の家の成員」として、亡くなった後に「骨の帰国者」になる者もあった（前山 1997: 141）。伝説のブラジル移民「イッパチ」が死後30年たって「骨の帰国者」となり、門中墓に入った話は語り草になってきた（藤崎 1976: 149、比嘉 2005: 272-276）。

浜端にもハワイとブラジルに親戚がいて、夏に1ヶ月くらい里帰り滞在したことがあった。そのころはまだ、「移民」には無関心だった。海の向こうで親戚が亡くなり、同じ平安座島出身の人が遺骨を持ってきてくれた。「死んだ後は故郷の墓に入りたい。こちらが思っている以上に、向こうの人は故郷を思っている」と感じた。だが、それ以上ではなかった。

具志川市の市役所に勤めた浜端が、次に、海を越えて故郷を想う移民の気持ちにふれたのは、広報の担当についたときである。婦人会の取材で、市史編さん室で調査に携わっていた女性から、ハワイから送られた豚の話を聞いた。戦争ですべてを失った沖縄に、寄付を集めて豚を買い付け、苦労して勝連町のホワイトビーチ（軍港）に連れてきた。それだけのことをやり遂げたのに、恩着せがましくならないよう忘れてしまおうと約束した、と。

その話がどこかに残っていたのだろう。具志川市の芸術振興課で市民芸術劇場の担当になったときだった。文化庁の事業で劇団をつくったりしたが、その集大成としてミュージカルを企画・自主制作した。後世に残るものを主題化しようと思いついたのが、ハワイからやってきた豚の話だった。「美談を知らしめたい」という気持ちと、「ノンフィクションには波及効果がある」という考えがあった。

沖縄を救え！――沖縄のための戦後復興論

17世紀に甘藷栽培が普及した沖縄では、18世紀の琉球王府時代に中国の冊封使使節団の接待のために養豚が推奨された。明治期には沖縄全域で１戸に１頭は豚が飼育された。畜舎に便所を併設したフール（豚便所）で、甘藷の蔓や茎、食用に適さない小さなイモを飼料にし、また人間の排泄物を与えての飼育である。豚は正月や祭事で用いられ、生活文化に根付いていた[8]。だが、沖縄戦で豚は激減した。戦後、アメリカは沖縄占領政策で畜産の復興を掲げ、1946年に45頭の繁殖用の豚をアメリカから移送した（沖縄県農林水産行政史編集委員会 1986: 265）。加えて、ハワイ連合沖縄救済会が550頭の豚を送るのである。

> 一九四七年十一月十二日、アロハソーダ会社に同志が集会、沖縄に豚を送る必要ありと考え、十二月十八日慈光園にて再び集会して救済会組織を決議し、会名を「ハワイ連合沖縄救済会」と名づけ直ちに寄附募金のため猛運動を開始し、翌一九四八年四月二十日までに四七、〇九六ドルという大金を集め得た。さてかねての希望通り豚五五〇頭を米大陸において購入し、軍用船にて沖縄に輸送することとなり、附添(ママ)人として山城義雄、仲間牛吉、渡名喜元美、安慶名良信、島袋眞栄、上江洲易雄、宮里昌平の七人が米大陸に赴き、同年八月ポートランド港を出発して、軍用船ジョン・オーエン号に乗船二十八日間の航海の後沖縄に到着、五五〇頭の豚を輸送した。
>
> （玉代勢 1974：207-208）[9]

7人の付添人のうち、安慶名と上江洲は具志川村出身で、村内では2度の歓迎会が開かれた（伊波 1999: 19-21、具志川市史編さん委員会 2002: 202-206）。具志川市民芸術劇場の自主企画にふさわしく、具志川市にちなんだ史実である。だが、批判的な見解があったのも事実である。浜端は「はじめは、なんで豚かと怒られた」と語る。

なんで豚か。その答えは史実のなかにあった。ハワイから送られた豚というテーマの背景には、島に人影なくフールに豚なしと沖縄の惨状を伝えた比嘉太郎の報告があり、「沖縄の人は昔から豚飼いに経験がある上に、沖縄には脂も必要であり、農家には肥やしが絶対必要である」という嘉数亀助の考えがあった（具志川市史編さん委員会 2002: 202）。

ミュージカル「海から豚がやってきた!!」では、ハワイ KPOA 放送のラジオ番組「ウルマメロディ」で募金を呼びかける外間勝美のセリフが豚輸送の意義を説明する[10]。衣料、野菜の種子、漁獲用具、文房具の寄贈・支援をしてきたが、「最大の贈り物は、なんと言っても『豚寄贈がもっとも有意義。』との結論に到達しました。／すなわち、豚肉は県民の食生活に欠かせぬ食料であり、豚からは多量の油がとれ、農家に必要な肥料を作る事も出来ます。昔から沖縄では豚を飼育し、経済的に莫大な利益を得ております」（具志川市民芸術劇場 2004a: 26）。同様に、ミュージカルでは、救済会の男に「沖縄の人は豚が居なければ生きていけません。食用にする家畜不足に伴い、食用油も不足。機械油を料理に使って、命を落とされた方も多いと聞いています」、豚付添人の渡名喜に「豚は大切な食文化ですー。今の沖縄は文化も守れない、守りたくても守れない状況だと思いますよ」と語らせる（同: 30, 43）。豚は戦後の沖縄と沖縄文化を救うためにやってきたのである。浜端は、次のように述べる。

たぶん、体が動いたんだと思います。頭で考える前に、ハートが動いたんでしょうね。だって、自分の住んでいた島ですよね。祖国だし。何でも贈れるものは贈ろう。いろいろ考えて、沖縄の人が生活を取り戻すには豚が必要だと、豚が1年の生活のサイクルを取り戻すのになくてはならないものだと思ったのでしょう。[11]

沖縄の戦後復興を経済的に支えるためにも、人々が文化を守るためにも、生活のリズムを取り戻すためにも、豚でなくてはならなかったのである。

3. 演じられた沖縄戦後史

「ちょっとした思いつき」から始まった自主企画のミュージカルだった。だが、準備が進むにつれ、浜端は「冷たい自分と熱い自分がつながっていく」のを感じた。移民に無関心だった冷淡さが、平安座への熱い愛郷心と引き合って、転機はすでに訪れていた。どんどんとテーマにのめり込んで、ミュージカル「海から豚がやってきた!!」が始動した。キャストの半分はオーディションで市民から選んだ。

「海から豚がやってきた!!」のあらすじを示しておこう。おばあが、物質的に豊かな現代の子どもたちに、戦後、豚が海を渡ってやってきたと語る。もとは沖縄の豚は黒かったので、白い豚に「潮に洗われてから白くなったのかと思ったさー」（具志川市民芸術劇場 2004a: 17-18）。子どもたちが豚の話を聞かせてとせがむ。場面は変わって戦後。ハワイでは沖縄を救うために寄付金を募り、アメリカ本土で買い付けた豚を沖縄に贈る一大プロジェクトが動き出した。550頭の豚を積んでポートランド港を出港したオーエン号だが、嵐に遭い、甲板の豚小屋が壊れて何頭かが海に流されてしまう。オーエン号はポートランド港に引き返して強固な豚小屋をつくり、再び沖縄へと出港する。豚に付き添った７人は船酔い、再びの嵐、日本軍がまいた機雷に苦しみ、水不足に気を病みながら、ようやく沖縄に到着する。

コミカルで明るく「美談」を描くミュージカルであるが、そこでは移民の視点から戦争が捉え返されている。祖国が敵国になってしまった移民にとって、戦争はどのようなものだったのか。

「ンジティ。メンソーレ」——命をつないでくれた二世兵士の呼びかけ

沖縄からのハワイ移民は1899（明治32）年の送り出しから始まった。真珠湾攻撃後に移民は「敵性外国人」となり、ハワイ生まれの日系二世はアメリカへの忠誠を誓って従軍した。

沖縄戦ではハワイの日系二世兵が沖縄方言（ウチナーグチ）で投降を呼びかけた。説得を効

果的にするために、沖縄方言を習ったという二世兵士や非沖縄県系二世兵士もいた（荒 1995: 297、菊地 1995: 194）。当時の沖縄では標準語を話さない人もいて、沖縄方言を母国語として話した比嘉武二郎は貴重な存在だった[12]。彼は、沖縄上陸作戦の際に、ガマに隠れている住民に、「ンジティ。メンソーレ（出てきてください、どうぞお願いしますの意）」と呼びかけ、住民の命を救った。ミュージカルには、このエピソードが投影されている。1948年、豚がハワイからやってくると聞いた少年と叔父の会話を、台本より引用しよう（具志川市民芸術劇場 2004a: 47-49）。

少年：「アメリカのウチナーンチュ？　ハワイのウチナーンチュといってもアメリカーだろ。アメリカと一緒に攻めてきたんだろ。」

叔父：「うんなくとぅいいね口まがいんどー、しぐ。ウチナーンチュやウチナーンチュやさあ。アメリカーやてぃんてーまん。ウチナーンチュやさ。」

少年：「叔父さん、戦争の時のこと、忘れたのか！　お父も、お母も、散々バラバラ、アメリカと一緒になって戦ったやつらは、わんは絶対許さん！。」

叔父：「はぁー、情けないなあー……。お前は、ハワイに渡った人の気持ちを考えた事が有るか？　誰が好き好んで戦争する。誰が好き好んで自分の親戚にテッポウ向けるか。考えてみなさい。」

少年：「叔父さん、何でよォ。」

叔父：「いいか。ゆう、ちきよーやー。アメリカ兵としてウチナーへ来た二世の話をしてあげようね。戦争ん、うわいがたーんかい、なてぃから上陸したアメリカ兵ぬ中に、ウチナーンチュがいたわけさー。命からがら、ガマに隠れている人たちに向かって、なんて言った思う。『ンジティ。メンソーレ』『ンジティ。メンソーレ』って言ったんだよー　わかるかー？　丁寧に……敬うように……その心がわかるか？」

少年：「……。」

叔父：「叔父さんはねー、うぬ、話しちちゃーい、胸を打たれたさー。アメリカんかい、ふうたるウチナーンチュが、どんな思いでそんな事を言ったか、恥ずかしながらその時初めて気が付いたよ。ハワイんかいふてぃ、どんなに辛かったか、初めて気が付いたよ。うぬ、ウチナーンチュが敬語で投降を呼びかけたんだよー。裏切り者と言ったら罰があたるよー。」

ガマに隠れていた住民の命を救った「ンジティ。メンソーレ」。ミュージカルのなかで、沖縄に住む人が出てくるのは最初と最後、そしてこの場面のみである。さらにいえば、戦後まもない時期の沖縄の住人が登場するのは、ここのみである。太平洋戦線に従軍した日系二世兵は MIS（米軍情報機関）語学兵で、その活動内容は 1971 年になるまで軍事機密とされていたため、ほとんど知られていなかった。しかも、MIS 語学兵の口は重く、どんな活動をしたか語りたがらなかった。理由は、「太平洋戦線で戦ったという“わだかまり”のようなものもあったのではないだろうか」と推察されている（菊地 1995: 137）。

「海から豚がやってきた!!」は、敵味方に分かれてしまった“わだかまり”を正面から捉えた。「ンジティ。メンソーレ」に沖縄県系二世兵の心中を斟酌し、「どんなに辛かったか」と、叔父さんが少年に伝えているのである。

別の場面では、豚の付添人・安慶名が、沖縄戦で美しい村がどれだけ傷ついたか、知り合いが死んではいないか、沖縄に近づくのは嬉しい反面、怖いと語る。付添人・宮里が、みんな同じだと答え、「沖縄の人が何をしたというんだろうね。僕らは戦争中ハワイにいて、手ひどい扱いを受けてきた。それでも立派なアメリカ人になろうと努力したが、故郷のことを考えるとやりきれなかったよ」と続ける（具志川市民芸術劇場 2004a: 90）。

沖縄ではハワイに移民した人の苦労を偲び、ハワイでは沖縄県系人が沖縄戦の惨状に胸を痛めている。ミュージカルは、双方の視点から、敵味方になった“わだかまりの戦後史”を修復させ、戦争がつくった“壁”を乗り越えようというメッセージを発しているのである。

ハワイへ行こう！――他人事ではない戦後史を世界のウチナーンチュへ

ミュージカルの稽古をしている最中から、浜端の心はハワイの沖縄県系人とつながりたがっていた。酒を酌み交わしながら、「よし、行こう！」と語らっていた――「ぼくらはまだハワイにありがとうを言ってないじゃないか」[13]。ハワイ行きを具体化してくれたのが、アメリカ・ロサンゼルスの上原旅行社の上原民子社長だった。公演を見に来て、「他人事とは思えないんですよ。ハワイへ行きませんか」と、言ってくれたのである。

予算がないなかで、ハワイ公演に向けた準備が始まった。採算度外視で上原旅行社が手配を引き受けてくれるとはいえ、50名以上のスタッフがハワイに行くには、旅費やギャラの工面が必要だった。ホーメルのコーンビーフ・ハッシュ缶詰を仕入れて社員価格で売った[14]。資金造成の公演を行った。企業から、養豚をしていた方から、市町村職員から寄付があった。勝連町の中・高校生がつくる現代版組踊「肝高(キムタカ)の亜麻和利(アマワリ)」の公演チケット代の寄付もあった[15]。浜端は次のように書いている。

> 55年前にハワイの沖縄移民が沖縄救済のためにやったのとほぼ同じことをして今度はハワイへ行こうとしていることに気づいたとき、ハワイと沖縄を巡る事物は還流していくなあと感じていました。[16]

浜端は市職員だから、「予算をとるのが仕事で、缶詰を売るのが仕事ではない」。当初は、「遊びに行くんではないか」という声がなかったわけではないが、自主企画のミュージカルをハワイに連れていくために、具志川市長を委員長とする実行委員会結成にこぎつけた。ハワイでも、「県出身者に打診したところ噂は瞬く間に広がり〔略〕熱烈な歓迎ぶりで、ハワイ沖縄連合会や具志川市人会の皆さんが会場の借り上げからチケットの販売に至る作業のひとつひとつを精力的に」こなし、公演を後押した（具志川市民芸術劇場 2004b: 1）。

ハワイ公演に必要な1300万円のうち1000万円を資金造成公演や寄付で集め、残りは自己負担でハワイ公演を実現させた。翌年にはロサンゼルス公演も行われた。この2つの公演を「世界のウチナーンチュ大会」担当の沖縄県職員が視察し、それが2006年の「第4回世界のウチナーンチュ大会」での公演につながった。

この「ウチナーンチュ大会」の公演を見た老人の話がある。伝聞のかたちになっているが、実際は浜端が経験したことである。

10代でブラジルへ渡り、たびたび帰国したが、なぜか沖縄の人に白い目で見られているような気がしてならない。そう思い始めると、帰国の間隔がどんどん延びていった。その時も二十数年ぶりの沖縄だった。

でも公演を見て、自分たちに感謝しているウチナーンチュがいることが分かって、止めどなく涙があふれたのだという。「公演のおかげで毎年でも来られそうな気がする」。出発ロビーで袖をつかまれて、涙ながらに何度も感謝の言葉を繰り返していたという。[17]

ミュージカルは、養豚が盛んだった具志川市とハワイの沖縄県系人７人の物語を超えて、沖縄から世界各国に根付いた沖縄県系人とのネットワークを表象するものになった[18]。より正確には、沖縄県系人の視点で描かれる「海から豚がやってきた!!」が、世界中に根を張った沖縄県系人の戦後史と重なり合い、他人事でない戦後史になったのである。

初演から４年。「第４回世界のウチナーンチュ大会」の公演は、「海から豚がやってきた!!」の最後の舞台になった。

「ゴー・フォー・ブローク」――書き加えられたハワイ沖縄県系人の戦争体験

ハワイ公演壮行事業のパンフレットに、具志川市民劇場の玉寄(たまよせ)長信が「物語の背景」という文章を寄せた（具志川市民芸術劇場 2004b: 4-5）。真珠湾攻撃のあと、日系人指導者が強制収容所に連行されたこと。逆境に抗って二世が米軍に志願し、ヨーロッパ戦線で「ゴー・フォー・ブローク」（当たって砕けろ）を合言葉に目覚ましい戦績をあげたこと。その成果に正比例するごとく高い死傷率だったこと。沖縄戦では、住民を救うために必死で投降を呼びかけた二世兵がいたこと。戦後は「勝ち組」（日本が勝ったと信じる者）と「負け組」（日本の敗戦を直視する者）に分かれて対立し、「負け組」が沖縄救済のために物資支援をしたこと。玉寄は文章の最後を次のように締めくくった。

「当たって砕けろ！未来のために」と言うのは、当時のハワイを象徴しているようだ。彼らのこの様な精神が、アメリカの戦後における日系人の名誉回復、社会的成功を切り開いたのではないか。沖縄への支援も不足物資の提供にとどまらず、未来に向けた自活力の育成に向けられていた。沖縄への大学設置を唱えたのもハワイの沖縄人であったが、軍政府が琉球大学の設立（初代学長志喜屋孝信氏）に取り組むと、今度は米国留学への道を切りひらいてくれた。豚輸送についても、単なる食料提供ではなく「畜産振興」を意識した優良品種が選定された。「沖縄復興」のため、知恵をふりしぼった支援であった。

感謝するだけでは足りない。ハワイの沖縄人に学ぶべきことは実に多い。（同: 5）

浜端は玉寄のこの文章を、繰り返し読んだ。のちの音楽劇「海はしる、豚物語」の制作にあたって、ハワイの沖縄県系人の戦争体験をもっとふくらませようと思った[19]。

4.「豚」から「豚」へと「奇跡は巡る」

ミュージカル「海から豚がやってきた!!」は大きな反響を呼び、多様な展開を見ながら音楽劇「海はしる、豚物語」につながっていく。新たな視点から付け加えられたシーンや台詞がある。浜端は、とくに豚を沖縄に送ることを発案した嘉数亀助に光を当てた。「『沖縄に豚を送り届けたら一切を忘れてしまおう』〔略〕こんな美談は、実利実効あるだけで対価の一切を求めない嘉数ならではの空気感がそうさせたのではないか、そんな気が」したからである[20]。嘉数の純粋贈与の行為とその背景、異国にある身体の故郷観と戦後沖縄復興のための論理を、「海はしる、豚物語」への展開から読み解いてみたい。

みんなで育てる「海から豚」の物語――未来につながる歴史を求めて

ミュージカルで歌われた曲に「どんなに遠く離れていても／誰かを思う気持ちは同じ／どれほど時が過ぎたとしても／故郷思う気持ちは同じ」というフレーズがある[21]。「思う気持ちは同じ」になって、「海から豚がやってきた!!」は、さまざまな展開を見た。

小学校ではオリジナルにアレンジされた台本がつくられ、学芸会の演目となった。劇を通して世界に目を向け、海外で活躍する沖縄県系人の「熱い思いに触れることで、ウチナーンチュの持つアイデンティティや伝統芸能、文化に目を向けさせる」ことになった[22]。

沖縄出身の人気バンドBEGINは、2004年にハワイの沖縄フェスティバルに招待された折に豚の話を知り、550頭の豚にちなんで、550個の楽器をハワイに贈る「ブタの音(おん)がえし募金」プロジェクトを始めた[23]。そうした縁もあり、浜端はBEGINと「海から豚がやってきた!!」のコラボ「BEGIN豚の音がえしコンサート—奇跡は巡る—」(2013年)の企画制作に携わった。

沖縄県とハワイ州の姉妹都市30年の2015年には、沖縄県が中心になって、「海から豚がやってきた」記念碑建立実行委員会をつくり、記念碑建立の募金活動を行った。同年、うるま市は合併10周年記念事業「海から豚がやってきた!!」の公演に向けた実行委員会をつくった。浜端はそこに総合プロデューサーとして関わるが、わけあって「海から豚がやってきた!!」のリニューアルを提案した。自らハワイで調査して、新しい視点で舞台をつくりあげる——野心的な挑戦であった。公演を重ねるなかで、戦後沖縄の救援に奔走した関係者らとの出会いがあった。豚輸送に尽力した、もっと多くの人にスポットを当てるべきだ、という声も寄せられていた。浜端は、そうした出会いや声に向き合い、未来につながる歴史を自分たちで生み出そうとしたのである。

音楽劇の前半部分には、沖縄県系人が置かれていた社会的状況や戦争体験、豚輸送に込められた思いが書き加えられた。脚本は世禮トオル。浜端のペンネームである。そこに演出家が脚色をして上演台本がつくられた。沖縄県が中心になって進めた「海から豚がやってきた」記念碑の除幕式に合わせて、「海はしる、豚物語」の公演が行われた(2016年3月5〜6日)。会場には、関連写真のパネル展示のほか、「ゴー・フォー・ブローク」の二世兵の写真が並べられたコーナーがあった。家族連れの姿も多く見られた。

音楽劇の始まりは、ライカムである。2人の若者が、ハワイ生まれの沖縄育ち、日系二世の元米軍兵士の老人たちに出会う。2015年にオープンしたイオンモール沖縄ライカム。ライカムはかつてあった琉球(米)軍司令部の略で、地域の名称にもなっている。そこで二世たちは若者に2つの国のあいだで「戦争に翻弄された」経験を語る(「海はしる、豚物語」台本による。以下、台本)。1900年、沖縄から初の移民がハワイの地を踏んで以来、沖縄県系人は差別に抗いながら養豚・養鶏で社会的な地位向上をはかってきた。そこに真珠湾攻撃が起こる。日本人指導者は強制収容所に収容された。米軍に入隊した二世はヨーロッパ戦線で命をかけて戦った。沖縄戦に語学兵として参加した二世兵は「ありったけの地獄」をハワイに伝えた。そして終戦後、「沖縄の自立復興のために」豚を送る計画がスタートした。

沖縄ケンケン豚カウカウ——純粋贈与の故郷還流論

リニューアルされた音楽劇には、純粋贈与の還流という視点が内在している。ハワイに限らず、沖縄県系人は移民社会の最下層に置かれていた[24]。「海はしる、豚物語」では「沖縄ケンケン、豚カウカウ」が「養豚哀歌」として唄われる。「カウカウ」はハワイ語で「食べる」(鳥越 2013: 162、島田 2004: 229)。沖縄県系人を揶揄する言葉である。だが、沖縄県系人は「重労働だし、クサいし、屠殺して出荷する一連の作業が嫌われていた」養豚に活路を見出し、「沖縄に根付いていた養豚技術で、ハワイの養豚業を成功させた」(台本)。

そうした背景があって、「自立のための道具」「沖縄の人々の暮らしを立て直すための処方箋」として豚輸送が発案される。豚は食料に、糞は肥やしに、そうして育てた作物は食料に、残飯や糞は豚の餌に。「フールでパーフェクトな食物連鎖」ができ、「豚の恩恵は循環」する。豚を繁殖させることで沖縄の戦後復興に寄与できる(台本)。

演出で削除されたが、浜端は原作で、豚輸送の発案者・嘉数亀助に次のように純粋贈与の行為論を語らせていた。

> 沖縄では戦争ですべてが焼けてしまって着の身着のままでろくな家にも住んではいない。ましてや彼らは戦争に負けた国の民ということになっている。これ以上彼らに卑屈な思いをさせないように気をつけてほしいんだ。特に服装だ。船が港に着いたら派手な服装にならないようにしてくれ。背広なんて御法度だぞ。
>
> それともうひとつ、豚の贈り物は沖縄の復興に多大な効果を発揮することは間違いない。ただ、私たちの目的はただひとつ、沖縄の復興であって、自慢するためにやったわけではないはずだ。だとしたら私も含め、君

たちも、沖縄に豚を送り届けたらこのプロジェクトのことは忘れてほしいんだ。けして恩着せにならないように。

この部分には、ハワイからの純粋贈与の行為の前に、もうひとつの純粋贈与があったことが暗示されている。ハワイに移民した沖縄県系人にとっても豚は「自立のための道具」であり、社会的な地位向上の礎であった。つまり、豚輸送に先立って、沖縄の養豚文化と養豚技術が移民社会に純粋贈与されていたのである。豚の恩恵は、異国にある身体が捉えた故郷の恩恵と読み解くことができる。自分たちの自立と地位向上を可能にした豚を再び沖縄へ。故郷を離れて故郷を想うとは、そういうことでなかったか。豚輸送は、故郷の純粋贈与を再び故郷へと還流させたのではなかったか。

日系人の名誉――トルーマンのスピーチと「負け組」の戦後沖縄復興論

沖縄の住民を助けた「ンジティ。メンソーレ」。ヨーロッパ戦線での「ゴー・フォー・ブローク」。「海はしる、豚物語」は日本とアメリカの間で戦争に翻弄された日系二世のエピソードを史実に忠実に掘り下げていった。ヨーロッパ戦線での勇敢な闘いの「すべては日系人の名誉のため」だった（台本）。「終戦後、トルーマン大統領は、『諸君は敵だけでなく、偏見とも闘い、そして勝利したのだ』と最大級の賛辞で讃え」た（台本）。

ヨーロッパ戦線から戻ってきた二世兵士は、日本とアメリカの「あいだ」（木村 2005）について、次のようにも語っている。

私達の体内には「日本人」の血が流れているし、極めて不充分ながらも、日本語教育の背景をもっているので、日本に対し全然無関心ではあり得ない。しかし、大きな問題にぶつかった時、私達は体内に流れている「日本人」の血という理由だけで、物事を解決しようとは決して思わない。アメリカの教育は私達個人個人が、充分に考え得るだけの素地を作っていてくれるので、冷静にもっと大きな視野から、解決のカギを探し求めようとする。（ハワイ日本人移民史刊行委員会 1964: 360-361）

戦後、沖縄県系人は日本とアメリカとの「あいだ」で反目した。「勝ち組」

と「負け組」の対立は、ブラジルでは殺人事件にまで発展していた。「勝ち組」は日本が負けたことを信じない人々、「負け組」は日本の敗戦を受け入れた人々である。沖縄救済に動いた人々は「負け組」であった。音楽劇では、衣類救済運動を展開しているボランティアのところに「勝ち組」がやってきて「おい！　貴様ら。神国日本を冒瀆する気か。日本はなあ、アメリカになんぞ負けてない。救援物資を送るだあ？　いいかげんにしろ！」と怒鳴る（台本）。勝利を盲信しなかった「負け組」が沖縄救済に動き、豚輸送を成し遂げた――純粋贈与の背景には、それこそ冷静に大きな視野で解決のカギを探し求めようとした人々がいたのである。

5．戦争とはグローバルな人の移動を隔てるもの――むすびに代えて

沖縄の生活文化や食文化が「自立」の鍵となる――豚輸送に関わった移民の願いは、ミュージカル「海から豚がやってきた!!」を通して、グローバルな移民のネットワークを強化するものになった。そして「海はしる、豚物語」でスポットが当てられた沖縄県系二世の人生は、グローバルな人の移動を隔てる“壁”としての戦争を浮き彫りにした。「海はしる、豚物語」の最後のト書きには、「沖縄とハワイと世界の同胞の想いに感謝し、希望を胸に、未来を祝う」とあるが（台本）、希望とは日系二世の沖縄戦のみならずヨーロッパ戦線での戦争経験をたどることで見出された平和へのベクトルでもあろう（図参照）。

> 歴史は繰り返しがあるという。平凡な見方だが一つの真実である。今度の戦いで私達が立たされた立場と役割は然しながら、そう沢山転がっているものではない。今後もあっていいことではないのである。〔略〕友好と福祉の伝道者としてだけのニセイ部隊を考えなくてはならないのである。
>
> （ハワイ日本人移民史刊行委員会 1964: 360）

互いの戦後史を共有し、世界のウチナーンチュとしてネットワークを修復・形成・強化していく。ヒト・モノ・コトが流動化する今日のグローバル化社会で、グローバルを隔てる“壁”を否定していく。豚がプロデュースす

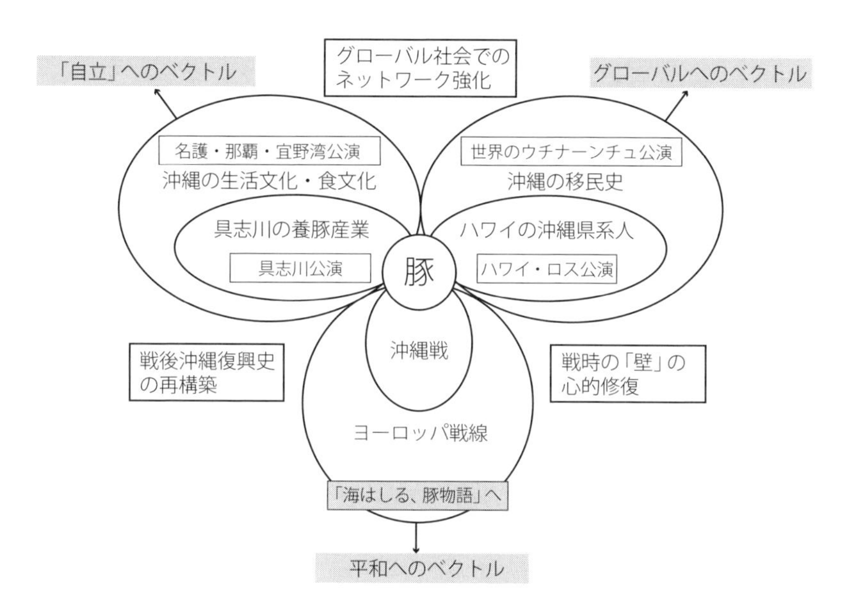

図：豚の物語がプロデュースした複眼的な戦後史のネットワーク

る「みんなの戦後史」は、沖縄と沖縄県系人という、明確に境界づけられない領域から、戦争と平和を読み解く動きと捉えることができる。

公演後、浜端は「海はしる、豚物語」に「まだまだ満足できない」と語った。シナリオも演出もまだまだ深化するということだ。ハワイからやってきた豚というモチーフを表現することは、いまや浜端のライフ・ワークだが、他方で「自分は少し退いて、みんなのものにしたい」という思いもある。「みんなの戦後史」は現在進行形の動的な未来づくり運動になりそうだ。

謝辞：貴重なお話を聞かせていただいた浜端良光氏、情報を寄せてくださった宮里勝二氏に感謝する。なお、本章は2010～2013年度科研費「越境システムの進化制度論的展開とコミュニティ」（代表：丹野清人）の研究成果の一部である。

《註記》

1 ――1947年11月18日布哇報知の、沖縄駐在の牧師から繁殖用の豚を送ってもらいたいという豚輸送の報道が直接のきっかけだが、1945年6月14日の布哇タイムス掲載の比嘉の報告（比嘉 1982：284-287）が豚への関心の始まりだった（島田 2004: 243）。

2 ――豚の話は移民の戦後沖縄救済事業のひとつとして記述されてきた。1994年に琉球新報に連載され下嶋（1995、1997）に著されたが、広く知られていたわけではない。

3 ――与那城村は1994年に町制施行で与那城町になり、2005年に具志川市、石川市、勝連町と合併し、うるま市の一部となった。以下、自治体名や市町村の別はその時点での呼び名で記す。

4 ――キジムナーはガジュマルの古木に宿る妖怪・精霊で、子どもの姿をしている。ディズニーの『リロ・アンド・スティッチ』でもキャラクター化された。

5 ――平安座島と本島のあいだの浅瀬の海をつなぐ海中道路は平安座島へのガルフ社（アメリカの石油会社）進出の条件として建設された（関 2002）。

6 ――占領下で軍雇用に就くため本島に移住した平安座人が各地区で郷友会を発足させた。1960年に浦添地区、1966年に具志川地区、その後も郷友会が地区ごとに発足、1981年に平安座郷友連合会が結成された（平安座郷友連合会 1991: 63）。

7 ――1932（昭和7）年の与那城村字別出稼ぎ者数で見ると、平安座島からの移民は483名で、村全体（1147人）の約42％を占める（中頭郡平安座尋常小学校 1932: 40-41、関 2002: 230）。

8 ――考古学の視点から中国と日本列島の豚便所について論じた西谷大は、日本列島では弥生時代以降に豚を食料に特化させることで豚飼養が衰退したとし、「豚便所を受容した琉球列島は、中国の豚文化と同様に、人糞利用を背景にして成立した豚飼養であり、畜糞での施肥、それに共食による共同体の紐帯強化や豚にまつわる祭祀が複合化した中国的な多目的多利用型豚文化である」と記している（西谷 2001: 134）。豚便所は信仰の対象でもあった（平川 2000: 73-80）。豚と人との関係は戦後70年間で変化が著しいが（比嘉 2015）、いうまでもなく現在も沖縄の食文化の中心にある。

9 ――改名などのため、引用部分の名前表記はミュージカル・音楽劇とで異なっているが、混乱をさけるべく、ミュージカル・音楽劇の名前表記で統一した。

10――外間自身も「ウルマメロディ」での呼びかけが「豚輸送基金には大きな力となった」と書いている（外間 1974: 214）。この例に示されるように「海から豚がやってきた!!」も「海はしる、豚物語」も、台詞は細部まで史実で裏づけることができる。

11――2016年3月16日のヒアリングによる。

12――堀江（1991)、沖縄県平和祈念資料館（2013: 28-30）、菊地（1995: 197-206）などに比嘉武二郎の証言がある。

13――2013年3月17日、うるま市民芸術劇場『BEGIN 豚の音がえしコンサート―奇跡は巡る―』のチラシ。

14――1959年創業の沖縄ホーメル㈱は、スパムなど缶詰やソーセージなど豚肉加工食品を製造・販売。コーンビーフにサイの目に切ったジャガイモを入れたコーンビーフ・ハッシュは、沖縄ではポピュラーな食べ物である。

15――2000年に初演の「肝高の亜麻和利」は、2016年3月現在、総公演回数277回、総観客動員数16万153人。中・高校生が勝連城10代目城主の亜麻和利の半生を、沖縄伝統の組踊で表現するミュージカル（現代版組踊「肝高の阿麻和利」HP：http://www.amawari.com/、最終アクセス2016年3月28日）。

16――註13に同じ。

17――浜端良光「それぞれの転機」（琉球新報2011年10月9日）。

18――これに関し、移民の歴史についての「記憶再生の新たな試み」という評価がされている（金城2005: 94）。

19――ロバート・ピロッシュ監督の映画『二世部隊（GO FOR BROKE !）』（アメリカ、1951年）などで、日系二世兵の活躍はアメリカでは広く知られる。映画ではブタを連れた沖縄県系人と思われる二世兵も出てくる。なお、アメリカは戦時中に強制収容した日系人に1988年公式に謝罪、生存者に補償金を支払った。

20――浜端良光「『海はしる、豚物語』上演に寄せて――忘れられた嘉数亀助」（琉球新報2016年2月2日）。

21――池内美舟作詞、嘉手苅聡作曲「海から豚がやってきた」。ただし、一部表記変更。

22――儀間由美子「平成23年度教師海外研修（派遣国：ブラジル）実績報告書」（JICAHP：http://www.jica.go.jp/okinawa/enterprise/kaihatsu/kaigaikenshu/2011/ku57pq000004xoyx-att/report_02.pdf、最終アクセス2016年3月28日）。

23――2014年7月9日、ハワイアンズ（福島県いわき市）のフラガールを育成する常磐音楽舞踏学院の50周年記念東京公演で、BEGINは「豚の音がえし」プロジェクトに言及、東日本大震災で津波にさらわれて漂流したポストがハワイを経由して沖縄の西表島に漂着したことを例に、東北とハワイ、沖縄のつながりを語った。

24――初期の沖縄移民への「冷酷な仕打ち」については、宮本ほか（1995: 505-506）を参照。ブラジルでも「沖縄人には大和人（ヤマトンチュ）は、人間ではないという見方があったし、内地人は沖縄人は最低だという見方をしていた。豚肉は食べる、色は黒い、毛深いので異人種だといっていたことは事実であった。婿取り嫁取りの縁戚関係は決して結ぼうとしなかった」（屋比久1987: 73）。一部の人の「とんでもない差別的発言」が「沖縄県人の心を傷つけ、それが強い記憶として残」ったとも指摘されている（鳥越2013: 165）。

《引用・参考文献》

荒了寛編（1995）『ハワイ日系米兵――私たちは何と戦ったのか？』平凡社。

伊波妙子（1999）「豚輸送と具志川の関わり」『具志川市史だより――市民が語る市史づく

り』No.14、具志川市総務部具志川市史編さん室：15-24。
今村仁司（2000）『交易する人間（ホモ・コムニカンス）』講談社。
遠藤庄治監修（1989）『よなぐすくの民話』与那城村教育委員会。
沖縄県農林水産行政史編集委員会編（沖縄県農林水産部企画）（1986）『沖縄県農林水産行政史 第5巻（畜産編・蚕業編）』農林統計協会。
沖縄県平和祈念資料館編（2013）『ハワイ日系移民が見た戦争（イクサ）と沖縄（ウチナー）――ハワイウチナーンチュの沖縄へのウムイ（第14回特別企画展）』（図録）。
木村敏（2005）『あいだ』筑摩書房。
金城宏幸（2005）「ディアスポラの記憶としての『移民』と現代沖縄社会」『移民研究』1号：85-99。
菊地由紀（1995）『ハワイ日系二世の太平洋戦争』三一書房。
具志川市史編さん委員会編（2002）『具志川市史 第4巻　移民・出稼ぎ論考編』具志川市教育委員会。
具志川市民芸術劇場（2004a）『ミュージカル 海から豚がやってきた!!――太平洋を渡った550頭の豚と7人の勇士の物語』（2004年版、台本）。
――――（2004b）『ミュージカル 海から豚がやってきた!!――太平洋を渡った550頭の豚と7人の勇士の物語』（ハワイ公演壮行事業パンフレット）。
島田法子（2004）『戦争と移民の社会史――ハワイ日系アメリカ人の太平洋戦争』現代史料出版。
下嶋哲朗（1995）『海からぶたがやってきた！』くもん出版。
――――（1997）『豚と沖縄独立』未来社。
関礼子（2002）「地域開発にともなう『物語』の生成と『不安』のコミュニケーション――海中道路と石油基地の島・平安座から」松井健編『開発と環境の文化学――沖縄地域社会変動の諸契機』榕樹書林。
玉代勢法雲（1974）「ハワイにおける沖縄救済事業」比嘉太郎編『移民は生きる』日米時報社（発行）。
鳥越皓之（2013）『琉球国の滅亡とハワイ移民』吉川弘文館。
中頭郡平安座尋常小学校（1932）『創立三十周年記念誌』（復刻版）。
西谷大（2001）「豚便所――飼養形態からみた豚文化の特質」『国立歴史民俗博物館研究報告』90号：79－149。
ハワイ日本人移民史刊行委員会編（1964）『ハワイ官約移住75年祭記念　ハワイ日本人移民史』布哇日系人連合協会。
比嘉憲司（2005）『イッパチの夢を賭ける――ブラジル移民秘話』亀比嘉商会。
比嘉太郎編（1982）『ある二世の轍』日貿出版社。
比嘉理麻（2015）『沖縄の人とブタ――産業社会における人と動物の民族誌』京都大学学

術出版会。
平川宗隆（2000）『沖縄トイレ世替わり――フール（豚便所）から水洗まで』ボーダーインク。
藤崎康夫（1976）「ブラジル移民のこと」『6年の学習科学読み物特集』学習研究社。
平安座郷友連合会編（1991）『平安座郷友連合会十年の歩み』平安座郷友連合会。
平安座自治会編（1985）『故きを温ねて』平安座自治会。
外間勝美（1974）「沖縄救援こぼれ話」比嘉太郎編『移民は生きる』日米時報社（発行）。
堀江誠二（1991）『ある沖縄ハワイ移民の「真珠湾（パール・ハーバー）」――「生みの国」と「育ちの国」のはざまで』PHP研究所。
前山隆（1997）『異邦に「日本」を祀る――ブラジル日系人の宗教とエスニシティ』御茶の水書房。
宮本常一・山本周五郎・楫西光速・山代巴監修（1995）『日本残酷物語４　保障なき社会』平凡社。
屋比久孟清（1987）『ブラジル沖縄移民誌』在伯沖縄県人会。

第9章

被爆問題の新たな啓発の可能性をめぐって

ポスト戦後70年、「被爆の記憶」をいかに継承しうるのか

日本大学　好井裕明

1．観光地としての原爆ドーム

ここ数年、広島の平和記念館の地下にある情報資料室に通っていた。戦後すぐから1970～80年代までの被爆問題関連で教育誌、婦人問題誌、週刊誌など禁帯出の資料を渉猟するためだ。ゆっくり時間をとって作業を進めたいので、朝一番の9時前に平和公園を訪れていた。その時間はまだ観光客も少ないし、私は原爆慰霊碑に手を合わせてから資料室に向かうことにしていた。この論考を書き始めるにあたって、そのとき目にした光景をどうしても思い出してしまう。

多くの人々は、原爆慰霊碑を前にして、まずは手を合わせ、頭をたれ、被爆地の観光へと移動していく。しかしそのなかで、笑顔でポーズをとり慰霊碑の前で楽しそうにはしゃいでいる外国人の若いカップルがいた。彼らは慰霊碑の向こうに見える原爆ドームに自分たちの姿がもっともうまく写り込むことができるよう、いろいろとポーズを変え、最高の記念写真を撮ろうとしていたのだ。

もちろん、平和記念公園は、広島にとって重要な観光地であり、こうした観光客の姿はとくに外国人だからということに限らず、今は多く見かけるのかもしれない。しかし、彼らの楽しそうな、屈託のない姿を見て、どうしても違和感を覚えてしまっている私がいたことも事実なのだ。

観光地であることは確かだし、周囲に迷惑がかからないかぎり、どのよう

に写真を撮ろうが、それは自由だろう。被爆地広島の観光の仕方、楽しみ方もまた多様であり、より多くの観光客を誘致するために、これまで多くの工夫がされてきていることもまた事実だろう。しかし、外してはいけないことがあるように思う。私が覚えた違和感の源泉は、ある意味簡単なものだ。原爆慰霊碑を前にして、そこからまっすぐに臨むことができる原爆ドームを前にして、まず被爆の事実に思いを向け、原爆で犠牲になった数多くの人々に手を合わせ、頭をたれてほしい。先のカップルの姿には、原爆で被害を受けた人々への慰霊の気持ちや具体的なふるまいが最初から欠落していたからこそ、その情景から“浮き上がって”、私に届いてきたのである。

こうした私が覚えた違和感は、ヒロシマやナガサキの被爆問題を考えるときの外せない前提なのだろうか。それとももうすでに古くなり硬直したヒロシマ理解の一端にすぎないのだろうか。

数年前に、昭和30（1955）年初めから現在までの新聞における被爆問題報道記事を調べ、収集していたとき、実感したことがあった。1995年、つまり戦後50年に新聞を含め、マスメディアは大々的に戦争をめぐる特集を組み、かつてのアジア・太平洋戦争を批判的に回顧していた。そうした特集記事を集中して読むとき、戦争の記憶、被爆の記憶がさまざまに反省しまとめられる過程を通して、一気に「物語」化していくという実感を覚えたのである。もちろん、被爆問題に関しては、戦後数年たったあたりから、すでに毎年のように、被爆の記憶の形骸化が叫ばれ、どのように被爆の惨禍を伝えていくのか、戦争の不条理や悲惨をどのように伝えていけるのかが問われ続けてきた。ただ戦後50年という節目でのマスメディアでの実践が象徴するように、“生きられた”被爆の記憶を継承すべしという切なる声と並行して、確実に被爆の記憶が定型化し、誰も否定することができない、その意味で「大文字」の平和や正義とだけ結びついた理路整然としたマンネリの「物語」として、この間、創造され、その「物語」性が毎年のように確認され続けてきていることもまた事実なのである。

しかし戦後70年である2015年の被爆問題報道やテレビで放送されたドキュメンタリーや被爆問題を啓発するドラマを詳細に見るかぎり、これまでとは異なる主張や声が明快に語り出されようとしていると私は感じるのである。戦後50年を、具体的で多様な戦争や被爆の記憶を一気に「物語」化した年だとすれば、戦後70年は、その「物語」に込めようとしていた意味をつくりかえ、新たな意味を創造しようとする試みや動きに満ちた年であったといえるのではないだろうか。戦後71年、72年と、私たちがどのように戦争や被爆の記憶と向き合っていけばいいのかを模索しようとする姿勢が感じ取れるのである。以下では、そうした姿勢を感じ取れる映像作品を考察し、被爆問題の新たな啓発の可能性を考えてみたい。

2．2015年の映像作品から

戦後70年、被爆70年を迎えた2015年は、例年より被爆問題を伝えようとする映像作品は数が多かったし、作品の質にも変化があった。ここではNHKが放送した２つの作品を取り上げ、その特徴を考えていきたい。

写真を“動かす”――８月６日「あの日」の原点へ、改めて回帰する

NHKスペシャル『きのこ雲の下で何が起きていたのか』(2015年８月６日放送)。私はこの作品を視聴し、被爆70年という節目の年であるという理由もあるが、それ以上に久しぶりに映像を通して「被爆の惨禍」を正面から伝えたいという明快な意志を感じ取ることができた。まずは、少し長くなるが、NHKスペシャルの番組ホームページでの作品紹介を引用しておこう。

> 1945年８月６日、広島で人類史上初めて使用された核兵器。その年の末までに14万人以上の命を奪ったという数字は残されているが、原爆による熱線、爆風、放射線にさらされた人々がどう逃げまどい、命つき、あるいは、生き延びたのか、その全体像は実際の映像が残されていないために、70年の間正確に把握されてこなかった。
>
> 巨大なきのこ雲が上空を覆う中、その下の惨状を記録した写真が、わずか２枚だけ残っている。原爆投下の３時間後、爆心地から２キロのところにある「御幸橋」の上で撮影されたものだ。
>
> 被爆70年の今年、NHKは最新の映像技術、最新の科学的知見、生き残った被爆者の証言をもとに、初めて詳細にこの写真に映っているものを分析し、鮮明な立体映像化するプロジェクトを立ち上げた。きのこ雲の下

の真実に迫り、映像記録として残すためである。
平均年齢が78歳を超えた被爆者たちは、人生の残り時間を見つめながら、「いまだ“原爆死”の凄惨を伝えきれていない」という思いを強めている。
白黒の写真に映る50人あまりの人々の姿―――取材を進めると2名が健在であることが判明。さらに、その場に居合わせた30名以上の被爆者が見つかった。彼らの証言をもとに写真を最新技術で映像処理していくと、これまでわからなかった多くの事実が浮かび上がってきた。
火傷で皮膚を剝がされた痛みに耐える人たち、うずくまる瀕死の人たち―――皆、爆心地で被爆し、命からがらこの橋にたどり着いていた。写真に映る御幸橋は、まさに「生と死の境界線」。多くの人がこの橋を目指しながら、その途中で命尽きていたのだ。
きのこ雲の下にあった“地獄”。
残された写真が、70年の時を経て語りはじめる。

1945年8月6日、広島市内で撮られた写真は5枚しかない。当時中国新聞カメラマンであった故松重美人さんが、原爆が投下された直後に自宅から中国新聞本社ビルへ向かう途中に撮ったものだ。御幸橋のたもとで撮られた2枚の写真は有名であり、現在も広島平和記念館に大きく引き伸ばしたかたちで展示されている。
実は、この写真に注目したドキュメンタリーはかつてNHKで一度製作されている。『爆心地のジャーナリスト』（1980年8月6日放送）だ。それは被爆当日、爆心地から命からがら逃れようとした人々とは対照的に、事実を見つめ報道するために爆心地へ向かった3人のジャーナリストの姿を追った内容だ。そのうちのひとりが松重美人さんであり、ドキュメンタリーでは現在の御幸橋を訪れ、松重さんがどのような状態、どのような心境でファインダーをのぞき、カメラのシャッターを切ったのかが語られている。その部分の映像を書き起こしてみよう。

S：御幸橋のアップ。テロップ「御幸橋　爆心地から2キロ」
橋を市電が通り過ぎる。橋の傍らにいる松重さん。テロップ「当時中国新聞カメラマン　松重美人さん」
「あとの３枚はこの辺で撮られたんですか？」
松重「そうです。（写真を見ながら）これはもう、ここで、はい。ここなんですけどもね。」
S：御幸橋のたもとの欄干のアップ
「欄干が残ってるぐらいで、あとは全然。」
松重「全然。」
「おもかげありませんね。」
松重「おもかげはありませんね。」
S：現在の橋のたもとの様子と、８月６日の写真とを見比べている。
松重「（写真に写っている建物をさし）これは交番なんですかね、これは。ちょうどこう、見とった位置にあったんですよ。」
S：松重さんの手の先には市電が止まっている。
「今の市電のあたりですか？」
松重「はい、今の市電の向こう側ですかね。」
「今はもう、完全に道路になってますね。」
松重「はいはい」
S：再び写真を見る。
松重「（写真に写っている煙をさしながら）この煙はちょうど爆心地から西よりになりますかね、この火は。」
「（写真に写っている人物をさしながら）凄いですね……」
松重「これなんんか、ヤケドをして、その皮膚が崩れて（S：写真を指でさしながら）皮膚が垂れ下がった状態なんですね、これは。」
「これ、垂れ下がってるのは皮膚ですね。」
松重「皮膚が垂れ下がっとるんですね。」
「靴ももう、吹き飛ばされて。」
松重「もう、はだしですわねぇ。」
S：（写真の欄干のたもとに座っている人びとを指しながら）
松重「この人なんかも、もう、ほとんど亡くなってる。このときすでに死んでるんじゃないですかねぇ。」
S：二人で写真を見ながら。

松重「あの〜、この写真写したのが最初ですか。それからもう橋の両側にかけてから、こうした亡くなってる人、また重傷者がずらーっともう、道が見えないくらい。この、8月の熱いアスファルトの上へね、ヤケドのはだかのまま、倒れてる。このとおりですよね。」

S：車が通り過ぎる。道路のアスファルトの映像がかぶさっていく。BGM。

松重「私の姿はもう、この人たちの目から見たら、もう、鬼か何かに見えたんじゃないかと思います。ねぇ、その中でから、どうしますか。無傷の人間いうのは、私一人ですわね。（S：道路の低い視線から松重さんを見る映像〔当時倒れていた人々からの視線か？〕）あとの方は全部そこへおって、全員がヤケドをしてから、こういう状態ですからね。それを写真を、ずっと開いてから。その間ずっとこう、何ということなく、ここらを、どういいますかね。行ったり来たりしてから、これ自体写すとき、30分くらいは、写そうか写すまいか、という躊躇したわけですね。なかなかシャッターを、シャッターが切れなかったですよ。」

「もう一枚の写真は？」

松重「はい、この一枚目を写してから。一枚目を撮るとやっと気分が、どういいますか、このー、楽になるんですねぇ。（S：二枚目の写真のアップ。セーラー服の女子生徒の後ろ姿を松重さんがさしながら）すかさずちょっとここで、少し近寄ってから、二枚目をとったんですけど。この二枚目を撮ったときには、そのー、涙が出てからファインダーがかすんでから、その被写体が見えないんですねぇ。それから、ひどいことをしたなぁ、アメリカが。これが人間のすることかなと、感じがしました。」

S：写真のアップへ。

「でもこれ、みんな子どもたちのようですね？」

松重「そうですね。（テロップ「ほとんどが私立中学など子どもたちだった」）あとから聞きますと、二中とか女子高の生徒がここにだいぶおりましたねぇ。」

（『ドキュメンタリー　爆心地のジャーナリスト』から〔Sはシーンの略〕）

映像では、現在の御幸橋を訪れ、松重さんに当時の記憶をたどってもらうという構成になっている。写真に写り込んでいた人々の様子が語られ、倒れ込み、ただ座り込んでいる人々。なかにはすでに亡くなっていた人もいたし、松重さんが中心的な被写体とした人々は、ひどい火傷の状態であり、腕の皮も垂れ下がっていたと語られている。

ただ、このドキュメンタリーで視聴する側にもっとも印象づけたかったのは、当時の御幸橋の惨状ではなく、その惨状をカメラに収めるときの松重さんの逡巡であり、人間的な苦悩といえる。松重さんは、その場にただひとり「無傷の人間」としていたこと、惨状を記録すべきという報道者の使命を感じつつ、すぐにシャッターを押せなかった自分の姿を振り返っているのだ。なんとか１枚目を撮り、より被写体に近寄って２枚目を撮ろうとするとき、涙でファインダーが曇ってシャッターを押せなかったと語っている。ファインダーを曇らせてしまった涙は、これまでの“常識”をはるかに超えていた惨状と直面して、報道者の使命と人間としての情緒が葛藤した結果思わず生じた反応であり、より深くドキュメンタリーが伝えようとする意図を読み込もうとすれば、御幸橋の光景は、それほどひどいものであったと視聴する側は了解できるかもしれない。こうした読み込みは、少し強引といえるかもしれない。とすれば、この映像の意図は、やはり爆心地に向かおうとしたジャーナリストの苦悩を伝えようとするものといえよう。

ただ私がさらに興味深いと感じたのは、「それから、ひどいことをしたなぁ、アメリカが。これが人間のすることかなと、感じがしました」という松重さんの語りである。御幸橋の光景を目の当たりにして、松重さんが戦争をしているアメリカに対して、怒りを超えた非人道的な何かを感じ、それを語り出そうとしているのである。

さて、2015年に放送されたドキュメンタリーでは、1980年の作品と同じ写真を取り上げているが、そこから何を描き伝えようとしているかについては、まったく異質であり、対照的といえる。

この作品の重要なポイントは、当時の写真をそこにいた人、そこを通りがかった人などの記憶をもとにして、写真を“動かして見せた”ことだ。

確かに写真は、過去のある光景をうつしとることができる。しかし、その光景のなかにいた人々がどのような状態で、何をして、何を感じていたのかを見る側が感じ取ることは難しいだろう。目を凝らしてみて、自分で判別できる人の様子や状況を私たちは、写真から読み取ることができるだけだ。

だからこそ、原爆投下当日に撮られたこの写真は、原爆投下の惨状や被害を受けた人々や街を「全体として」象徴的で直感的に了解するための貴重で希少な証拠として私たちは把握してきたのである。

しかし、この作品では、こうした了解を超えていく映像を見る側に呈示してくれる。写真がうつしとった当時の現場には何が起こっていたのか。たとえば写真には、小さな子を抱いているとしかわからない女性が写っている。当時そこにいた人の記憶から、その子の名前（だろうと記憶していた人は語るが）を叫びながら、ぐったりして動かない幼子を「起きてや、起きてや」と必死で揺り動かしていたことがわかる。そして作品では画像処理の最新技術を駆使して、その女性が子どもの名を何度も呼び、「起きてや、起きてや」と叫びながら、子どもを抱き、揺り動かしているように“動き出す”のだ。

また写真が中心的に捉えていた後ろ姿のセーラー服の女子やそこに重なるように立っていた子どもや男性が何をしていたのか。写真を詳細に解析すると、彼らの足元に空になった一斗缶があることがわかる。人々の記憶から、その一斗缶には食用油が入っていて、男性がやけどを負った人に油を塗っていたことがわかるのだ。でもあまりにも多くの人、そしてひどい火傷なので、すぐに缶は空になったという。立っていた人々の奥に横たわっている人の姿も写真の解析からわかる。でも彼らはすでに息絶えていたことが、人々の記憶から判明するのだ。

また原爆の熱線をあびた人々が当時どのような火傷を負っていたのか。作品では医師が、より鮮明に写真を解析した映像を見ながら、専門の立場から人間が受ける痛みのなかでもっとも厳しくひどいものだっただろうと当時の人々が受けていた痛みを冷静に語るのだ。作品では医師の説明を受け、写真に写っている人物が火傷を負っていた部分を赤茶色に変える。モノクロの写真に赤茶色の火傷が浮かび上がる。私はその映像を見て、瞬間、火傷のひどさ、痛みのひどさが映像から伝わってくるような印象をもったのである。

人々の記憶や証言をもとにして、その場を再現する「再現映像」はとくに驚くべき手法ではないだろう。しかし写真を“動かす”ことと「再現映像」が見る側にもたらすインパクトは圧倒的に異なるものだ。「再現映像」は、たとえどれだけ当時の様子を詳細かつ緻密に「再現」できているとしても、見る側にとってそれは、別の人間が当時そこにいた人の姿や営みを似せて演じており、その意味で改めて創造された作りごとの世界に変わりはないのだ。だからこそ、そうした映像を見ることで、再現されたもとにある現実に直截に感情移入することはなかなか難しいのである。

しかし、写真を“動かす”ことは、「再現映像」とは異質なのである。画像処理の技術、CGの技術を駆使し、二次元の写真を三次元にして、写り込んでいる人物やものを立体化する。状況や背景もCGを駆使し当時のようにできるだけ再現する。確かにこうした映像も、改めて創造された作りごとの世界に変わりはないのだが、決定的に異なるのが、あたかも生命を吹き込まれたかのように写真に写り込んだ人物が“動き出す”ことだ。画像処理技術なので、その動きもどことなくぎこちなさが残ることも事実だ。しかし写真の人物の“動き”は、「再現映像」で演じられるなめらかな人の動きよりもはるかに「リアル」なものとして見る側にインパクトを与えるのである。私は、この「リアル」さに驚き、啓発をめぐる映像や工夫の新鮮さを感じたのである。

いまひとつ、この作品で感じた新鮮さ、納得できる理屈を書いておこう。この作品では、当時御幸橋のたもとに座り込んでいたひとりの青年の記憶が、写真を“動かす”重要な源になっている。彼もまた片隅ではあるが、その写真に当時の姿をうつしとられていたのだ。作品では現在の彼の姿が登場し、当時どうであったかを語っている。その青年は坪井直さんだ。坪井さんは、被爆者運動、反核平和運動を近年ずっとけん引してきた中心的な活動家なのである。それは、広島のマスコミや報道の世界ではあまりにも有名な事実だろう。ただこの作品で当時の記憶を語る彼の姿が登場しても、テロップには「坪井直さん」と名前が出るだけで、通常こうしたドキュメンタリーや被爆関連報道で必ず名前に併記される被爆者運動の「肩書き」が一切なかったのである。

私は一瞬、驚き、違和感を覚えたのだ。なぜこんな有名な人なのに肩書きがないのかと。でもすぐにこの作品に流れている一貫した意図を了解し、納得したのである。坪井さんは、当時20歳の青年だった。彼は被爆しなんとか御幸橋にたどりつき、橋のたもとに座り込んでいた。ひどい火傷を負っており、もう自分はだめだと思い、地面に自分の命はここで絶えることを書き残したという。その坪井さんが生き残り、被爆者として運動を続けてきたのだ。でも1945年8月6日当時、坪井さんは「被爆者」でも「反核平和運動家」でもなかったのだ。そんな肩書きなどない20歳の青年が原爆という不条理な被害の当事者になったのだ。当時の写真を“動かし”、状況をより「リアル」に見る側に伝えようとする意図を貫徹すれば、坪井さんの肩書き付きのテロップはそこにあってはならないのだ。

残された写真に徹底してこだわり、アメリカが原爆を投下した8月6日に「きのこ雲の下で何が起こっていたのか」を伝えようとしたドキュメンタリー。それはテレビや新聞など被爆問題を啓発するメディアが「被爆の記憶の風化を防ぎ、その継承が大事」という圧倒的にマンネリ化されたメッセージを毎年のように反復し反芻する過程で、被爆問題を考える際、何度も確認されてきたはずの「原点」を忘れていたことを思い出し、いま一度、8月6日という「あの日」に戻ろう、「原点」に回帰する必要があるという反省と意志を見る側に明快に伝えようとする優れた作品といえるのである。

写真を“動かした”もうひとりの重要な証言がある。それは写真の中心に後ろ姿で写り込んでいた三角襟という特徴的なセーラー服を着ていた女子学生の語りだ。この特徴的な襟のおかげで、彼女は自分であることがすぐにわかったという。彼女は当時の記憶を鮮明に詳細にそして柔らかく語っている。

「ほとんど死んでおられるんですよ、あの中（写真のこと）の人はね。……私はどうして生きたんですかね。……どうして助かったんですかね。……自分が生きているのがなんか申し訳ないみたいなんですよ。……でも生かされてるんですね。……こうやって伝えるためですかね。……分からんですがね……」

ドキュメンタリーの最後に、自分に言い聞かせているかのように柔らかく語り、考え込んでいる彼女の姿が、ひどく心に残る。

「誰にでも語ることができる」という新たなメッセージへ

もうひとつの作品へ移りたい。それはNHK「ヒロシマ8.6ドラマ『かたりべさん』」（2014年8月3日全国放送）だ。これは、数年前より広島市で進められている被爆の記憶継承をめぐる事業をもとにした創作ドラマである。通常、被爆問題を伝えようとするドラマは、過剰な演出や平和こそ大切だといった、わかりきったメッセージがことさら強調されていたりして、ドラマ自体を素直に楽しめないものが多い。もちろん啓発という目的がある以上、それはある程度しかたがないかもしれないが、定番の決まりきった“啓発臭”ほど、ドラマの芸術性や生の迫力といえるドラマを根底から支える力を台無しにしてしまうものはないのである。

「かたりべさん」というドラマは、そうした悪い意味での啓発臭はあまり感じられず、むしろこれまでとは異なるメッセージを明快に主張しようとする新たな啓発の匂いがドラマ全体からかおってきて、興味深かったのである。

まずは、ドラマのホームページから「制作意図」と「ストーリー」を引用しておこう。

制作意図

平成 27 年 8 月は、被爆から 70 年の節目となります。貴重な被爆体験の風化がますます懸念される中、NHK 広島放送局は被爆地の放送局として、2 年間をかけて“被爆証言の記録”と“若い世代への継承”を進めています。

その一環として、ヒロシマ 8.6 ドラマ「かたりべさん」の制作をスタートさせました。来年、被爆 70 年を迎える広島。20 歳で被爆した人も 90 歳。いよいよ被爆体験を語り伝えることが困難になってきました。原爆の恐さ、平和のメッセージを、今後広島からどう発信し続けていくのか？
広島市がおととしから募集を始めた「被爆体験伝承者養成事業」を、就活真っ最中の若者を主人公にドラマ化し、「若い世代に被爆体験を伝えていく」意味を問います。

ストーリー

平和都市・広島は、修学旅行の目的地として、京都・東京に肩を並べる存在である。広島を訪れた修学旅行生の多くは、その旅程に組み込まれた「被爆体験講話」に参加している。「被爆体験講話」は、被爆を直接体験した方々の体験談を聴くこと。若い世代にとっては他人事としてしか感じられなかった『戦争』や『原爆』について、「かたりべさん」と呼ばれる体験者本人の講話を聴くことで真剣に考え、平和の尊さを知ることができる貴重な体験として、平和学習の観点から重んじられている。

この「被爆体験講話」が物語の舞台となる。小さい頃から周囲を笑わせる人気者だった主人公の慎吾。しかし、就活では全く勝手が違ってつまずいていた。 そんな挫折感の中、慎吾は偶然出会った女性・沙希に心惹かれる。慎吾は、沙希の歓心を買いたくて、彼女が参加する「被爆体験伝承者養成事業」に同行することになる。

「被爆体験伝承者養成事業」とは、高齢となった被爆体験証言者に代わり、若い世代がその証言を受け継ぎ伝承するための「被爆体験伝承者」を募集・養成する広島市の事業である。 ふたりはこの「被爆伝承者養成事業」に参加して、様々な証言を聴き、それを伝えるための勉強を始める。そんなふたりの前にある日、ひとりの年老いた証言者・荒木が現れる。証言者として自ら名乗りを挙げた荒木だが、皆の前で傍若無人に振る舞うことから敬遠され、誰も荒木の証言を伝承しようとはしない。それを見かねた沙希は、荒木の伝承者に立候補し、当然慎吾も加わって荒木・沙希・慎吾の三人で「荒木班」が結成された。

早速、沙希と慎吾は荒木から被爆体験を聞こうとするが、何故か荒木は慎吾を邪魔者扱いする。しかし沙希は、相変わらず理不尽な振る舞いをする荒木に献身的につきあう。 慎吾と沙希の心もすれ違い、荒木も自分の体験を語ろうとはしない。原爆が投下された1945年8月。いまから69年前、荒木は一体どんな体験をしたというのか？　そして、沙希と慎吾は伝承者として、荒木の体験を聴衆に伝えることが果たしてできるのか？　ふたりが観衆の前に立つ日は、刻々と近づいていた……。

ドラマの設定はわかりやすい。親からは反対されながらも被爆問題を理解したいし何かしたいと真剣に考え動こうとしている女子大生が主人公のひとりだ。もうひとりの主人公は、とくに被爆問題など関心はなかったが彼女に魅かれ、つきあいたいと接近するなかで、被爆体験伝承者事業に参加することになる男子学生だ。彼にとって最大の関心事は就職活動であり彼女との関係をより親密にすることだった。

他方、被爆体験事伝承者事業に積極的に支援し推進していく力となっている男性２人、女性ひとりの被爆者がいる。彼らは自らの被爆体験を語る語り部活動を続けている活動家だ。もうひとり重要な人物が、伝承者事業は気になり、事務局に足を運んでくるが、自らの被爆体験をほとんど語ろうとせず、事業自体にもあまり協力的ではない年老いたひとりの男性だ。

被爆体験を伝承するとは、どのような営みだろうか。そのことをドラマは見る側に伝えようとする。伝承者になりたい人は、被爆体験を語る語り部からひとりを選び、その語り部と班を組む。彼らは、語り部たちの実際の活動に付き従い、被爆体験がどのように語られるのかをつぶさにチェックしていくのだ。また活動以外の時間も班を組んだ語り部から、これまで生きてきた歴史なども詳細に聞き取ることもあるだろう。こうした取り組みは、基本的に伝承者が、語り部一人ひとりの被爆体験をできるだけ正確に理解し、体験をめぐる事実を歪めることなく正確に再現することを目指すものだ。しかし他者の体験を、しかも被爆という簡単には共感や想像を許さないような、私たちの想像力を超えている体験を、まったく別の時間、別の時代を生きている他者が正確に再現などできるものだろうか。被爆の記憶の伝承という言葉そして課題に内包された困難について、ドラマでもわかりやすく語られている。

たとえばドラマに登場する活動家の男性は、自分の遺伝子が放射線で切断され、異常になっている図を掲げながら、被爆体験を淡々と語っている。遺伝子の異常を示している図は、誰のものでもない、まさに語っている男性の身体に由来する事実であり、被爆の不条理を端的に示す男性にとっての「リアル」なのである。男性の体験を伝承したいと考える人が、体験を伝えるとしても、こうした図を用いた伝承などは決して自分にはできないと悩む場面は印象的である。

主人公の女子大生は、事業に関心は示しながらも、自らの体験を語ろうとしない、その意味で非協力的な年配男性のことが気になり、彼の仕事場にも頻繁に出かけ、男性の被爆体験に迫ろうとする。男性は彼女の真剣さ、ひたむきさはわかりながらも、すぐに彼女を受け入れ、自らの被爆体験を語ろうとはしない。彼女と行動をともにする男子学生は、最初、男性の対応のぞんざいさに怒るが、容易に語ろうとはしない男性の姿の背後にある奥深い“何か”を感じざるを得ず、2人は、何度も男性のもとを訪れ、彼の被爆体験を聞き取りたい気持ちを伝え続けるのだ。

この年配男性は、積極的に語り部活動を続けている3名の被爆者とは異質である。ドラマでの3名の被爆者は明るく饒舌で、伝承者になりたいという人々への配慮も忘れない。ある意味、彼らは、自らの被爆体験を相対化できている存在として描かれている。自らの被爆体験の詳細や意味を見つめ直し、言葉を尽くして物語とし、それを反原水爆、核兵器廃絶の平和運動にとって自分だけしか使いこなせない“武器”として積極的に活用しているのである。もちろん、彼らが被爆体験に由来する苦悩などさまざまな思いや情緒をすべて超越しているなどと簡単にはいえないが、少なくともそうした苦悩する時間に囚われたり、立ち止まったりはしていないのだ。

しかし、ドラマでの年配男性は、被爆70年が過ぎようとしている現在もなお、被爆体験に由来するさまざまな思いや情緒に囚われ、苦悩の中を生きているのである。自らの体験を語り出そうとしない、語りたいと思わない広島で原爆被害に遭った多くの人々の存在を、この年配男性が象徴しているといえよう。

しかし男性は、そうした苦悩をなんとかしたいと思い続けていたのだろう。何度も主人公たちが通うなかで、少しずつ男性は体験を言葉にしていくのだ。原爆投下直後、市内でどのように動いたのかなど、当時の男性の行動は語られ、主人公たちも、伝承するためにその語りを確認していく。しかし、男性の苦悩の核心にある体験はなかなか語られることはない。男性から被爆体験を聞き伝承するために、成果を報告する期限が迫ってくるが、彼らは、男性の苦悩の核心に迫ることができず、苛立ち、2人はいさかい、2人で男性を訪れることもできなくなってしまう。

ドラマの最後は、主人公が伝承者として何を得て、何を語ることができるのかを披露し評価をしてもらう場面だ。ある小学校の教室で、子どもたちへ成果を語る。教室の後ろには、3名の活動家や事業職員たちが並んで聞いている。ただそこには男子学生しかいない。彼は最初、女子学生とつきあうために事業に参加したはずだった。被爆問題など一般的で常識的な関心しかなかったのだ。しかし年配男性とつきあうなかで、核心を語ろうとしない男性の姿に怒りや苛立ちを覚えながらも、被爆問題の深さや大きさを感じ、男性の体験を聞き取ることから抜けることができなくなっていた。男性は被爆当時、市内をどのように移動したのかは、彼も語ることができる。しかし被爆体験の核心をめぐる語りを彼は聞けていないのだ。この年配男性は、成果を披露する少し前に、亡くなっていた。だから彼はもう、男性の被爆体験の核心を聞くことができないのだ。外形的な被爆体験は語り伝えることができる。でも、そこから先、何を語ればいいのか。

彼が教壇で言葉を失い困惑しているとき、女子学生が教室に駆けつける。年配男性への体験伝承を続けることでけんか別れをしていた彼女は、実は、その後、亡くなる前の年配男性を訪れ被爆体験の核心を聞いていたのだ。被爆直後、重傷を負った妹を背負って市内をあてもなく逃げるなか、自分の背中で妹が息絶えてしまうという体験。男性は、この体験に苦しみ続けていたのだ。語ろうとしてなかなか言葉にならない苦悩の核心に女子学生はようやく出会うことができたのだ。

ドラマは、女子学生が、男性の被爆体験の核心を語り、教室での体験伝承の披露が結果的に成功し、男子学生の「誰にでも語ることができる」という明るい語りと姿で終わりを迎える。

被爆体験を伝承するとは、どのような営みだろうか。先の問いを再び考えてみたい。被爆者が語る体験をできるかぎり正確に理解し、正確に再現することではない。ドラマでもそのことは明快に主張されている。「他人の体験」を、さも自分の体験のように語ることなど、被爆体験以外でも難しく、かつ嘘くさいものではないだろうか。

ではどうすればいいのだろうか。被爆者との出会いのなかでどのような体験をすれば、伝承する者は、体験伝承の可能性を見出すことができるのだろうか。ドラマでは、年配男性が女子大生にこれまで語ることがなかった体験を訥々と語り出し、その言葉に取り込まれていく彼女の姿を印象的に描いている。男性の体験を、男性がそのとき抱いた情緒など含めてまるごと理解することなどできないだろう。では男性の語りを前にして、彼女は何を感じ、何を理解していることになるのだろうか。まるごとの体験理解はできないが、少なくとも妹を死に至らせた男性の後悔の“深さ”や“厳しさ”がいかほどのものであったかは、想像できるかもしれない。

しかし、被爆者から伝承する者が直接体験を聞くという実践には、そうした共感という領域で起こり得る体験理解より、もっと根本的な何かが起こっているように思えるのだ。それは、共感や理解という言葉で表される営みの以前にあるもので、被爆をした人が、具体的な苦悩や不条理を体験するなかで、まさにひとりの人間として「生きている」という事実を、被爆者の語りから私たちが感じ取れる瞬間とでもいえる何かである。いわば被爆者の「生」とでもいえる何かを私たちが感じ取った瞬間、自らがもつ情緒や論理を総動員して、その「生」とは何か、「生」がもつ「リアル」とは何かを、私たちは理解し解釈することができるのではないだろうか。

被爆体験の伝承とは、単なる体験の伝承ではない。それは伝承する者が被爆者の「生」と出会い、「生」を感知し、そのうえで「生」の「リアル」と対峙し、そこから何を理解し解釈できるのかを考え、語り出そうとする伝承者それ自体の「伝承体験」をも含めた語り伝えなのである。

「かたりべさん」というドラマは、この事実を明るく軽やかに見る側に伝えようとしている。

3. 同伴者の実践を見直す意義

さて、これまで述べてきたようなドキュメンタリーや創作ドラマの解読にどのような意味や意義があるのだろうか。これも被爆70年という節目に合わせて出された渾身の研究書の主張から考えてみたい。

直野章子『原爆体験と戦後日本――記憶の形成と継承』（岩波書店、2015年）という本がある。被爆70年の昨年、多くの関連書が刊行された。そのなかで、私がもっとも深く印象に残った作品だ。

被爆の直接体験者が高齢化し、彼らの語りを聞くことがますます希少になっていく今後、私たちは「被爆の記憶」をどのように継承していったらいいのだろうか。それはわかりきったことではないか。原爆の悲惨さを語り、核兵器廃絶を訴え、戦争のない平和な社会を願う被爆者の願いではないか。そんな声が聞こえてきそうだ。核兵器廃絶、戦争なき社会そして反原発、反原子力社会の構築というメッセージは今後の社会の平和にとって必須であり否定し得ない大文字の正義であり価値だろう。ただ私は、こうした大文字の正義や価値をゆるぎなき大前提として原爆被害者の思いや願い、人生の語りを解釈し、その前提へと収斂させてしまう研究書や啓発書には正直首をかしげてしまう。原爆に遭った人々はその固有の体験をすぐに原水爆禁止、反核平和というメッセージへつなげていったのだろうか。被爆体験から反核平和の理念はすぐに生み出されていくものなのか。たとえば中沢啓治の漫画『黒い雨にうたれて』に象徴的に描かれている原爆を投下したアメリカへの剝き出しの怒りや怨念はどう解釈したらいいのだろうか。大文字の正義や価値から見て粗野で稚拙な人間の感情として整理してしまえるものなのか。

本書で直野が例証していくように被爆体験⇒核兵器廃絶・世界平和という被爆問題を常識的に了解する図式は、戦後の政治や運動のなかで構築されてきたもの、そして今もなお構築されつつある現実解釈装置なのだ。この構築作業は多くの原爆被害を受けてきた人々の意識や情緒、思いなどをすべて反映させたものではなく、「ヒロシマの心」のような定番の言葉や被爆問題を了解する定番の図式をいくら反復したとしても被爆の記憶を継承することにはならないだろうと批判することはある意味容易なことかもしれない。もしきちんと批判しようとすれば、定番の解釈装置が構築される過程で、原爆被害を受けた人々の思いや情緒、考えの何が見落とされ、何が切り捨てられ、何が過剰に価値づけられ装置を正当化するうえで取り込まれていったのかを詳細に検証する必要があるだろう。そして本書は、そうした作業の見事な結実なのである。

そもそも「原爆体験」とはどのようなことを含んでいるのか。「被爆者」というカテゴリーはどのように生成されてきたのか。原爆という問題を了解する「同心円的想像力」とは何で、それはどのような力を行使してきたのか、等々。直野は、被爆問題をめぐる定番の常識的な了解図式をカッコに入れ、それがどのようにつくられてきたのかを検証しようとする。そのとき重要な資料となるのが、これまで多く出されてきた被爆体験をめぐる「原爆手記」である。手記に描かれた内容を丁寧に追い、個別の情緒や思いを象徴する記述を切り出し、解釈を加え、常識的な図式と当事者の個別の思いがいかにずれているのか、またある思いが図式に取り込まれることなく、封じ込められ、なかったことのように扱われていったのかを明らかにする過程は、読んでいてスリリングだ。

本書では、被爆者という主体性を、原爆を体験した者、原爆の傷害作用を受けた者、法によって定められた「被爆者」、原爆による被害を受けた者、原爆死者が逝った後に残された者、原爆による大量死を生き延びた者という観点から、多面的に捉えてきた。被爆者は米国による原爆投下直後に誕生したのではなく、戦後日本における戦争体験の記憶、原爆被害調査、戦争被害者援護制度、核をめぐる国際政治、国内の保革政治、原水爆禁止運動や被爆者運動など、多様な言説の編成のなかで形成され、また変容していったのである。〔略〕その結果、私たちが知る被爆者——原爆の悲惨さを語り、核兵器反対と平和を訴える原爆被害者——は、特定の歴史的条件のもとで作られた主体性であることが明らかになった。そのことは、「被爆体験の継承」を考えるうえで示唆に富む。なぜなら、被爆者や原爆体験の境界線は可変であることを教えてくれるからである。

（前掲直野: 219）

直野は検証作業を終え、上記のように語っている。原爆体験を原爆被害に遭った者だけの世界に在るものだとすれば、非体験者は、彼らの声を聞き続けないかぎり、その体験の理解に迫ることもできないし、そもそも理解不能だという実感もわかないだろう。ただこうした了解では、被爆体験者からの直接的な語りが聞けなくなったとき、非体験者が原爆体験を理解する途は閉ざされてしまうのだ。直野はこうした了解の仕方に疑義を唱える。

戦後70年にわたる被爆の記憶の形成を検証した結果、「原爆体験」は明らかに被害者と同伴者のなかで協働で構築されてきたものだと。とすれば、仮に直接体験を語る人々がすべていなくなるとしても「被爆体験の継承」は可能であり、新たなかたちをとり得るのではないか。直野はいう。「『被爆体験の継承』とは、被爆者が同伴者とともに築いてきた理念を次代に引き継ぐこと」（同: 221）だと。

本書を読み、改めて思うことがある。「被爆問題の社会学」そして「戦争をめぐる社会学」は、同伴者が被爆者や戦争体験者の現実と交信するなかで、何に注目し、焦点を過剰に当て、何を見なかったことにし、何を不要なものとして切り捨てたのかを詳細に解読すべきだし、そうした作業でいかに「理念」を構築し、私たちに「了解すべき価値」として呈示し続けたのか、その結果、圧倒的なマンネリといわれる反核平和言説が毎年反復され毎年反省されているのかなど、まさに同伴者の実践やその成果の解読をもっと精力的にするべきではないかということである。

そして、私は同伴者の実践やその成果を解読する貴重な資料のひとつとして、被爆ドキュメンタリーや啓発を目指す創作ドラマ、原水爆をテーマとした一般娯楽映画などを考えているのである。

4．原点を外さない「被爆の記憶」の継承とは

かつて私が勤めていた広島の私立大学の同僚が、定年後語り部を始めた。彼はそれまで自分の被爆体験をまとめて語ることはなかったという。では70歳を過ぎ、なぜ彼は語り部を始めたいと考えたのだろうか。私はそのあたりをうかがったことがある。

1945年8月6日、原爆が投下された時間、彼は市内の小学校にいた。彼は校舎にいて、たまたま助かったのだが、ほとんどの級友は亡くなってしまったという。彼がなんとかして語り伝えたいこと。それはあの日、原爆投下直後自分の生きていた場所で何が起こっていたのかについての詳細だ。もちろんこれまで多くの原爆被害者が語っているように、語り尽くすことなどできないし、「遭うたもんにしかわからない」地獄だという。しかし彼は語り尽くせないとしても、自分ができるかぎり言葉を尽くし、「あのときあそこで何が起こったのか」を後世の人々に伝えたいという。毎年、勤めていた大学で学生たちに被爆体験を語り続けているし、他にも多く語り部活動をこなしているのである。

私は、この同僚の思いに「被爆の記憶」の原点が象徴されていると感じている。それは今回取り上げたドキュメンタリーのタイトルを借りていえば「きのこ雲の下で何が起きていたのか」であり、「あの日」人々が体験した事実を語り伝えることなのである。

この原点は、これまで幾度となく繰り返して確認されてきたことであり、とくに新しいことでもないだろう。しかし、2000年以降、毎年放送される

被爆ドキュメンタリーの内容を見て私が感じるのは、原点から少しずつ遠ざかっているのではないかという印象であった。1970年代、80年代、90年代と「あの日」から遠ざかっていくほど、そうした印象は強くなるが、他方で、この時期のドキュメンタリーには、原点を語り、原点を何度も振り返り、そこから被爆の悲惨さや不条理を考えよというメッセージが原爆被害を受けた当事者たちの姿や語りを通して、確実に見る側に伝わっていたこともまた事実であろう。

2015年のドキュメンタリーでは、被爆の記憶を考えるうえでの原点に帰ることの意義が改めて確認できたのである。ただこれまでと大きく異なる特徴もあった。ドキュメンタリーの核心には2人の被爆者が登場し、見る側に向かって語っているが、彼らは、90歳になろうとしており、被爆者の高齢化という事実とも向き合わざるを得ないのだ。いずれドキュメンタリーでも彼らが語る姿を見ることができなくなるであろうことを感じざるを得ないのだ。

しかし、他方で、写真を“動かし”「いま、ここ」で“動いている”過去の瞬間が再現されるといった新たな工夫に驚き、「被爆の記憶」を継承するうえでの新たな可能性が感じ取れたのである。

被爆者の高齢化がますます進み、近い将来、彼らから「あの日」をめぐる体験の直接的な語りが聞けなくなるだろう。これは仕方のない事実である。だからこそ「原点」を外さないで「被爆の記憶」を継承するための工夫や実践は、これからもさらに試行していく必要がある。そしてそのために重要な素材が、これまで制作されてきた被爆ドキュメンタリーであり映像素材の詳細な解読であり、どう新たに使えるのかの検討なのである。

いまひとつ、刺激的なメッセージを確認しておきたい。創作ドラマ「かたりべさん」では、「誰にでも語ることができる」というメッセージが軽やかに主張されていたのである。私はこのメッセージに驚いた。これまで被爆者の体験理解を考えるとき、常に核心にあったのは「遭うたもんにしかわからない」という言葉がもつ重みであった。「わかり得ないであろうこと」をどのように語り得るのか。「わかり得るはずがない」と考えられているにもかかわらず、どのようにして「わかった」と思えるのか。また「わかり得るのだ」と主張できるのだろうか。被爆者の体験をめぐる理解の“迷宮”とでもいえる深く大きな問題がずっと息づいてきたのだ。

では「誰にでも語ることができる」というメッセージは、どのように考えればいいのだろうか。ドラマでは被爆者の苦悩を生み出している体験をただ聞き取るのではなく、まさにほかでもない今目の前で語ってくれている「あなた」という「人間」が「あの日」に想像を超えた悲惨や残酷を生きていたという事実を感じ取るとき、聞いている人は、「あなた」の体験語りを自分の言葉や思いを通して、伝承することができるのだと、主張されているのである。

つまり「誰でも」が「被爆の記憶」を伝承する（語る）ことができるとは、言っていないのだ。被爆問題をめぐり定型的な知識や常識をいくら豊かにしたところで被爆者から得た「記憶」を伝承することなどできないのだ。伝承するための必須条件。それは語られた知や感情を冷静にうつしとる「器」ではないだろう。「人間」として被爆者に向き合い、「人間」として被爆者を理解しようとする、まさに「人間」くさい感情に満ちた「器」であり、被爆者の「リアル」が息づいている人間的な「生」を感知し得るセンスや想像力を渇望する「器」であろう。

私たちは、こうした「器」になれる可能性を感じるとき、「原点」を外さない「被爆の記憶」が私たちの「リアル」とつながり得るだろうし、そうして初めて「記憶」が継承されていくのではないだろうか。

あとがき

「怒り」をこそ基本に

日本大学　好井裕明

本論集の成立経緯や重要なきっかけである2015年9月の日本社会学会大会シンポジウム「戦争をめぐる社会学の可能性」について、関礼子先生が序文で丁寧にかつ思いを込めて語ってくれている。序文を貫く「骨」となっている正岡寛司先生の被爆体験やその体験に根差した戦争をめぐる社会学が何をすべきかという主張は、シンポジウムを企画し当日司会をしていたひとりとして、私も心を震わせながら、少しでも自らの血となり肉にしたいと一言一句聞きもらすまいと聞き入っていたものだ。

ここで私自身の思いを改めて述べることはしないが、シンポジウムを企画した関礼子先生、山田真茂留先生、そして私の要請を、ご自身の体調がすぐれないなか、快く引き受けていただき、貴重な被爆体験や戦争を二度としないために社会学が何をすべきかをシンポジウムに集まった多くの社会学徒に率直に語っていただいた正岡寛司先生に心から感謝の意を述べておきたい。先生、本当にありがとうございました。

さて本論集を読まれて、みなさんは何を考え、何を感じられただろうか。

戦争と一口に言っても、先のアジア・太平洋戦争だけを指すものでもないし、具体的な人間を殺戮する武器を使用しない冷戦もあるし、国家間ではなく宗教対立や民族紛争も含まれる。また闘う形態もこの70年で大きく変貌し、軍事社会学や軍事研究など戦後日本で育っていない現実を考え、はたして今の日本の社会学で戦争を捉えることができるのだろうか、また捉えられるとして、いったい戦争とはどのような出来事なのだろうか、という問いが確実に湧いてくる。

社会学がこれまで多様に変遷してきた社会的現実を把握する知的営みだとして、社会学の理論構築にどのように戦争という要素が関連していたのか。そもそもこれまで社会学史とされる専門領域で社会学理論構築と戦争との関連で緻密に調べ、たとえば社会学の巨人と呼ばれる人々がつくりあげた多様な理論と当時の戦争との関わりを検討した研究は存在したのだろうか。たとえば本論集で荻野昌弘が述べているように社会学理論はいったいどのような人間存在を前提として社会や人間関係を考えようとしていたのだろうか。

また私自身、1956年、昭和31年の生まれであり、他で何度か書いているように、私たちの世代は、祖父祖母、父親母親から直接戦場体験、戦争体験を聞くことができた。考えてみれば、私の生まれた年は、太平洋戦争敗戦後まだ11年しかたっておらず、2年前の1954年に公開された『ゴジラ』（本多猪四郎監督）で描かれる山手線の乗客たちのセリフ「せっかく長崎の原爆から命拾いしてさ、大切な体なんだもの」「そろそろ疎開先でも探すとするかな」「あーあ、また疎開か、まったくいやだなあ」に象徴されるように、まだ当時の日常には戦争の「リアル」がしっかりと息づいていたのだ。

子どものころ住んでいた大阪市内、ある私鉄の駅前には白装束で軍隊帽をかぶり道端に座り込み物乞いをしていた傷痍軍人の姿があった。何の曲かはわからないが、彼は哀愁を帯びた音楽をかけ、ただうつむいて座っていた。私は、その情景をいまだに鮮やかに思い出すことができる。また私は少年漫画雑誌に連載されていた『0（ゼロ）戦はやと』『紫電改のタカ』『サブマリン707』など戦争マンガを楽しんでいたし、毎月新聞に報じられていた大気内原水爆実験の話を親から聞き、原水爆への恐怖が私の心のなかで生きていたことも確かだ。

他方で、今の多くの若い世代は、先の戦争の「リアル」を日常生活場面で語られたり見かけたり、感じることは極端に少なくなっているだろう。しかしその反面、彼らはテレビゲームやスマートフォンのゲーム、アニメなどの世界で戦争をめぐる圧倒的な情報と出会っており、その世界に充満している戦争をめぐる意味を楽しみ、固有の戦争をめぐる「リアル」を感じ取っていることだろう。この点が私たちの若いころとは決定的に異なる。

ゲーム、コミック、アニメなどで戦争がどのように描かれ、語られ、扱われているのか。私自身、こうした世界はあまり詳しくはないのだが、たとえば『図書館戦争』という映画を見て、端的に違和感を覚えてしまう。自動小銃の激しい撃ち合いが続くが、人が死ぬことはなかなかない。またもともと一切人間が血を流さないことがお約束となっている戦争アニメもあるという。

戦争の「リアル」を感じ取るという点で、私たちは確実に、そしてさまざまな意味が異なる世代を生きているという端的な事実がある。この世代間の差異という事実を社会学はどう考え、読み解いていけばいいのだろうか。この課題は、先の戦争を直接体験した人々の高齢化が進み、以前に比べ急速に直接的な体験語りが聞けなくなりつつある今だからこそ、かつて私の日常に息づいていた戦争をめぐる「リアル」とは何であったのかをきちんと検証しておくためにも、真剣に追求すべきものだろう。

ほかにも戦争という出来事を社会学するとき、どのような問題や課題があるのか、さまざまに挙げることができるだろう。そして本論集は、ここ数年戦争社会学というジャンルで刊行された論集や単著と同様に、この問いかけに少しでも貢献できたらという思いで編纂されているのだ。

今回、本論集に優れた論考を寄せていただいた執筆者たちも、それぞれに戦争への思いや理解、戦争を社会学することの意味や意義、具体的な現象へのアプローチの仕方の違いがあり、多様である。私は、この多様性をいま、「戦争の社会学」というテキストを編纂したりして性急に標準化する必要はないと思っている。そうではなく、本論集でも明確に世代差を感じ取れるし、各研究者が語り出そうとする社会学的な研究成果を十分に味わい吟味し、多様な関心の発露のなかから、戦争をめぐる社会学的実践の可能性を探っていくべきではないだろうか。

もちろん、こうした作業には、これまで社会学が行ってきた戦争研究成果の丁寧な検討も含まれるだろう。「かつてあった戦争」の詳細もまだまだ明らかにされておらず、貴重で希少な証言との出会いなどを通して、その実態を史料と語りを通して明らかにする営みもあるだろう。またヒロシマ、ナガサキの被爆問題研究に象徴されるように、戦争がもたらす「人間的悲惨」や「不条理」を追求し続けることも大切だろう。

現代社会論を戦争という視角から読み直し、戦争がもつ現代的な意義を理論的に検討し、「今ここにある戦争」とどう向き合えるのかを考えることもできよう。また現代に特有な現象としてゲーム空間やアニメに息づいている戦争とは何かを詳細に読み解き、「フィクション」としての戦争が私たちの日常に与える「リアル」、脱色された戦争を楽しむ私たちの姿を批判的に検討してもいいだろう。

いずれにせよ、戦争をめぐる社会学の可能性は、これから多様に開けているのである。たとえば、「戦争社会学研究会」(http://scholars-net.com/ssw/)という研究組織がある。本論集に論考を寄せていただいた研究者が中心になり進めている興味深い組織だ。そこでは社会学だけでなく歴史学など隣接領域との絶えざる対話を通して、戦争社会学を鍛え上げていこうとしているのだ。この研究会は、2016年に『戦争社会学研究』という学術誌を創刊し、多様な研究成果を分かち合える重要なメディアとしようとしている。こうしたメディアや論集、他の社会学雑誌で、より多くの成果の意味や意義が問われ続けることを通して、可能性はさらに開け、充実してくるだろう。

さて最後に、私自身が考えている基本、戦争をめぐる社会学を実践するうえで、外してはならない何か、というか私にとって、それこそ何かを調べたり、映像を読み解いたりする原点となっている何かについて述べておきたい。端的にいえば、それは不条理な排除や差別に対しての人間としての根源的な「怒り」だ。

今年、広島にオバマ大統領が来て、原爆慰霊碑に献花した。被爆者運動を進めてきた当事者の男性と思わず抱き合う姿が、メディアを通して頻繁に流された。確かに戦後70年たって初めて、アメリカの大統領が広島の地に来たことは驚くべきことかもしれない。しかし、オバマは「71年前、明るく、雲ひとつない晴れ渡った朝、空から死が降って来て世界が変わった」と語ったのだ。その場にいた被爆者男性はオバマの訪問に感動していたが、後になり彼が実際にどう語ったのかを知り、原爆投下の責任を曖昧にした表現に対して明確に批判をしているのだ。ただ単に何の理由もなく空から死が降って来たのではなく、「アメリカが原子爆弾を投下したのだ」と。私は、中沢啓治さんが生きていたら、オバマのこの言葉をどのように聞いて、怒りを表しただろうかと思ってしまう。

確かに「怒り」だけでは、被爆者運動も平和運動も進展はしない。そのことは歴史の事実が明らかにしている。しかし、今は、具体的な戦争体験の語りが直接聞けなくなりつつあることも事実だ。時が流れ、急速に戦争という出来事から「人間的悲惨」「不条理」「人間の身体や精神への圧倒的な暴力」というリアルが脱色され、戦艦や戦車、戦闘機など機械の「外形的な美」のみを強調するフィクションが、私たちの日常を覆いつつある。こうしたフィクションを「フィクションだから」と割り切って楽しむ人々が増加し、人気を博しているが、「フィクションとしての戦争」を楽しむ時間や空間が私たちの日常を席巻しつつある現在、他方で戦後70年、被爆70年が過ぎ、戦争の記憶や被爆の記憶の継承を新たに声高に主張する現実との「落差」というか、私たちの日常に確実に広がりつつある「ねじれ」を重要な主題として社会学が扱おうとするとき、「怒り」や「呆れ」という根源的な情緒から決して遊離することなく調査研究することこそ、戦争と向き合う社会学にとって、基本だといえるのではないだろうか。

厳しい出版事情のなかで、私たちの企画趣旨や意図を理解していただき論集刊行について快諾していただいた明石書店の神野斉さん、予定通りにいかずわがままな原稿提出にもかかわらず迅速かつ確実な編集作業を進めていただいた小山光さんに感謝の意を述べておきたい。本書がタイミングを外すことなく、ひとりでも多くの方に読んでいただけるとすれば、ひとえに神野さんと小山さんのおかげです。ありがとうございました。

2016年8月

■編著者紹介

好井裕明（よしい・ひろあき）
日本大学文理学部社会学科教授。1956年、大阪市生まれ。東京大学大学院社会学研究科博士課程単位取得満期退学。京都大学博士（文学）。編著書に『批判的エスノメソドロジーの語り』（新曜社、1999年）、『「あたりまえ」を疑う社会学』（光文社、2006年）、『ゴジラ・モスラ・原水爆』（せりか書房、2007年）、『差別原論』（平凡社新書、2007年）、『違和感から始まる社会学』（光文社新書、2014年）、『差別の現在』（平凡社新書、2015年）、『排除と差別の社会学（新版）』（有斐閣、2016年）などがある。

関　礼子（せき・れいこ）
立教大学社会学部教授。1966年、北海道生まれ。1997年、東京都立大学社会科学研究科社会学専攻博士課程単位取得退学。東京都立大学博士（社会学）。帯広畜産大学畜産学部講師・助教授（准教授）を経て現職。専門は環境社会学、地域環境論。著書に『新潟水俣病をめぐる制度・表象・地域』（東信堂、2003年）、共編著に『鳥栖のつむぎ――もうひとつの震災ユートピア』（新泉社、2014年）、編著に『"生きる"時間のパラダイム――被災現地から描く原発事故後の世界』（日本評論社、2015年）、共著に『環境の社会学』（有斐閣、2009年）など。

■著訳者紹介（執筆順）

荻野昌弘（おぎの・まさひろ）
関西学院大学社会学部教授。中国芸術研究院客員教授。1957年、千葉県生まれ。パリ第七大学社会科学研究科修了。博士（社会学）。専攻は、社会学理論、文化社会学。著書に『資本主義と他者』（関西学院大学出版会、1998年）、『零度の社会』（世界思想社、2005年）、『開発空間と暴力』（新曜社、2012年）、編著に『文化遺産の社会学』（新曜社、2002年）、『文化・メディアが生み出す排除と解放』（明石書店、2011年）『戦後社会の変動と記憶』（新曜社、2013年）などがある。

野上　元（のがみ・げん）
筑波大学人文社会系准教授。1971年、東京生まれ。一橋大学社会学部卒業、東京大学大学院人文社会系研究科修了。日本学術振興会特別研究員（PD）、日本女子大学人間社会学部助手を経て2006年から現職。2015年4月から2016年3月までタウソン大学（メリーランド州）客員研究員。専門は歴史社会学・戦争社会学。著書に『戦争体験の社会学――「兵士」という文体』（弘文堂、2006年）、共編著に『カルチュラル・ポリティクス1960/70』（せりか書房、2005年）、『戦争社会学ブックガイド』（創元社、2012年）、『戦争社会学の構想』（勉誠出版、2013年）、『歴史と向きあう社会学』（ミネルヴァ書房、2015年）。

菊地夏野（きくち・なつの）
名古屋市立大学教員。宮城県出身。京都大学文学部卒業、同大学大学院文学研究科博士号取得。専門は社会学・ジェンダー／セクシュアリティ研究。著書に『ポストコロニアリズムとジェンダー』（青弓社、2010年）。論文に「ポストフェミニズムと日本社会　女子力・婚活・男女共同参画」（越智博美・河野真太郎編『ジェンダーにおける「承認」と「再分配」』彩流社、2015年）、「大阪・脱原発女子デモからみる日本社会の（ポスト）フェミニズム――ストリートとアンダーグラウンドの政治」（ひろしま女性学研究所編『言葉が生まれる、言葉を生む』2013年）、「国籍法を変えたフィリピン女性たちの身体性――ジェンダー・セクシュアリティとグローバリズム」（森千香子・エレン・ルバイ編『国境政策のパラドクス』勁草書房、2014年）など。

福間良明（ふくま・よしあき）
立命館大学産業社会学部教授。1969年、熊本県生まれ。京都大学大学院人間・環境学研究科博士課程修了。博士（人間・環境学）。専門はメディア史・歴史社会学。著書に『「戦争体験」の戦後史――世代・教養・イデオロギー』（中公新書、2009年）、『焦土の記憶――沖縄・広島・長崎に映る戦後』（新曜社、2011年）、『二・二六事件の幻影――戦後大衆文化とファシズムへの欲望』（筑摩書房、2013年）、『「戦跡」の戦後史――せめぎあう遺構とモニュメント』（岩波現代全書、2015年）など。

井上義和（いのうえ・よしかず）
帝京大学総合教育センター准教授。1973年、長野県生まれ。京都大学大学院教育学研究科博士後期課程退学。修士（教育学）。京都大学大学院教育学研究科助手、関西国際大学人間科学部准教授を経て、2012年より現職。専門は教育社会学、歴史社会学。著書に『日本主義と東京大学――昭和期学生思想運動の系譜』（柏書房、2008年）、共編著に『ラーニング・アロン――通信教育のメディア学』（新曜社、2008年）、最近の論文に「教育のビジネス化とグローバル化」（佐藤卓己編『岩波講座現代8　学習する社会の明日』岩波書店、2016年）、「記憶の継承から遺志の継承へ――知覧巡礼の活入れ効果に着目して」（福間良明・山口誠編『「知覧」の誕生』柏書房、2015年）など。

エリック・ロパーズ（Erik Ropers）
メリーランド州タウソン大学助教（歴史学科、アジア地域専攻）。アメリカ生まれ。ニューヨーク州ロチェスター大学歴史学部および学際学部卒業。オーストラリア・メルボルン大学歴史博士。専門は戦争史（従軍慰安婦と強制連行問題）、メモリースタディーズ、視覚文化。2012年より現職。出版物として、“Contested Spaces of Ethnicity: zainichi Korean Accounts of the Atomic Bombings” (*Critical Military Studies* 1, 145-159, 2015)、“Debating History and Memory: Examining the Controversy Surrounding Iris Chang’s *The Rape of Nanking*” (*Humanity: An International Journal of Human Rights*, 近刊) など。

目黒　茜（めぐろ・あかね）
福島県出身。筑波大学人文社会科学研究科国際公共政策専攻社会学分野博士前期課程在学中。現在、修士論文に向けて歴史社会学的な視座から女性の身体と科学的知識の関係について研究を進めている。

村島健司（むらしま・けんじ）
関西学院大学先端社会研究所専任研究員。関西学院大学社会学研究科博士後期課程単位取得退学。博士（社会学）。専門は文化社会学、宗教社会学、台湾社会研究。主な論文に「台湾における震災復興と宗教——仏教慈済基金会による取り組みを事例に」（稲場圭信・黒崎浩行編『震災復興と宗教』明石書店、2013 年）、「宗教团体的灾后重建活动与其正当性——以中国台湾地区佛教慈善团体投入的两种灾后重建为例」（『西南边疆民族研究』第 13 号、2013 年）、「国家のはざまを生きる——中国雲南省新平イ族タイ族自治県における文化的再開発」（『関西学院大学先端社会研究所紀要』第 12 号、2015 年、林梅・荻野昌弘・西村正男との共著）など。

戦争社会学　理論・大衆社会・表象文化

2016年10月15日　初版第1刷発行

編著者　好井裕明
　　　　関　礼子
発行者　石井昭男
発行所　株式会社 明石書店
〒101-0021 東京都千代田区外神田6-9-5
電話 03(5818)1171
FAX 03(5818)1174
振替 00100-7-24505
http://www.akashi.co.jp

装丁　明石書店デザイン室
印刷　株式会社文化カラー印刷
製本　本間製本株式会社

(定価はカバーに表示してあります)
ISBN978-4-7503-4429-4